工业和信息化高职高专"十二五"规划教材立项项目

职业教育机电类"十二五"规划教材

机械加工工艺与设备

（第2版）

吴世友　吴荔铭　主编

陈根琴　周平风　副主编

人民邮电出版社

北　京

图书在版编目（CIP）数据

机械加工工艺与设备 / 吴世友，吴荔铭主编. -- 2
版. -- 北京：人民邮电出版社，2013.1（2023.8重印）
职业教育机电类"十二五"规划教材
ISBN 978-7-115-29453-1

Ⅰ．①机… Ⅱ．①吴… ②吴… Ⅲ．①金属切削－职
业教育－教材②机械设备－职业教育－教材 Ⅳ．①TG5

中国版本图书馆CIP数据核字(2012)第231641号

内 容 提 要

本书以常见零件表面的加工为主线，融合了金属切削原理与刀具基本知识、金属切削机床基本知识、常见零件切削加工工艺及夹具等知识点。重点介绍了平面、内外圆面、螺纹和齿轮的加工方法和工艺等内容。学生通过学习，不仅可以掌握金属加工的基本理论知识，而且初步具备了机床操作能力、机床调整能力、常见零件表面的加工工艺及工装设计能力，为今后的学习、工作打下良好的基础。

本书适合高职高专、高级技校、技师学院的机械类和近机类专业教学使用，也可作为相关工程技术人员的参考书。

◆ 主　　编　吴世友　吴荔铭
　　副 主 编　陈根琴　周平凤
　　责任编辑　李育民

◆ 人民邮电出版社出版发行　　北京市丰台区成寿寺路 11 号
　　邮编　100164　　电子邮件　315@ptpress.com.cn
　　网址　http://www.ptpress.com.cn
　　固安县铭成印刷有限公司印刷

◆ 开本：787×1092　1/16
　　印张：16.75　　　　　　　　2013 年 1 月第 2 版
　　字数：419 千字　　　　　　2023 年 8 月河北第 13 次印刷

ISBN 978-7-115-29453-1
定价：33.00 元

读者服务热线：(010)81055256　印装质量热线：(010)81055316
反盗版热线：(010)81055315

前　言

本书是根据高等职业教育机电类专业教学改革的需要，本着精简理论课时，知识够用为度的原则，将传统课程体系中的"金属切削原理与刀具"、"金属切削机床"和"机械制造工艺学"3门课程，选取其中适合高职高专培养目标需要的实用型知识点，进行有机组合后编写而成的。为了更好地满足广大高职高专院校学生对机械加工知识学习的需要，我们结合近几年的教学改革实践和广大读者的反馈意见，在保留《金属切削加工方法与设备》教材特色的基础上，对教材进行了全面的修订，这次修订的主要内容如下。

- 对原教材中部分章节所存在的一些问题进行了校正和修改。
- 增加机械制造工艺编制基础知识、机床夹具设计基础知识等内容。还对部分章节的内容进行了调整和完善，使全书的知识体系架构更合理。例如，在介绍齿轮加工原理和方法的基础上，增加齿轮加工工艺的相关内容；在绪论中增加机械制造工艺基础的有关知识。
- 优化各章内容的细节，增加了各章中教学重点和难点的提示。补充了相关章节的思考题。

在修订过程中，始终以能力培养为出发点，注重知识的实用性和拓展性，贯彻以常见零件表面的加工为主线，削减烦琐的理论推导计算，融合金属切削原理与刀具基本知识、金属切削机床基本知识、切削加工工艺等知识点的编写思路。修订后的教材，内容更加翔实充分，叙述更加准确，更有利于高职高专、高级技校、技师学院的机械类和近机类专业教学使用，以及作为相关工程技术人员的参考用书。

全书按84～98学时编写，其中理论教学为68～82学时，实验和实践教学为16学时。教师在组织教学时，可结合本校的教学计划进行适当增减。各章的学时分配见下表。

章	名　　称	理　　论	实验和实践	合　　计
第1章	绪论	14		14
第2章	金属切削过程的基本知识	8～12	2	10～14
第3章	机床夹具基础	10～14	2	12～16
第4章	外圆表面加工及设备	8～12	4	12～16
第5章	内圆表面加工及设备	6～8	2	8～10
第6章	螺纹的加工	4	2	6
第7章	平面及沟槽加工	6	2	8
第8章	齿轮的齿形加工	10	2	12
第9章	先进制造技术	2		2
	合计	68～82	16	84～98

本书由江西机电职业技术学院吴世友、吴荔铭任主编，陈根琴、周平风任副主编，其中吴世友编写了第3章、第8章，吴荔铭编写了第4章、第6章、第7章，陈根琴编写了第1章、第9章，周平风编写了第2章、第5章。在修订过程中参考了兄弟院校老师编写的相关教材及其他资料，同时也得到了有关同行的大力支持和帮助，在此向他们致以衷心谢意！

由于水平有限，书中难免存在错误和不妥之处，敬请广大读者批评指正。

编　者
2012年10月

素材列表

表1

素 材 类 型	功 能 描 述
PPT 课件	供老师上课用
题库系统	可以自动生成试卷和试卷答案，老师可随意修改或添加试题
虚拟实验——车刀选用系统	根据具体的加工环境和加工条件从备选刀具组中选择恰当的车刀。主要训练学生明确车刀的多样性，并能正确配刀具。

表2

素材类型	名 称	素材类型	名 称	素材类型	名 称
动画	认识机械制造	动画	孔加工工艺路线的确定	动画	镗削加工原理
	认识现代先进制造技术		平面加工工艺路线的确定		刨削加工原理
	认识切削速度		螺纹加工方法介绍		磨削加工原理
	认识背吃刀量		螺纹的种类及其应用		磨削的种类及其应用
	认识进给量		螺纹的主要参数		无心磨削的原理
	车刀的结构及主要刀具角度		零件的结构工艺性分析	视频	插齿机的工作原理
	刀具前角的功用及选择		六点定位原理		车刀及其刃磨
	刀具后角的功用及选择		基准的种类及应用		齿轮的铣削加工
	认识刀具主偏角和副偏角		粗基准的选择原则及案例		典型零件加工工艺过程
	刀具主偏角的功用		精基准的选择原则及案例		普通车床的结构
	刀具刃倾角的功用及选择		认识定位和夹紧		认识常用夹具
	刀具角度对加工的影响		常用定位元件的种类及应用		认识车削加工
	刀具主偏角的选择原则		螺纹的测量方法		认识机械装配
	刀具副偏角的功用		滚齿加工原理		认识基本工艺概念
	积屑瘤的形成及其影响		插齿加工原理		认识磨削加工
	刀具磨损的过程和主要形式		铣齿加工原理		认识刨削加工
	切屑收缩的形成过程		电火花加工原理		认识其他刀具
	切削力的来源与分解		超声波加工原理		认识其他加工方法
	认识切削热		激光加工原理		认识热处理
	常用刀具材料简介		认识超精密加工		认识铣刀
	金属热处理工艺介绍		车削加工的应用		认识铣削加工
	毛坯的选择原则		周铣与端铣介绍		认识钻削加工
	外圆面加工工艺路线的确定		顺铣与逆铣介绍		

目　录

第1章

绪论

1.1 机械产品生产过程简介

机械产品的生产过程是指把原材料变为成品的全过程。

1.1.1 产品设计

产品设计是企业产品开发的核心，产品设计必须保证功能上的优越性、技术上的先进性与经济上的合理性等，使产品便于制造，生产成本低，从而增强产品的市场竞争力。

产品的设计一般有 3 种形式，即创新设计、改进设计和变形设计。创新设计（开发性设计）是指按用户的使用要求进行的全新设计；改进设计（适应性设计）是指根据用户的使用要求，对企业原有产品进行改进或改型的设计，即只对部分结构或零件进行重新设计；变形设计（参数设计）仅改进产品的部分结构尺寸，以形成系列产品的设计。

产品设计的基本内容包括编制设计任务书、方案设计、技术设计和图样设计。

1.1.2　工艺设计

工艺设计的基本任务是在规定的产量规模条件下，采用经济的加工方法，制造出符合设计要求的产品，这就要求制定优质、高产、低耗的产品制造工艺规程，制定出产品的试制和正式生产所需要的全部工艺文件。

工艺设计的内容包括对产品图纸的工艺分析和审核、拟定加工方案、编制工艺规程及工艺装备的设计和制造等。

1.1.3　零件加工

零件的加工是指通过适当的加工方法使毛坯成为合格零件的工艺过程。零件加工包括毛坯的准备、对毛坯进行各种机械加工、特种加工和热处理等，极少数零件加工采用精密铸造或精密锻造等无屑加工方法。

通常毛坯的生产有铸造、锻造和焊接等。常用的机械加工方法有钳工加工、车削加工、钻削加工、刨削加工、铣削加工、镗削加工、磨削加工、数控机床加工、拉削加工、研磨加工以及珩磨加工等；常用的热处理方法有正火、退火、回火、时效、调质和淬火等；特种加工有电火花成型加工、电火花线切割加工、电解加工、激光加工和超声波加工等。

只有根据零件的材料、形状、尺寸和使用性能等选用恰当的加工方法，才能保证产品的质量，生产出合格的零件。

1.1.4　检验

检验是指采用测量器具对原材料、毛坯、零件、成品等进行尺寸精度、形状精度、位置精度的检测，以及通过目视检验、无损探伤、力学性能试验及金相检验等方法对产品质量进行的鉴定。测量器具包括量具和量仪。

常用的量具有钢直尺、卷尺、游标卡尺、卡规、塞规、千分尺、角度尺以及百分表等，用以检测零件的长度、厚度、角度、外圆直径以及孔径等。另外，螺纹的测量可用螺纹千分尺、螺纹样板、螺纹环规和螺纹塞规等进行。

常用量仪有浮标式气动量仪、电子式量仪、电动式量仪、光学量仪以及三坐标测量仪等，除可用以检测零件的长度、厚度、外圆直径、孔径等尺寸外，还可对零件的形状误差和位置误差等进行测量。

特殊检验主要是指检测零件内部及外表的缺陷。其中无损探伤是在不损害被检验对象的前提下，检测零件内部及外表缺陷的现代检验技术。无损检验方法有直接肉眼检验、射线探伤、超声波探伤和磁力探伤等，使用时应根据无损检测的目的和被检验对象的材质，选择合适的方法和检测规范。

1.1.5　装配调试

任何机械产品都是由若干个零件、组件和部件组成的。根据规定的技术要求，将零件和部件进行必要的配合及连接，使之成为半成品或成品的工艺过程称为装配。

装配质量对产品质量影响极大。装配不当，即使所有零件加工合格，也不一定能够获得合格的高质量产品；反之，零件制造质量不好，只要装配中采用适当的工艺方案，也能使产品达到规定的要求。

将零件、组件装配成部件的过程称为部件装配；将零件、组件和部件装配成最终产品的过程称为总装配。

装配是机械制造过程中的最后一个生产阶段，常见的装配工作内容包括清洗、连接、校正与配作、平衡、检验和试验。除上述工作外，还包括油漆和包装等工作。

1.1.6　入库

企业生产的成品、半成品及各种物料为防止遗失或损坏，放入仓库进行保管，称为入库。

入库时应进行入库检验，填好检验记录及有关原始记录；在储存时注意做好防锈，防潮处理，保证货物的安全；对量具、仪器及各种工具做好保养、保管工作；对有关技术标准、图纸、档案等资料要妥善保管；保持工作场地整洁、通风，注意防火、防湿，做好防盗安全工作。

1.2 机械制造工艺基础

1.2.1　概述

机械制造工业是国民经济最重要的组成部分之一，是一个国家经济实力和科学技术发展水平的重要标志，因而世界各国均把发展机械制造工业作为振兴和发展国民经济的战略重点之一。

在我国，机械制造工业特别是装备制造业处于制造工业中心地位，是国民经济持续发展的基础，是工业化、现代化建设的发动机和动力源，是参与国际竞争取胜的法宝，是技术进步的主要舞台，是提高人均收入的财源，是国家安全的保障，是发展现代文明的物质基础。

随着科学技术的发展，现代工业对机械制造技术提出了越来越高的要求，同时也推动了机械制造技术不断向前发展。机械制造技术向智能化、柔性化、网络化、精密化、绿色化和全球化方向发展已成为趋势。

当前，机械制造工业面临激烈的市场竞争。要增强企业的竞争力，企业制造的产品，一要设计和制造周期短、产品更新快，二要产品的质量高、价格廉，三要交货及时、售后服务良好。为此，21世纪的机械制造技术发展的总趋势如下。

（1）柔性化。柔性制造系统（FMS）、计算机集成制造系统（CIMS）是一种自动化程度很高的制造系统。

（2）精密化。在科学技术飞速发展的今天，对产品精度要求越来越高，精密加工和超精密加工已成必然。加工设备采用的是高精度的通用可调的数控专用机床，夹具是高精度的可调的组合夹具，还采用高精度的刀具、量具。

（3）高速化。高速度切削可极大地提高加工效率，降低能源消耗，从而降低生产成本。但高速度切削对加工设备、刀具材料、刀具涂层和刀具结构等方面技术的进步提出要求。

（4）绿色化。减少机械加工对环境的污染是国民经济可持续发展的需要，也是机械制造工业面临的课题。目前，在数控机床上装有安全防护装置，可防止冷却液和切屑飞溅，并具有回收冷却液和排屑的装置。在一些先进的数控机床上，采用了新型冷却技术（如低温空气、负压抽吸等），通过对废液、废气、废油等的再回收利用，减少对环境的影响。

目前，我国机械制造工业还远远落后于世界工业发达国家。我国制造业的工业增加值仅为美国的 22.14%、日本的 35.34%。科技含量仍处于较低水平，附加值高和技术含量大的产品生产能力不足，需大量进口，缺乏能够支持结构调整和产业技术升级的技术能力。传统的机械制造技术与国际先进水平相比，差距在 15 年左右。因此，从事机械制造的技术人员应该不断地进行知识更新、拓宽技能和掌握高新技术，勇于实践，为我国机械制造业的发展奠定基础。

1.2.2　机械加工工种分类

机械加工工种一般分为冷加工、热加工和其他工种 3 大类。

1. 冷加工（机械加工）工种

（1）钳工。钳工的工作范围很广，如有些零件在加工前通过钳工来进行划线；有些零件的加工，采用机械设备加工不太适宜或不能解决，要通过钳工工作来完成；零件的组装、部件的装配和总装配也要通过钳工按各项技术要求进行。总之，钳工是机械制造企业中不可缺少的一个工种。

钳工工种按专业工作的主要对象不同可分为普通钳工、装配钳工、模具钳工、修理钳工和工具钳工等。不管是那一种钳工，首先要掌握好钳工的各项基本操作技术。主要包括划线、錾削、锯割、锉削、钻孔、扩孔、铰孔、锪孔、攻螺纹和套螺纹、刮削、研磨和铆接等。

（2）车工。车工是指操作车床，对工件旋转表面进行切削加工的工种。车床的种类很多，按结构及其功用可分为普通车床、落地车床、立式车床、数控车床及六角车床等。

车削加工是金属切削加工中最基本的加工方法。车削加工的主要工艺内容为车削内外圆柱面、圆锥表面、车端面、切沟槽、切断、车螺纹、钻孔、铰孔、滚花和车成形面等。

（3）铣工。铣工是指操作各种铣床设备，对工件进行铣削加工的工种。铣床按结构及其功用可分为升降台式铣床、无升降台铣床、工具铣床、龙门铣床和数控铣床等。

铣削加工是利用多刃刀具对工件进行各种平面及沟槽加工。铣削加工的主要工艺内容为铣削平面、台阶面、沟槽（键槽、T 形槽、燕尾槽、螺旋槽）及成形面等。

（4）刨工。刨工是指操作各种刨床设备，对工件进行刨削加工的工种。常用的刨削机床有普通牛头刨床、液压刨床、龙门刨床和插床等。

刨削加工是利用刨刀（或工件）的直线往复运动对工件进行平面或沟槽的加工。刨削加工的主要工艺内容为刨削平面、垂直面、台阶面、斜面、沟槽（V 形槽、燕尾槽、T 形槽等）以及成形面等。

（5）磨工。磨工是指操作各种磨床设备，对工件进行磨削加工的工种。常用的磨床有普通平面磨床、外圆磨床、内圆磨床、万能磨床、工具磨床、无心磨床及数控磨床等。

磨削加工是利用磨料磨具（如砂轮、砂带、油石、研磨剂等）对工件进行精加工。磨削加工的主要工艺内容为磨削平面、外圆、内孔、圆锥、槽、斜面、花键、螺纹和特种成形面等。

（6）加工中心操作工。加工中心操作工是指编制数控加工程序并操作加工中心机床进行零件多工序组合切削加工的工种。

除上述工种外，常见的冷加工工种还有钣金工、镗工和冲压工等。

2. 热加工工种

（1）铸造工。铸造工是指操作铸造设备，进行铸造加工的工种。铸造是指熔炼金属、制造铸型，并将熔融金属浇入铸型，凝固后获得一定形状尺寸和性能的金属铸件的工作。

常见的铸造种类有砂型铸造、失蜡铸造、失模铸造、金属砂型铸造、压力铸造及离心铸造等。

（2）锻造工。锻造工是指操作锻造机械设备及辅助工具，进行金属工件的毛坯剁料、镦粗、冲孔、成形等锻造加工的工种。锻造是利用锻造方法使金属材料产生塑性变形，从而获得具有一定形状、尺寸和力学性能的毛坯或零件的加工方法。

锻造可分为自由锻和模锻两大类。

（3）热处理工。热处理工是指操作热处理设备，对金属材料进行热处理加工的工种。金属材料可通过热处理改变其内部组织，从而改善材料的工艺性能和使用性能，所以热处理在机械制造业中占有很重要的地位。

根据不同的热处理工艺，一般可将热处理分成整体热处理、表面热处理、化学热处理和其他热处理4类。

3. 其他工种

（1）机械设备维修工。从事设备安装维护和修理的工种。

（2）维修电工。从事工厂设备的电气系统安装、调试与维护、修理的工种。

（3）电焊工。电焊工是指操作焊接和气割设备，对金属工件进行焊接或切割成形的工种。

（4）电加工设备操作工。在机械制造中，为了加工各种难加工的材料和各种复杂的表面，常直接利用电能、化学能、热能、光能、声能等进行零件加工，这种加工方法一般称为特种加工。其中，操作电加工设备进行零件加工的工种称为电加工设备操作工。常用的加工方法有电火花加工、电解加工等。

1.2.3 机械加工工艺规程及其应用

工艺是指使各种原材料、半成品成为成品的方法和过程。工艺过程是指在生产过程中改变生产对象的形状、尺寸、相对位置和性能等，使其成为半成品或成品的过程。机械产品的工艺过程可分为铸造、锻造、冲压、焊接、铆接、机械加工、热处理、电镀、涂装、装配等。工艺过程是生产过程中的主要组成部分，工艺过程根据其作用不同可分为零件机械加工过程和部件或成品装配工艺过程。

机械加工工艺过程是指利用切削加工、磨削加工、电加工、超声波加工、电子束及离子束加工等机械和电的加工方法，直接改变毛坯的形状、尺寸、相对位置和性能等，使其转变为合格零件的过程。把零件装配成部件或成品并达到装配要求的过程称为装配工艺过程。机械加工工艺过程直接决定零件和产品的质量，对产品的成本和生产周期都有较大的影响，是机械产品整个工艺过程的主要组成部分。

机械加工工艺规程是规定零件机械加工工艺过程和操作方法等的工艺文件之一，它是在具体的生产条件下，将合理的工艺过程和操作方法，按照规定的形式书写成工艺文件，经审批后用来指导生产。机械加工工艺规程一般包括零件加工的工艺路线、各工序的具体内容及所用的设备和工艺装备、零件的检验项目及检验方法、切削用量、时间定额等。

1. 机械加工工艺过程的组成

机械加工工艺过程是由一个或若干个顺次排列的工序组成。每一个工序可分为一个或若干个工步、走刀、安装和工位等。

（1）工序。工序是指一个或一组操作者，在一个工作地点或一台机床上，对同一个或同时对几个零件进行加工所连续完成的那一部分工艺过程。判断一系列的加工内容是否属于同一个工序，关键在于这些加工内容是否在同一个工作地点对同一个工件连续地被完成。只要操作者、工作地点或机床、加工对象三者之一变动或者加工不是连续完成，就不是一道工序。同一零件、同样的加工内容也可以安排在不同的工序中完成。

工序是机械加工工艺过程的基本组成部分，也是确定工时定额、配备工人、安排作业计划和进行质量检验等的基本单元。

（2）工步。工步是指在同一个工序中，当加工表面不变、切削工具不变、切削用量中的进给量和切削速度不变的情况下所完成的那部分工艺过程。当构成工步的任一因素改变后，即成为新的工步。一个工序可以只包括一个工步，也可以包括几个工步。在机械加工中，有时会出现用几把不同的刀具同时加工一个零件的几个表面的工步，称为复合工步，如图 1-1 所示。例如，为提高生产效率，在铣床用组合铣刀铣平面的情况，就可视为一个复合工步。

（3）走刀。走刀是指切削工具在加工表面上每切削一次所完成的那一部分工步。加工表面由于被切去的金属层较厚，需要分几次切削，每切去一层材料称为一次走刀。一个工步可包括一次或几次走刀。

（4）安装。零件在加工之前，将其正确地安装在机床上。在一个工序中，零件可能安装一次，也可能需要安装几次。但是应尽量减少安装次数，以免产生不必要的误差和增加装卸零件的辅助时间。

（5）工位。为了减少安装次数，常采用转位（移位）夹具、回转工作台，使零件在一次安装中先后处于几个不同的位置进行加工。零件在机床上所占据的每一个待加工位置称为工位。图 1-2 所示为回转工作台上一次安装完成零件的装卸、钻孔、扩孔和铰孔 4 个工位的加工实例。采用这种多工位加工方法，可以提高加工精度和生产率。

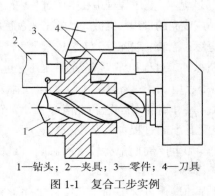

1—钻头；2—夹具；3—零件；4—刀具

图 1-1　复合工步实例

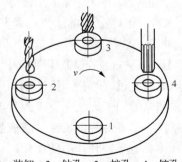

1—装卸；2—钻孔；3—扩孔；4—铰孔

图 1-2　多工位加工

2. 生产纲领

企业在计划期内应当生产的成品产量和进度计划称为该产品的生产纲领。企业的计划期常定为一年,因此,生产纲领常被理解为企业一年内生产的产品数量,即年产量。机械产品中某零件的年生产纲领 N 的计算式为

$$N=Q\,n(1+\alpha)(1+\beta) \tag{1-1}$$

式中　　N——某零件的年生产纲领,件/年;

　　　　Q——某产品的年生产纲领,台/年;

　　　　n——每台产品中该零件的数量,件/台;

　　　　α——备品率,以百分数计;

　　　　β——废品率,以百分数计。

3. 生产类型

根据零件的生产纲领或生产批量可以划分出不同的生产类型,它反映了企业生产专业化的程度,一般分为单件小批量生产、成批生产、大量生产 3 种不同的生产类型。

（1）单件生产。单件生产是指生产的产品品种繁多,同一种产品的产量很小,各个工作地点的加工对象经常改变,很少重复生产。

（2）成批生产。成批生产是指一年中分批轮流生产几种不同的产品,每种产品均有一定的数量,生产呈周期性重复。每次投入或产出的同一产品的数量称为批量。按照批量的大小,成批生产可分为小批、中批、大批生产 3 种。小批量生产的工艺特征接近单件生产,常将两者合称为单件小批量生产。大批量生产的工艺特征接近于大量生产,常合称为大批大量生产。

（3）大量生产。大量生产是指同一产品的生产数量很大,通常是一个工作地点长期进行同一种零件的某一道工序的加工。

按年生产纲领划分生产类型见表 1-1。

表 1-1　　　　　　　　　　　　不同产品生产类型的划分

生产类型	工作地点每月担负的工序数	产品年产量（台、件、种）		
		重型（单个零件质量大于 2 000kg）	中型（单个零件质量在 100～2 000kg）	小型（单个零件质量小于 100kg）
单件生产	不作规定	<5	<20	<100
小批生产	>20～40	5～100	20～200	100～500
中批生产	>10～20	100～300	200～500	500～5 000
大批生产	>1～10	300～1 000	500～5 000	5 000～50 000
大量生产	1	>1 000	>5 000	>50 000

为了获得最佳的经济效益,对于不同的生产类型,其生产组织、生产管理、车间管理、毛坯选择、设备工装、加工方法和操作者的技术等级要求均有所不同,具有不同的工艺特点,各种生产类型的主要工艺特点见表 1-2。

表 1-2　　　　　　　　　　　　各种生产类型的主要工艺特点

项　　目	单 件 生 产	成 批 量 生 产	大 量 生 产
加工对象	经常变换	周期性变换	固定不变
工艺规程	简单的工艺路线卡	有比较详细的工艺规程	有详细的工艺规程

续表

项　　目	单 件 生 产	成 批 量 生 产	大 量 生 产
毛坯的制造方法及加工余量	木模手工造型或自由锻，毛坯精度低，加工余量大	金属模造型或模锻，毛坯精度与余量中等	广泛采用模锻或金属模机器造型，毛坯精度高、余量少
机床设备	采用通用机床，部分采用数控机床。按机床种类及大小采用"机群式"排列	通用机床及部分高生产率机床。按加工零件类别分工段排列	专用机床、自动机床及自动线，按流水线形式排列
夹具	多用标准附件，极少采用夹具，靠划线及试切法达到精度要求	广泛采用夹具和组合夹具，部分靠加工中心一次安装	采用高效率专用夹具，靠夹具及调整法达到精度要求
刀具与量具	通用刀具和万能量具	较多采用专用刀具及专用量具	采用高生产刀具和量具，自动测量
对工人的要求	技术熟练的工人	一定熟练程度的工人	对操作工人的技术要求较低，对调整工人技术要求较高
零件的互换性	一般是配对生产，无互换性，主要靠钳工修配	多数互换，少数用钳工修配	全部具互换性，对装配要求较高的配合件采用分组选择装配
成本	高	中	低
生产率	低	中	高

4．工艺规程的应用

（1）工艺规程是指导生产的重要技术文件。

机械加工车间生产的计划、调度，工人的操作，零件的加工质量检验，加工成本的核算，都是以工艺规程为依据的。处理生产中的问题，也常以工艺规程作为共同依据。

（2）工艺规程是生产组织和生产准备工作的依据。

生产计划的制定，产品投产前原材料和毛坯的供应、工艺装备的设计、制造与采购、机床负荷的调整、作业计划的编排、劳动力的组织、工时定额的制定以及成本的核算等，都是以工艺规程作为基本依据的。

（3）工艺规程是新建和扩建工厂（车间）的技术依据。

在新建和扩建工厂（车间）时，生产所需要的机床和其他设备的种类、数量和规格，车间的面积、机床的布置、生产工人的工种、技术等级及数量、辅助部门的安排等都是以工艺规程为基础，根据生产类型来确定。

（4）先进的工艺规程也起着推广和交流先进经验的作用，典型工艺规程可指导同类产品的生产。

1.2.4　制定工艺规程

1．工艺规程制定的原则

工艺规程制定的原则是优质、高产和低成本，即在保证产品质量的前提下，争取最好的经济效益。

（1）编制工艺规程应以保证零件加工质量，达到设计图纸规定的各项技术要求为前提。确保加工质量是制定工艺规程的首要原则。

（2）在保证加工质量的基础上，应使工艺过程有较高的生产效率和较低的成本。在一定的生产条件下，可能会出现几种能够保证零件技术要求的工艺方案。此时应通过成本核算或相互对比，选择经济上最合理的方案，使产品生产成本最低。

（3）应充分考虑和利用现有生产条件，尽可能做到均衡生产。

（4）尽量减轻工人劳动强度，保证安全生产，创造良好、文明的劳动条件。在工艺方案上要尽量采取机械化或自动化措施，以减轻工人繁重的体力劳动。

（5）了解国内外本行业工艺技术的发展，通过必要的工艺试验，尽可能采用先进适用的工艺和工艺装备。

2. 制定工艺规程的原始资料

（1）产品全套装配图和零件图。

（2）产品验收的质量标准。

（3）产品的生产纲领和生产类型。

（4）毛坯资料。主要包括各种毛坯制造方法的技术经济特征；各种型材的品种和规格、毛坯图等；在无毛坯图的情况下，需要实际了解毛坯的形状、尺寸及力学性能等。

（5）现场的生产条件。主要包括毛坯的生产能力、技术水平或协作关系，现有加工设备及工艺装备的规格、性能、新旧程度及现有精度等级，操作工人的技术水平，辅助车间制造专用设备、专用工艺装备及改造设备的能力等。

（6）各种有关手册、图册、标准等技术资料。

（7）国内外新技术、工艺的应用与发展情况。

3. 制定工艺规程的步骤

（1）计算年生产纲领，确定生产类型。

（2）分析零件图及产品装配图，对零件进行工艺分析，形成拟定工艺规程的总体思路。

（3）确定毛坯的制造方法。

（4）拟定工艺路线，选择定位基准，划定加工阶段。

（5）确定各工序所用的设备及刀具、夹具、量具和辅助工具。

（6）确定各工序的加工余量，计算工序尺寸及公差。

（7）确定各工序切削用量及工时定额。

（8）确定各主要工序的技术要求及检验方法。

（9）编制工艺文件。

4. 工艺文件的格式

将工艺规程的内容填入一定格式的卡片，即成为生产准备和施工依据的工艺文件。常用的工艺文件格式有下列几种。

（1）机械加工工艺过程卡片。机械加工工艺过程卡片以工序为单位，简要列出整个零件加工所经过的工艺路线（包括毛坯制造、机械加工和热处理等）。它是制定其他工艺文件的基础，也是生产准备、编排作业计划和组织生产的依据。在这种卡片中，由于工序的说明不够具体，所以一般不直接指导工人操作，而作为生产管理方面使用。但在单件小批量生产中，由于通常不编制其他较详细的工艺文件，就以这种卡片指导生产，机械加工工艺过程卡片见表1-3。

表1-3　　　　　　　　　　　　　　　机械加工工艺过程卡片

（工厂名）	机械加工工艺过程卡片	产品名称及型号		零件名称			零件图号			第　页	
		材料	名称	毛坯	种类		零件质量(kg)	毛重		共　页	
			牌号		尺寸			净重			
			性能	每料件数			每台件数		每批件数		
工序号	工序内容		加工车间	设备名称及编号	工艺装备名称及编号			技术等级	时间定额（min）		
					夹具	刀具	量具		单件	准备~终结	
更改内容											
编制		抄写		校对			审核		批准		

（2）机械加工工艺卡片。机械加工工艺卡片是以工序为单位，详细地说明整个工艺过程的一种工艺文件。它是用来指导工人生产和帮助车间管理人员和技术人员掌握整个零件加工过程的一种主要技术文件，广泛应用于成批生产的零件和重要零件的小批生产中。机械加工工艺卡片内容包括零件的材料、毛坯种类、工序号、工序名、工序内容、工艺参数、操作要求，以及采用的设备和工艺装备等。机械加工工艺卡片见表1-4。

表1-4　　　　　　　　　　　　　　机械加工工艺卡片

（工厂名）	机械加工工艺卡片	产品名称及型号		零件名称			零件图号		第　页	
		材料	名称	毛坯	种类		零件质量(kg)	毛重		
			牌号		尺寸			净重	共　页	
			性能	每料件数			每台件数	每批件数		

工序	安装	工步	工序内容	同时加工零件数	切削用量				设备名称及编号	工艺装备名称及编号			技术等级	时间定额（min）	
					背吃刀量（mm）	进给量（mm/r）或（mm/min）	切削速度（r/min）或双行程数（min）	切削速度（m/min）		夹具	刀具	量具		单件	准备~终结
更改内容															
编制		抄写		校对			审核		批准						

（3）机械加工工序卡片。机械加工工序卡片是根据机械加工工艺卡片为每一道工序制定的。一般用于大批大量生产中，它更详细地说明整个零件各个工序的要求，是用来具体指导工人操作的工艺文件，在这种卡片上要画工序简图，说明该工序每个工步的内容、工艺参数、操作要求以及所用的设备及工艺装备。机械加工工序卡片见表 1-5。

表 1-5 　　　　　　　　　　　　　　机械加工工序卡片

（工厂名）	机械加工工序卡片	产品名称及型号	零件名称	零件图号	工序名称	工序号	第　页
							共　页
			车间	工段	材料名称	材料牌号	力学性能
			同时加工件数	每料件数	技术等级	单件时间（min）	准备~终结时间（min）
（画工序简图处）							
			设备名称	设备编号	夹具名称	夹具编号	工作液
			更改内容				

工步号	工步内容	计算数据（mm）			走刀次数	切削用量				工时定额（min）			刀具、量具及辅助工具			
		直径或长度	进给长度	单边余量		背吃刀量（mm）	进给量（mm/r）或（mm/min）	切削速度（r/min）或双行程数（min）	切削速度（m/min）	基本时间	辅助时间	工作地点服务时间	工步号	名称	规格	编号	数量

编制			抄写		校对		审核		批准	

1.2.5　零件的工艺分析

在制定零件的机械加工工艺规程时，首先要对照产品装配图分析零件图，熟悉该产品的用途、性能及工作条件，明确零件在产品中的位置、作用及相关零件的位置关系；了解并研究各项技术条件制定的依据，找出其主要技术要求和技术关键，以便在拟定工艺规程时采用适当的措施加以保证。然后着重对零件进行技术要求分析和结构分析。

1. 零件的技术要求分析

零件图样上的技术要求，既要满足设计要求，又要便于加工，而且齐全和合理。其技术要求包括下列几个方面。

（1）加工表面的尺寸精度、形状精度和表面质量。

（2）各加工表面之间的相互位置精度。

（3）工件的热处理和其他要求，如动平衡、镀铬处理、未注圆角、去毛刺等。

分析零件的技术要求，应首先区分零件的主要表面和次要表面。主要表面是指零件与其他零件相配合的表面或直接参与机器工作过程的表面，其余表面称为次要表面。

分析零件的技术要求，还要结合零件在产品中的作用、装配关系、结构特点，审查技术要求是否合理，过高的技术要求会使工艺过程复杂，加工困难，影响加工的生产率和经济性。如果发现有不妥，甚至遗漏或错误之处，应提出修改建议，与设计人员协商解决；如果要求合理，但现有生产条件难以实现，则应提出解决措施。

零件的尺寸精度、形状精度、位置精度和表面粗糙度的要求，对确定机械加工工艺方案和生产成本影响很大。因此，必须认真审查，以避免过高的要求使加工工艺复杂化和增加不必要的费用。

2. 零件的结构工艺性分析

（1）零件的结构工艺性概念。所谓零件的结构工艺性，是指零件在满足使用要求的前提下，制造该零件的可行性和经济性。它包括零件的各个制造过程中的工艺性，有零件结构的铸造、锻造、冲压、焊接、热处理、切削加工等工艺性。由此可见，零件结构工艺性涉及面很广，具有综合性，必须全面综合地分析。所谓结构工艺性好，是指在现有工艺条件下，既能方便制造又有较低的制造成本。在制定机械加工工艺规程时，主要进行零件切削加工工艺性分析。

（2）零件的结构工艺性。对于零件机械加工结构工艺性，主要从零件加工的难易性和加工成本两方面考虑。在满足使用要求的前提下，一般对零件的技术要求应尽量降低，同时对零件每一个加工表面的设计，应充分考虑其可加工性和加工的经济性，使其加工工艺路线简单，有利于提高生产效率，并尽可能使用标准刀具和通用工装等，以降低加工成本。此外，零件机械加工结构工艺性还要考虑以下要求。

① 设计的结构要有足够的加工空间，以保证刀具能够接近加工部位，留有必要的退刀槽和越程槽等。

② 设计的结构应便于加工，如应尽量避免使钻头在斜面上钻孔。

③ 尽量减少加工面积，如对大平面或长孔合理加设空刀等。

④ 从提高生产率的角度考虑，在结构设计中应尽量使零件上相似的结构要素（如退刀槽、键槽等）规格相同，并应使类似的加工面（如凸台面、键槽等）位于同一平面上或同一轴截面上，以减少换刀或安装次数及调整时间。

⑤ 零件结构设计应便于加工时安装与夹紧。

部分零件切削加工结构工艺性改进前后的示例见表1-6。

表 1-6　　　　　　　　　部分零件切削加工结构工艺性改进前后的示例

序号	结构改进前	结构改进后
1	孔距箱壁太近：①需加长钻头才能加工；②钻头在圆角处容易引偏 (a)	(b) ①加长箱耳，不需加长钻头即可加工；②结构上允许将箱耳设计在某一端，不需加长箱耳

续表

序号	结构改进前	结构改进后
2	车螺纹时，螺纹根部不易清根，且工人操作紧张，易打刀	留有退刀槽，可使螺纹清根，工人操作相对容易，可避免打刀
3	插键槽时，底部无退刀空间，易打刀	留出退刀空间，可避免打刀
4	插齿无退刀空间，小齿轮无法加工	留出退刀空间，小齿轮可以插齿加工
5	两端轴颈需磨削加工，因砂轮圆角不能清根	留有退刀槽，磨削时可以清根
6	锥面磨削加工时易碰伤圆柱面，且不能清根	留出砂轮越程空间，可方便地对锥面进行磨削加工
7	斜面钻孔，钻头易引偏	只要结构允许，留出平台，钻头不易偏斜
8	孔壁出口处有台阶面，钻孔时钻头易引偏，易折断	只要结构允许，内壁出口处作成平面，钻孔位置容易保证
9	钻孔过深，加工量大，钻头损耗大，且钻头易偏斜	钻孔一端留空刀，减小钻孔工作量
10	加工面高度不同，需两次调整加工，影响加工效率	加工面在同一高度，一次调整可完成两个平面加工

续表

序号	结构改进前	结构改进后
11	3个空刀槽宽度不一致,需使用3把不同尺寸的刀具进行加工 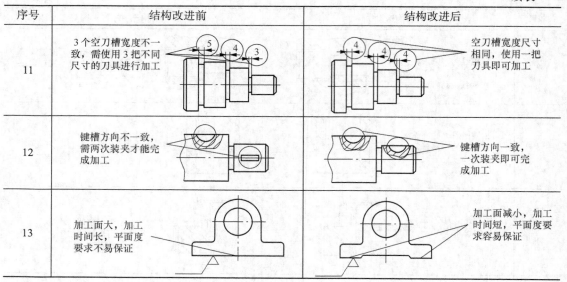	空刀槽宽度尺寸相同,使用一把刀具即可加工
12	键槽方向不一致,需两次装夹才能完成加工	键槽方向一致,一次装夹即可完成加工
13	加工面大,加工时间长,平面度要求不易保证	加工面减小,加工时间短,平面度要求容易保证

1.2.6 定位基准的选择

拟定加工路线的第一步是选择定位基准。定位基准的选择合理与否,将直接影响所制定的零件加工工艺规程的质量。基准选择不当,往往会增加工序,或使工艺路线不合理,或使夹具设计困难,甚至达不到零件的加工精度(特别是位置精度)要求。

1. 基准的基本概念

基准就是零件上用来确定其他点、线或面位置的点、线或面等几何要素。根据功用的不同,基准可以分为设计基准和工艺基准两大类。

(1)设计基准。设计图样上所采用的基准称为设计基准。它是标注设计尺寸的起点,或中心线、对称线、圆心等。例如,图1-3所示的3个零件,图(a)中,平面A与平面B互为设计基准,即对于平面A,平面B是它的设计基准,对于平面B,平面A是它的设计基准;在图(b)中,平面C是平面D的设计基准;在图(c)中,虽然尺寸ϕE与ϕF之间没有直接的联系,但它们有同轴度的要求,因此,ϕE的轴线是ϕF的设计基准。又如,图1-4所示的轴套零件,孔的中心线是外圆与径向圆跳动的设计基准;端面A是端面B、端面C的设计基准。

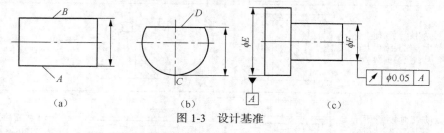

(a)   (b)   (c)

图1-3 设计基准

(2)工艺基准。在零件加工、测量和装配过程中所使用的基准称为工艺基准。可分为定位基准、测量基准、工序基准和装配基准。

① 定位基准。定位基准是指零件在加工过程中，用于确定零件在机床或夹具上的位置的基准。它是零件上与夹具定位元件直接接触的点、线或面。如图 1-5 所示，精车齿轮的大外圆时，为了保证它们对孔轴线 A 的圆跳动要求，零件以精加工后的孔定位安装在锥度心轴上，孔的轴线 A 为定位基准。定位基准可分为粗基准和精基准。用作定位基准的表面，如果是没有经过切削加工的毛坯面，称为粗基准；如果是经过切削加工的表面，则称为精基准。

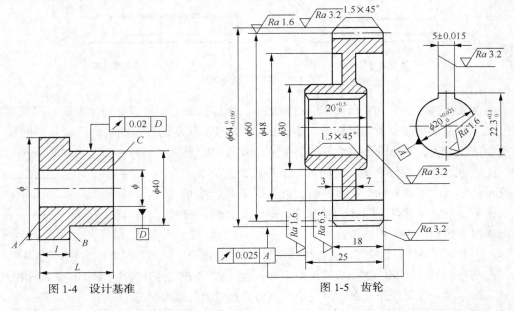

图 1-4　设计基准　　　　　　　　　　　图 1-5　齿轮

② 测量基准。测量基准是指测量已加工表面的尺寸及各表面之间位置精度的基准，主要用于零件的检验。

③ 工序基准。工序基准是指用来确定本工序所加工表面加工后的尺寸、形状、位置的基准。

④ 装配基准。装配基准是指机器装配时用以确定零件或部件在机器中正确位置的基准。

零件上的基准通常是零件表面上具体存在的一些点、线、面，但也可以是一些假定的点、线、面，如孔或轴的中心线、槽的对称面等。这些假定的基准必须由零件上某些相应的具体表面来体现，这样的表面称为基准面。

2．粗基准的选择

选择粗基准时，主要是保证各加工表面有足够的余量，使不加工表面的尺寸、位置符合要求。一般要遵循以下原则。

（1）如果必须保证零件上加工表面与不加工表面之间的位置要求，则应选择不需要加工的表面作为粗基准。若零件上有多个不加工表面，要选择其中与加工表面的位置精度要求较高的表面作为粗基准。如图 1-6 所示，以不加工的外圆表面作为粗基准，可以在一次装夹中把大部分要加工的表面加工出来，并保证各表面间的位置精度。

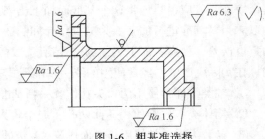

图 1-6　粗基准选择

（2）如果必须保证零件某重要表面的加工余量均匀，则应以该表面为粗基准。如图 1-7 所示机床导轨的加工，不仅精度要求高而且要求导轨面耐磨性好，加工时只能切除一层薄而均匀的金属，使其表层保留均匀一致的金相组织和高硬度。因此，先以导轨面为粗基准加工床脚平面，然后以床脚平面为精基准加工导轨面。

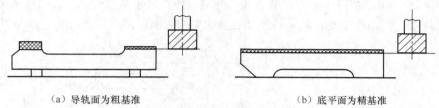

（a）导轨面为粗基准　　　　　　　　　　（b）底平面为精基准

图 1-7　机床导轨的加工

（3）如果零件上所有的表面都需要机械加工，则应以加工余量最小的加工表面作粗基准，以保证加工余量最小的表面有足够的加工余量。如图 1-8 所示的台阶轴，台阶轴 A 外圆长，产生弯曲的可能性大，因此设计时给的加工余量比 B 外圆的余量大，且毛坯制造时 A 与 B 不一定同轴。加工时如先以 B 为粗基准车外圆 A，则调头后车外圆 B 时，可保证 B 有足够而均匀的余量。反之，若以外圆 A 为粗基准，车外圆 B 时，则可能出现因 B 余量不够而造成废品。

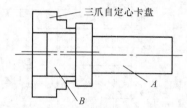

图 1-8　台阶轴的粗基准

（4）为了保证零件定位稳定、夹紧可靠，尽可能选用面积较大、平整光洁的表面作粗基准。应避免使用有飞边、浇注系统、冒口或其他缺陷的表面作粗基准。

（5）粗基准一般只能用一次，重复使用容易导致较大的基准位移误差。

3. 精基准的选择

当以粗基准定位加工了一些表面以后，在后续的加工中，就应以精基准作为主要定位基准。选择精基准时，主要考虑的问题是如何便于保证零件的加工精度和装夹方便、可靠。一般要遵循以下原则。

（1）基准重合原则。应尽量选择加工表面的设计基准作为精基准，即所谓"基准重合"原则。这样可避免由于基准不重合而产生的定位误差。在对加工面位置尺寸和位置关系有决定性影响的工序中，特别是当位置公差要求较严时，一般不应违反这一原则。否则，将由于存在基准不重合误差而增大加工难度。主要考虑减少由于基准不重合引起的定位误差，即选择设计基准作为定位基准，尤其是在最后的精加工。

（2）基准统一原则。当工件以某一表面作精基准定位，可以方便地加工大多数（或全部）其余表面时，应尽早地将这个基准面加工出来，并达到一定精度，以后大多数（或全部）工序均以它为精基准进行加工。为减少设计和制造夹具的时间与费用，避免因基准频繁变化所带来的定位误差，提高各加工表面的位置精度，尽可能选用同一个表面作为各个加工表面的加工基准。在实际生产中，经常使用的统一基准形式有如下几种。

① 轴类零件常使用两顶尖孔作统一精基准。

② 箱体类零件常使用一面两孔（一个较大的平面和两个距离较远的销孔）作统一精基准。

③ 盘套类零件常使用止口面作统一精基准。

④ 套类零件用一长孔和一止推面作统一精基准。

（3）互为基准原则。对某些位置精度要求高的表面，可以采用互为基准、反复加工的方法来保证其位置精度，这就是"互为基准"的原则。为了获得小而均匀加工余量和较高的位置精度，采用反复加工，互为基准。例如图 1-5 所示的齿轮，在进行精密加工时，采用先以齿面为基准磨削齿轮内孔，再以磨好的内孔为基准磨齿面，从而保证磨齿面余量均匀，且内孔与齿面又有较高的位置精度。

（4）自为基准原则。对一些精度要求很高的表面，在精密加工时，为了保证加工精度，要求加工余量小而且均匀，这时以已经精加工过的表面自身作为定位基准，这就是"自为基准"的原则。为了保证精加工或光整加工工序加工面本身的精度，选择加工表面本身作为定位基准进行加工。采用自为基准原则，不能校正位置精度，只能保证被加工表面的余量小而均匀，因此，表面的位置精度必须在前面的工序中予以保证。例如磨削床身导轨面，用导轨面本身（精基准）找正定位，如图 1-9 所示，导轨面本身的位置精度应由前道工序保证。

（5）便于装夹原则。所选择的精基准，尤其是主要定位面，应有足够大的面积和精度，以保证定位准确、可靠。同时还应使夹紧机构简单、操作方便。

图 1-9　采用自为基准磨削导轨面

4. 辅助基准

在精加工过程中，如定位基准面过小，或者基准面和被加工面位置错开了一个距离，定位不可靠时，常常采取辅助基准。辅助支承和辅助基准虽然都是在加工时起增加零件的刚性的作用，但二者是有本质区别的，辅助支承仅起支承作用，辅助基准既起支承作用，又起定位作用。

1.2.7　工艺路线的拟定

工艺路线的拟定是制定工艺规程的关键，所拟定的工艺路线是否合理，直接影响到工艺规程的合理性、科学性和经济性。工艺路线拟定的主要任务是选择各个表面的加工方法和加工方案、确定各个表面的加工顺序及工序集中与分散的程度、合理选用机床和刀具、确定定位与夹紧方案等。设计时一般应提出几种方案，通过对比分析，从中选择最佳方案。

1. 加工方法和加工方案的选择

（1）各种加工方法所能达到的经济精度及表面粗糙度。为了正确选择表面加工方法，首先应了解各种加工方法的特点，掌握加工经济精度的概念。任何一种加工方法可以获得的经济精度和表面粗糙度均有一个较大的范围。例如：精细的操作、选择低的切削用量可以获得较高的精度，但会降低生产率，提高成本；反之，增大切削用量、提高生产率，虽然成本降低了，但是精度也降低了。所以，对一种加工方法，只有在一定的精度范围内才是经济的，经济精度是指在正常的加工条件下（采用符合质量的标准设备、工艺装备和标准技术等级的工人，不延长加工时间）所能保证的加工精度，相应的粗糙度称为经济表面粗糙度。

各种加工方法所能达到的经济精度和表面粗糙度，以及各种典型表面的加工方案在机械加工手册中都能查到。表 1-7、表 1-8、表 1-9 中分别摘录了外圆柱面、平面和孔的典型表面的加工方法、适用范围及所能达到的加工经济精度和表面粗糙度。表 1-10 摘录了用各种加工方法加工轴线平行的孔所能达到的位置精度。应该指出的是，加工经济精度的数值并不是一成不变的，随着科学技术的发展，工艺技术的改进，加工经济精度会逐步提高。

表 1-7 外圆柱面加工方案

序号	加 工 方 法	经济精度（公差等级表示）	表面粗糙度值 Ra（μm）	适 用 范 围
1	粗车	IT11～13	10～50	适用于淬火钢以外的各种金属
2	粗车—半精车	IT8～10	2.5～6.3	
3	粗车—半精车—精车	IT7～8	0.8～1.6	
4	粗车—半精车—精车—滚压（或抛光）	IT7～8	0.2～0.025	
5	粗车—半精车—磨削	IT7～8	0.4～0.8	主要用于淬火钢，也可用于未淬火钢，但不宜加工有色金属
6	粗车—半精车—粗磨—精磨	IT6～7	0.1～0.4	
7	粗车—半精车—粗磨—精磨—超精加工（或轮式超精磨）	IT5	0.012～0.1（或 $R_z0.1$）	
8	粗车—半精车—精车—精细车（金钢车）	IT6～7	0.025～0.4	主要用于要求较高的有色金属加工
9	粗车—半精车—粗磨—精磨—超精磨（或镜面磨）	IT5	0.006～0.025（或 $R_z0.05$）	极高精度的外圆加工
10	粗车—半精车—粗磨—精磨—研磨	IT5	0.006～0.1（或 $R_z0.05$）	

表 1-8 平面加工方案

序号	加 工 方 法	经济精度（公差等级表示）	表面粗糙度值 Ra（μm）	适 用 范 围
1	粗车	IT11～13	12.5～50	端面
2	粗车—半精车	IT8～10	3.2～6.3	
3	粗车—半精车—精车	IT7～8	0.8～1.6	
4	粗车—半精车—磨削	IT6～8	0.2～0.8	
5	粗刨（或粗铣）	IT11～13	6.3～25	一般不淬硬平面（端铣表面粗糙度 Ra 值较小）
6	粗刨（或粗铣）—精刨（或精铣）	IT8～10	1.6～6.3	
7	粗刨（或粗铣）—精刨（或精铣）—刮研	IT6～7	0.1～0.8	精度要求较高的不淬硬平面批量较大时宜采用宽刃精刨方案
8	以宽刃精刨代替上述刮研	IT7	0.2～0.8	
9	粗刨（或粗铣）—精刨（或精铣）—磨削	IT7	0.2～0.8	精度要求高的淬火硬平面或不淬硬平面
10	粗刨（或粗铣）—精刨（或精铣）—磨削	IT6～7	0.025～0.4	
11	粗铣—拉	IT7～9	0.2～0.8	大量生产，较小的平面（精度视拉刀精度而定）
12	粗铣—精铣—磨削—研磨	IT5 以上	0.006～0.1（或 $R_z0.05$）	高精度平面

表 1-9　　　　　　　　　　　　　　　孔加工方案

序号	加工方法	经济精度（公差等级表示）	表面粗糙度值 Ra（μm）	适用范围
1	钻	IT11～13	12.5	加工未淬火钢及铸铁的实心毛坯，也可用于加工有色金属，孔径小于20mm
2	钻—铰	IT8～10	1.6～6.3	
3	钻—粗铰	IT7～8	0.8～1.6	
4	钻—扩	IT10～11	6.3～12.5	加工未淬火钢及铸铁的实心毛坯，也可用于加工有色金属，孔径大于15mm
5	钻—扩—铰	IT8～9	1.6～3.2	
6	钻—扩—粗铰—精铰	IT7	0.8～1.6	
7	钻—扩—机铰—手铰	IT6～7	0.2～0.4	
8	钻—扩—拉	IT7～9	0.1～1.6	大批大量生产（精度由拉刀的精度而定）
9	粗镗（或扩孔）	IT11～13	6.3～12.5	除淬火钢外各种材料，毛坯有铸出孔或锻出孔
10	粗镗（粗扩）—半精镗（精扩）	IT9～10	1.6～3.2	
11	粗镗（粗扩）—半精镗（精扩）—精镗（铰）	IT7～8	0.8～1.6	
12	粗镗（粗扩）—半精镗（精扩）—精镗—浮动镗刀精镗	IT6～7	0.4～0.8	
13	粗镗（扩）—半精镗—磨孔	IT7～8	0.2～0.8	主要用于淬火钢，也可用于未淬火钢，但不宜用于有色金属
14	粗镗（扩）—半精镗—粗磨—精磨	IT7～8	0.1～0.8	
15	粗镗—半精镗—精镗—精镗—精细镗（金刚镗）	IT6～7	0.05～0.4	主要用于精度要求高的有色金属
16	钻—（扩）—粗铰—精铰—珩磨；钻—（扩）—拉—珩磨；粗镗—半精镗—精镗—珩磨	IT6～7	0.025～0.2	精度要求很高的孔
17	以研磨代替上述方法中的珩磨	IT5～6	0.006～0.1	

表 1-10　　　　　　　　　　轴线平行的孔的位置精度（经济精度）

加工方法	工具的定位	两孔轴线间的距离误差或从孔轴线到平面的距离误差	加工方法	工具的定位	两孔轴线间的距离误差或从孔轴线到平面的距离误差
立钻或摇臂钻上钻孔	用钻模	0.1～0.2	卧式镗床上镗孔	用镗模	0.05～0.08
	按划线	1.0～3.0		按定位样板	0.08～0.2
立钻或摇臂钻上镗孔	用镗模	0.03～0.05		按定位器的指示读数	0.04～0.06
车床上镗孔	按划线	1.0～2.0		用块规	0.05～0.1
	用带有滑座的角尺	0.1～0.3		用内径规或塞尺	0.05～0.25
坐标镗床上镗孔	用光学仪器	0.004～0.015		用程度控制的坐标装置	0.04～0.05
金刚镗床上镗孔		0.008～0.02		用游标尺	0.2～0.4
多轴组合机床上镗孔	用镗模	0.03～0.05		按划线	0.4～0.6

（2）选择表面加工方案时考虑的因素。选择表面加工方案，一般是根据经验或查表来确定，再结合实际情况或工艺试验进行修改。表面加工方案的选择，应同时满足加工质量、生产率和经济性等方面的要求，具体选择时应考虑以下几方面的因素。

① 选择能获得相应经济精度的加工方法。例如，加工精度为 IT7，表面粗糙度 $Ra0.4\mu m$ 的外圆柱面，通过精细车削是可以达到要求的，但不如磨削经济。

② 零件材料的可加工性能。例如：淬火钢的精加工要用磨削；有色金属圆柱面的精加工为避免磨削时堵塞砂轮，则要用高速精细车或精细镗（金刚镗）。

③ 工件的结构形状和尺寸。例如，对于加工精度要求为 IT7 的孔，采用镗削、铰削、拉削和磨削均可达到要求。但箱体上的孔，一般不宜选用拉孔或磨孔，而宜选用镗孔（大孔）或铰孔（小孔）。

④ 生产类型。大批大量生产时，应采用高效率的先进工艺，例如，用拉削方法加工孔和平面，用组合铣削或磨削同时加工几个表面，对于复杂的表面采用数控机床及加工中心等；单件小批生产时，宜采用刨削、铣削平面和钻、扩、铰孔等加工方法，避免盲目采用高效加工方法和专用设备而造成经济损失。

⑤ 现有生产条件。充分利用现有设备和工艺手段，发挥工人的创造性，挖掘企业潜力，创造经济效益。

2. 加工阶段的划分

（1）划分方法。零件的加工质量要求较高时，都应划分加工阶段。一般划分为粗加工、半精加工和精加工 3 个阶段。如果零件要求的精度特别高，表面粗糙度很小时，还应增加光整加工和超精密加工阶段。各加工阶段的主要任务是以下几点。

① 粗加工阶段。主要任务是切除毛坯上各加工表面的大部分加工余量，使毛坯在形状和尺寸上接近零件成品。因此，应采取措施，尽可能提高生产率。同时要为半精加工阶段提供精基准，并留有充分均匀的加工余量，为后续工序创造有利条件。

② 半精加工阶段。达到一定的精度要求，并保证留有一定的加工余量，为主要表面的精加工做准备。同时完成一些次要表面的加工（如紧固孔的钻削、攻螺纹、铣键槽等）。

③ 精加工阶段。主要任务是保证零件各主要表面达到图纸规定的技术要求。

④ 光整加工阶段。对精度要求很高（IT6 以上），表面粗糙度很小（小于 $0.2\mu m$）的零件，需安排光整加工阶段。其主要任务是减小表面粗糙度或进一步提高尺寸精度和形状精度。

⑤ 超精密加工。加工精度小于 $0.1\mu m$，表面粗糙度值小于 $0.01\mu m$ 的加工方法，主要加工技术有金刚石刀具超精密切削、超精密磨削加工、超精密特种加工和复合加工等。

（2）划分原因。

① 保证加工质量的需要。零件在粗加工时，由于要切除掉大量金属，因而会产生较大的切削力和切削热，同时也需要较大的夹紧力，在这些力和热的作用下，零件会产生较大的变形。而且经过粗加工后零件的内应力要重新分布，也会使零件发生变形。如果不划分加工阶段而连续加工，就无法避免和修正上述原因所引起的加工误差。划分加工阶段后，粗加工造成的误差，通过半精加工和精加工可以得到修正，并逐步提高零件的加工精度和表面质量，保证了零件的加工要求。

② 合理使用机床设备的需要。粗加工一般要求采用功率大，刚性好，生产率高而精度不高的机床设备。而精加工需采用精度高的机床设备，划分加工阶段后就可以充分发挥粗、精加工

设备各自性能的特点，避免以粗干精，做到合理使用设备。这样不但提高了粗加工的生产效率，而且也有利于保持精加工设备的精度和使用寿命。

③ 及时发现毛坯缺陷。毛坯上的各种缺陷（如气孔、砂眼、夹渣或加工余量不足等）在粗加工后即可被发现，便于及时修补或决定是否报废，以免继续加工后造成工时和加工费用的浪费。

④ 便于安排热处理。热处理工序使加工过程划分成几个阶段，如精密主轴在粗加工后进行去除应力的人工时效处理，半精加工后进行淬火处理，精加工后进行低温回火和冰冷处理，最后进行光整加工处理。这几次热处理就把整个加工过程划分为粗加工—半精加工—精加工—光整加工阶段。

在零件工艺路线拟定时，一般应遵守划分加工阶段这一原则，但具体应用时还要根据零件的情况灵活处理，例如，对于精度和表面质量要求较低而工件刚性足够，毛坯精度较高，加工余量小的工件，可不划分加工阶段。又如，对一些刚性好的重型零件，由于装夹吊运很费时，也往往不划分加工阶段，而在一次安装中完成粗、精加工。

还需指出的是，将工艺过程划分成几个加工阶段是对整个加工过程而言的，不能单纯从某一表面的加工或某一工序的性质来判断。例如，工件的定位基准，在半精加工阶段甚至在粗加工阶段就需要加工得很准确，而在精加工阶段中安排某些钻孔之类的粗加工工序也是常有的。

3. 工序的划分

工序集中就是零件的加工集中在少数工序内完成，而每一道工序的加工内容却比较多；工序分散则相反，整个工艺过程中工序数量多，而每一道工序的加工内容则比较少。

（1）工序集中的特点。

① 有利于采用高生产率的专用设备和工艺装备，如采用多刀多刃、多轴机床，数控机床和加工中心等，从而大大提高生产率。

② 减少了工序数目，缩短了工艺路线，从而简化了生产计划和生产组织工作。

③ 减少了设备数量，相应减少了操作工人和生产面积。

④ 减少了工件安装次数，不仅缩短了辅助时间，而且在一次安装下能加工较多的表面，也易于保证这些表面的相对位置精度。

⑤ 专用设备和工艺装置复杂，生产准备工作和投资都比较大，尤其是转换新产品比较困难。

（2）工序分散的特点。

① 设备和工艺装备结构都比较简单，调整方便，对工人的技术水平要求低。

② 可采用最有利的切削用量，减少机动时间。

③ 容易适应生产产品的变换。

④ 设备数量多，操作工人多，占用生产面积大。

工序集中和工序分散各有特点。在拟定工艺路线时，工序是集中还是分散，即工序数量是多还是少，主要取决于生产规模和零件的结构特点及技术要求。在一般情况下，单件小批量生产时，多将工序集中。大批量生产时，既可采用多刀、多轴等高效率机床将工序集中，也可将工序分散后组织流水线生产。目前的发展趋势倾向于工序集中。

4. 工序顺序的安排

（1）机械加工工序的安排。

① 基准先行。零件加工一般从精基准加工开始，再以精基准定位加工其他表面。因此，选

作精基准的表面应安排在工艺过程起始工序，先进行加工，以便为后续工序提供精基准。例如，轴类零件先加工两端中心孔，再以中心孔为精基准，粗、精加工所有外圆表面；齿轮加工则先加工内孔及基准端面，再以内孔及端面为精基准，粗、精加工齿形表面。

② 先粗后精。精基准加工好以后，整个零件的加工工序，应是粗加工工序在前，相继为半精加工、精加工及光整加工。在对重要表面精加工之前，有时需对精基准进行修整，以利于保证重要表面的加工精度。如：主轴的高精度磨削时，须研磨中心孔；精密齿轮磨齿前，也要对内孔进行磨削加工。

③ 先主后次。根据零件的功用和技术要求，先将零件的主要表面和次要表面分开，然后安排主要表面的加工，再把次要表面的加工工序插入其中。次要表面一般是指键槽、螺孔、销孔等表面。这些表面一般都与主要表面有一定的相对位置要求，应以主要表面为基准进行次要表面加工，所以次要表面的加工一般放在主要表面的半精加工后，精加工以前一次加工结束。也有放在最后加工的，但此时应注意不要碰伤已加工好的主要表面。

④ 先面后孔。对于箱体、底座、支架等零件，平面的轮廓尺寸较大，用它作为精基准加工孔，比较稳定可靠，也容易加工，有利于保证孔的精度。如果先加工孔，再以孔为基准加工平面，则比较困难，加工质量也受到影响。

（2）热处理工序的安排。热处理可用来提高材料的力学性能，改善工件材料的加工性能和消除内应力，其安排主要是根据工件的材料和热处理的目的来进行。热处理工艺可分为两大类：预备热处理和最终热处理。

① 预备热处理。预备热处理的目的是改善加工性能、消除内应力和为最终热处理准备良好的金相组织。其热处理工艺有退火、正火、时效、调质等。

（a）退火和正火。退火和正火用于经过热加工的毛坯。含碳量高于 0.5% 的碳钢和合金钢，为降低其硬度，易于切削，常采用退火处理；含碳量低于 0.5% 的碳钢和合金钢，为避免其硬度过低且切削时粘刀，采用正火处理。退火和正火尚能细化晶粒、均匀组织，为后续热处理做准备。退火和正火常安排在毛坯制造之后、粗加工之前进行。

（b）时效处理。时效处理主要用于消除毛坯制造和机械加工中产生的内应力。为减少运输工作量，对于一般精度的零件，在精加工前安排一次时效处理即可。但精度要求较高的零件（ 如坐标镗床的箱体等 ），应安排两次或数次时效处理工序。简单零件一般可不进行时效处理。除铸件外，对于一些刚性较差的精密零件 （ 如精密丝杠 ），为消除加工中产生的内应力，稳定零件加工精度，常在粗加工、半精加工之间安排多次时效处理。有些轴类零件的加工，在校直工序后也要安排时效处理。

（c）调质。调质即是在淬火后进行高温回火处理，它能获得均匀细致的回火索氏体组织，为后续的表面淬火和渗氮处理时减少变形做准备，因此调质也可作为预备热处理。由于调质后零件的综合力学性能较好，对某些硬度和耐磨性要求不高的零件，也可作为最终热处理工序。

② 最终热处理。最终热处理的目的是提高硬度、耐磨性和强度等力学性能。

（a）淬火。淬火有表面淬火和整体淬火两种。表面淬火因为变形、氧化及脱碳较小而应用较广，表面淬火还具有外部强度高、耐磨性好，内部保持良好的韧性、抗冲击力强等优点。为提高表面淬火零件的力学性能，常需进行调质或正火等热处理作为预备热处理。其一般工艺路线为下料→锻造→正火（退火）→粗加工→调质→半精加工→表面淬火→精加工。

（b）渗碳淬火。渗碳淬火适用于低碳钢和低合金钢，先提高零件表层的含碳量，经淬火后使表层获得高的硬度，而心部仍保持一定的强度和较高的韧性和塑性。渗碳分整体渗碳和局部渗碳。局部渗碳时对不渗碳部分要采取防渗措施（如镀铜或镀防渗材料）。由于渗碳淬火变形大，且渗碳深度一般在 0.5～2mm 之间，所以渗碳工序一般安排在半精加工和精加工之间。其工艺路线一般为下料→锻造→正火→粗、半精加工→渗碳淬火→精加工。

当局部渗碳零件的不渗碳部分，采用加大余量后切除多余的渗碳层的工艺方案时，切除多余渗碳层的工序应安排在渗碳后、淬火前进行。

（c）渗氮处理。渗氮是使氮原子渗入金属表面获得一层含氮化合物的处理方法。渗氮层可以提高零件表面的硬度、耐磨性、疲劳强度和抗蚀性。由于渗氮处理温度较低、变形小，且渗氮层较薄（一般不超过 0.7mm），因此，渗氮工序应尽量靠后安排，常安排在精加工之间进行。为减小渗氮时的变形，在切削后一般需进行消除应力的高温回火。

（3）检验工序的安排。检验工序一般安排在粗加工后、精加工前；送往外车间前后；重要工序和工时长的工序前后；零件加工结束后，入库前。

（4）其他工序的安排。

① 表面强化工序。如滚压、喷丸处理等，一般安排在工艺过程的最后。

② 表面处理工序。如法兰、电镀等一般安排在工艺过程的最后。

③ 探伤工序。如 X 射线检查、超声波探伤等多用于零件内部质量的检查，一般安排在工艺过程的开始。磁力探伤、荧光检验等主要用于零件表面质量的检验，通常安排在该表面加工结束以后。

④ 平衡工序。包括动、静平衡，一般安排在精加工以后。

在安排零件的工艺过程中，不要忽视去毛刺、倒棱和清洗等辅助工序。在铣键槽、齿面倒角等工序后应安排去毛刺工序。零件在装配前应安排清洗工序，特别是在研磨等光整加工工序之后，更应注意进行清洗工序，以防止残余的磨料嵌入工件表面，加剧零件在使用中的磨损。

1.2.8　确定毛坯

根据零件（或产品）的形状、尺寸等要求制成的供进一步加工用的生产对象称为毛坯。毛坯的确定，不仅影响毛坯制造的经济性，而且影响机械加工的经济性。所以在确定毛坯时，既要考虑热加工方面的因素，也要兼顾冷加工方面的要求，以便从确定毛坯这一环节中，降低零件的制造成本。毛坯的确定主要包括以下几方面的内容。

1. 毛坯的种类选择

毛坯的种类很多，同一种毛坯又有多种制造方法，机械制造中常用的毛坯有以下几种。

（1）铸件。形状复杂的零件毛坯宜采用铸造方法制造。目前铸件多采用砂型铸造，砂型铸造分为木模手工造型和金属模机器造型。木模手工造型铸件精度低，加工余量大，生产率低，适用于单件小批生产或大型零件的铸造。金属模机器造型生产率高，铸件精度高，但设备费用高，铸件的质量也受到限制，适用于大批量生产的中小铸件。其次，少量质量要求较高的小型铸件可采用特种铸造（如压力铸造、离心铸造和熔模铸造等）。

（2）锻件。机械强度要求高的钢制件一般要用锻件毛坯。锻件有自由锻件和模锻件两种。自由锻件可用手工锻打（小型毛坯）、机械锤锻（中型毛坯）或压力机压锻（大型毛坯）等方法获得。这种锻件的精度低，生产率不高，加工余量较大，而且零件的结构必须简单，适用于单件和小批生产及制造大型锻件。

模锻件的精度和表面质量都比自由锻件好，而且锻件的形状也较为复杂，因而能减少机械加工余量。模锻的生产率比自由锻高得多，但需要特殊的设备和锻模，适用于批量较大的中小型锻件。

（3）型材。型材按截面形状可分为圆钢、方钢、六角钢、扁钢、角钢、槽钢及其他特殊截面的型材。型材有热轧和冷拉两类。热轧的型材精度低，价格便宜，用于一般零件的毛坯；冷拉的型材尺寸较小、精度高，易于实现自动送料，但价格较高，多用于批量较大的生产，适用于自动机床加工。

（4）焊接件。焊接件是用焊接方法获得的结合件，焊接件的优点是制造简单，周期短，节省材料，缺点是抗振性差，变形大，需经时效处理后才能进行机械加工。

除此之外，还有冲压件、冷挤压件、粉末冶金等其他毛坯。

2. 毛坯的形状和尺寸确定

毛坯的形状和尺寸基本上取决于零件的形状和尺寸。零件和毛坯的主要差别在于在零件需要加工的表面上，加上一定的机械加工余量，即毛坯加工余量。毛坯制造时，同样会产生误差，毛坯制造的尺寸公差称为毛坯公差。毛坯加工余量和公差的大小直接影响机械加工的劳动量和原材料的消耗，从而影响产品的制造成本。毛坯加工余量和公差的大小与毛坯的制造方法有关，生产中可参考有关工艺手册或有关企业、行业标准来确定。

在确定了毛坯加工余量以后，毛坯的形状和尺寸，除将毛坯加工余量附加在零件相应的加工表面上外，还要考虑毛坯制造、机械加工和热处理等多方面工艺因素的影响。下面仅从机械加工工艺的角度，分析确定毛坯的形状和尺寸时应考虑的问题。

（1）工艺搭子的设置。有些零件由于结构的原因，加工时装夹不方便，不稳定，为了装夹方便迅速，可在毛坯上制出凸台，即所谓的工艺搭子，如图 1-10 所示。工艺搭子只在装夹工件时用，零件加工完成后，一般都要切掉，但如果不影响零件的使用性能和外观质量时，可以保留。

（2）整体毛坯的采用。在机械加工中，有时会遇到如磨床主轴部件中的三瓦轴承、发动机的连杆和车床的开合螺母等零件。为了保证这类零件的加工质量和加工时的方便，常作成整体毛坯，加工到一定阶段后再切开，如图 1-11 所示的连杆整体毛坯。

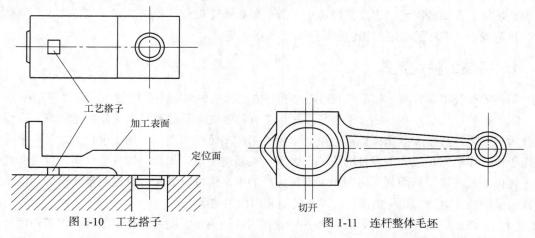

图 1-10　工艺搭子　　　　　　　　　　图 1-11　连杆整体毛坯

（3）合件毛坯的采用。为了便于加工过程中的装夹，对于一些形状比较规则的小型零件，如 T 形键、扁螺母、小隔套等，应将多件合成一个毛坯，待加工到一定阶段后或者大多数表面加工完毕后，再加工成单件。图 1-12 所示为扁螺母整体毛坯及加工。

在确定了毛坯种类、形状和尺寸后，还应绘制一张毛坯图，作为毛坯生产单位的产品图样。绘制毛坯图，是在零件图的基础上，在相应的加工表面上加上毛坯余量。但绘制时还要考虑毛坯的具体制造条件，如铸件上的孔、锻件上的孔和空挡、法兰等的最小铸出和锻出条件；铸件和锻件表面的起模斜度（拔模斜度）和圆角；分型面和分模面的位置等。并用双点画线在毛坯图中表示出零件的表面，以区别加工表面和非加工表面。

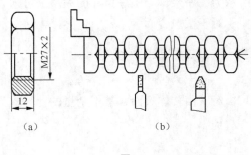

3. 毛坯种类选择中应注意的问题

（1）零件材料及其力学性能。零件的材料大致确定了毛坯的种类。例如：材料为铸铁和青铜

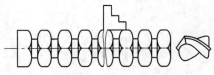

图 1-12　扁螺母整体毛坯及加工

的零件应选择铸件毛坯；钢质零件形状不复杂，力学性能要求不太高时可选型材；重要的钢质零件，为保证其力学性能，应选择锻件毛坯。

（2）零件的结构形状与外形尺寸。形状复杂的毛坯一般用铸造方法制造。薄壁零件不宜用砂型铸造；中小型零件可考虑用先进的铸造方法；大型零件可用砂型铸造。一般用途的阶梯轴，如各阶梯直径相差不大，可用圆棒料；如各阶梯直径相差较大，为减少材料消耗和机械加工的劳动量，宜选择锻件毛坯。尺寸大的零件一般选择自由锻造；中小型零件可选择模锻件；一些小型零件可作成整体毛坯。

（3）生产类型。大量生产的零件应选择精度和生产率都比较高的毛坯制造方法，如铸件采用金属模机器造型或精密铸造；锻件采用模锻、精锻；型材采用冷轧或冷拉；零件产量较小时应选择精度和生产率较低的毛坯制造方法。

（4）现有生产条件。确定毛坯的种类及制造方法，必须考虑具体的生产条件，如毛坯制造的工艺水平、设备状况及对外协作的可能性等。

（5）充分考虑利用新工艺、新技术和新材料的可能性。随着机械制造技术的发展，毛坯制造方面的新工艺、新技术和新材料的应用也发展很快。如精铸、精锻、冷挤压、粉末冶金和工程塑料等在机械中的应用日益增加。采用这些方法大大减少了切削加工量，甚至可以不需要切削加工就能达到加工要求，大大提高经济效益。因此，在选择毛坯时应给予充分考虑，在可能的条件下尽量采用。

1.2.9　确定加工余量

1. 加工余量的概念

在机械加工工艺中，每一工序加工的依据是各个加工表面的工序尺寸及其公差。确定工序尺寸，首先要确定加工余量。所谓加工余量，是指在机械加工过程中，从加工表面切除的金属层厚度。加工余量分为工序余量和加工总余量。

（1）工序余量。工序余量是指为完成某一道工序所必须切除的金属层厚度，即相邻两工序的工序尺寸之差。由于工序尺寸有公差，所以实际切除的余量会在一定的范围内变动。图 1-13 所示为工序余量与工序尺寸的关系。可知，工序余量的基本尺寸（即基本余量）计算式为

对于被包容面

$$Z = a - b \tag{1-2}$$

对于包容面

$$Z = b - a \tag{1-3}$$

对于回转体表面，基本余量的计算式为

轴

$$2Z = D_a - D_b \tag{1-4}$$

孔

$$2Z = D_b - D_a \tag{1-5}$$

式中　Z——工序余量的基本尺寸；

　　　a、D_a——前道工序基本尺寸；

　　　b、D_b——本工序基本尺寸。

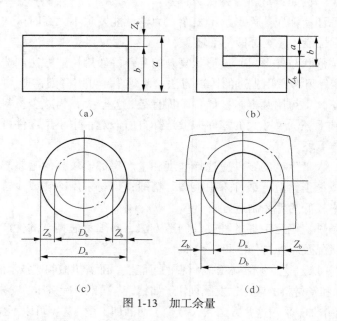

图 1-13　加工余量

加工余量有双边余量和单边余量之分，平面加工余量是单边余量，它等于实际切削的金属层厚度。对于外圆和孔等回转表面，加工余量是指双边余量，即以直径方向计算，实际切削的金属为加工余量数值的一半。

（2）加工总余量。加工总余量是指由毛坯变为成品的过程中，在某加工表面上所切除的金属层总厚度，即毛坯尺寸与零件图设计尺寸之差。图 1-14 所示为加工余量及其公差的关系。可见，不论是被包容面还是包容面，其加工总余量均等于各工序余量之和，即

$$Z_0 = \sum_{i=1}^{n} Z_i$$

（3）最大余量、最小余量和工序余量公差。由于毛坯制造和各工序尺寸不可避免地存在误差，因此无论是加工总余量还是工序余量实际上都是变动值，因而加工余量又有基本余量、最

大余量和最小余量之分，余量的变动范围称为工序余量公差。从图 1-14 可知，工序余量和工序尺寸公差的计算式为

$$Z_{min} = Z - T_a \qquad (1-6)$$

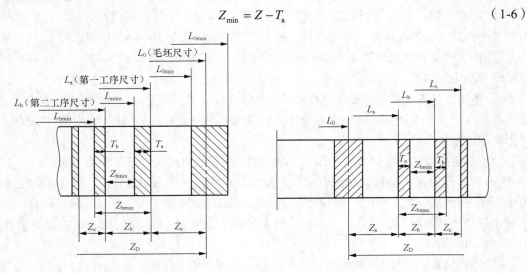

（a）被包容面加工余量及公差　　　　　　　　　（b）包容面加工余量及公差

图 1-14　加工余量及公差

$$Z_{max} = Z + T_b \qquad (1-7)$$

$$T_z = Z_{max} - Z_{min} = T_a + T_b \qquad (1-8)$$

式中　Z_{max}——最大工序余量；

Z_{min}——最小工序余量；

T_a——前道工序尺寸的公差；

T_b——本工序尺寸的公差；

T_z——本工序的余量公差。

工序余量公差为前道工序与本工序尺寸公差之和。

为了便于加工，工序尺寸标注应遵循"入体原则"。即：毛坯尺寸按双向标注上、下偏差；被包容表面尺寸上偏差为零，也就是基本尺寸为最大极限尺寸（如轴）；对包容面尺寸下偏差为零，也就是基本尺寸为最小极限尺寸（如内孔）。

2. 加工余量的确定

加工余量的大小对工件的加工质量、生产率和生产成本均有较大影响。加工余量过大，不仅增加机械加工的劳动量、降低生产率，而且增加了材料、刀具和电力的消耗，提高了加工成本；加工余量过小，则既不能消除前道工序的各种表面缺陷和误差，又不能补偿本工序加工时工件的安装误差，造成废品。因此，应合理地确定加工余量。确定加工余量的基本原则是在保证加工质量的前提下，加工余量越小越好。

（1）影响余量的主要因素。为了合理确定加工余量，首先必须了解影响加工余量的因素。影响加工余量的主要因素有以下几点。

① 前工序的尺寸公差。由于工序尺寸有公差，上工序的实际工序尺寸有可能出现最大或最

小极限尺寸。为了使上工序的实际工序尺寸在极限尺寸的情况下，本工序也能将上工序留下的表面粗糙度和缺陷层切除，本工序的加工余量应包括上工序的公差。

② 前工序的形状和位置公差。当工件上有些形状和位置偏差不包括在尺寸公差的范围内时，这些误差又必须在本工序加工纠正，在本工序的加工余量中必须包括它。

③ 前工序的表面粗糙度和表面缺陷。为了保证加工质量，本工序必须将上工序留下的表面粗糙度和缺陷层切除。

④ 本工序的安装误差。安装误差包括工件的定位误差和夹紧误差，如用夹具装夹，还应有夹具在机床上的装夹误差。这些误差会使工件在加工时的位置发生偏移，所以加工余量还必须考虑安装误差的影响。

（2）确定余量的方法。实际工作中，确定加工余量的方法有以下3种。

① 分析计算法。此法是根据有关加工余量计算式和一定的试验资料，对影响加工余量的各项因素进行分析和综合计算来确定加工余量。用这种方法确定加工余量比较经济合理，但必须有比较全面和可靠的试验资料。目前，只在材料十分贵重，以及军工生产或少数大量生产的工厂中采用。

② 经验估算法。此法是根据工厂的生产技术水平，依靠实际经验确定加工余量。为防止因余量过小而产生废品，经验估计的数值总是偏大，这种方法常用于单件小批量生产。

③ 查表修正法。此法是根据各工厂长期的生产实践与试验研究所积累的有关加工余量数据，制成各种表格并汇编成手册，确定加工余量时，查阅有关手册，再结合本厂的实际情况进行适当修正后确定，目前，此法应用较为普遍。

1.3 金属切削机床的基本知识

金属切削机床是切削加工使用的主要设备。为了适应不同的加工对象和加工要求，需要多种品种和规格的机床，为了便于区别、使用和管理，需对机床进行分类和编制型号。

1.3.1 机床的类型

机床传统的分类方式是按机床加工性质和使用的刀具进行的，目前，将机床分为12类，见表1-11。

表1-11　　　　　　　　通用机床分类代号

类别	车床	钻床	镗床	磨床	齿轮加工机床	螺纹加工机床	铣床	刨插床	拉床	特种加工机床	切断机床	其他机床
代号	C	Z	T	M	Y	S	X	B	L	D	G	Q
读音	车	钻	镗	磨	牙	丝	铣	刨	拉	电	割	其

此外，根据机床的其他特性还可以进行进一步分类。

1. 按加工精度分类

按加工精度的不同，机床可分为普通精度机床、精密机床、高精密机床。大部分车床、磨床、齿轮加工机床有3个相对精度等级，在机床型号中用汉语拼音字母P（普通精度，在型号中可省略）、M（精密）、G（高精度）表示。

2. 按工艺范围分类

按工艺范围，机床可分为通用机床、专门化机床和专用机床。

通用机床是可加工多种工件，完成多种工序的、使用范围较广的机床，例如卧式车床、万能升降台铣床等。通用机床由于功能较多，结构比较复杂，生产率低，因此主要适用于单件小批量生产。

专门化机床是用于加工形状相似而尺寸不同工件的特定工序的机床，例如曲轴车床、凸轮轴车床等。

专用机床是用于加工某些工件的特定工序的机床，例如机床主轴箱专用镗床等。它的生产率比较高，机床的自动化程度也比较高，所以专用机床通常用于成批及大量生产。

3. 按自动化程度分类

按自动化程度，机床可分为手动机床、机动机床、半自动机床和自动机床。

4. 按机床质量分类

按机床质量，机床可分为仪表机床、中小型机床（一般机床）、大型机床（10t）、重型机床（大于30t）和超重型机床（大于100t）。

5. 按控制方式分类

按控制方式，机床可分为仿形机床、数控机床、加工中心等，在机床型号中分别用汉语拼音字母F、K、H表示。

1.3.2 机床型号的编制方法

机床型号的编制是采用汉语拼音字母和阿拉伯数字按一定规律组合排列，我国现行机床型号是根据2008年国家标准局颁布的《金属切削机床 型号编制方法》国家推荐标准（GB/T15375—2008）编制的，普通机床型号用下列方式表示：

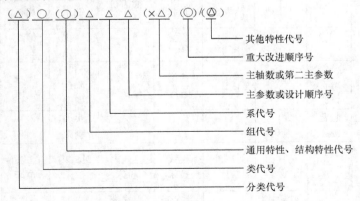

注：1. 有"（ ）"的代号或数字，当无内容时，则不表示。若有内容则不带括号。
    2. 有"○"符号的，为大写的汉语拼音字母。
    3. 有"△"符号的，为阿拉伯数字。
    4. 有"◎"符号的，为大写的汉语拼音字母，或阿拉伯数字，或两者兼有之。

1．机床的类、组、系的划分及其代号

机床的类代号用大写的汉语拼音字母表示（我国机床的 12 个类别，见表 1-11），并按名称读音。需要时，每类可分为若干分类，分类代号用阿拉伯数字表示，放在类代号之前，第一类的"1"可省略，如磨床类机床有 M、2M、3M 3 个分类。每类机床可划分为 10 个组，每个组又可划分为 10 个系。在同一类机床中，主要布局或使用范围基本相同的机床，即为同一组。在同一组机床中，其主参数相同、主要结构及布局形式相同的机床，即为同一系。金属切削机床的类、组代号划分见表 1-12。

表 1-12　　　　　　　　　　　　金属切削机床的类、组代号

类别	组别									
	0	1	2	3	4	5	6	7	8	9
车床（C）	仪表车床	单轴自动车床	多轴自动、半自动车床	回轮、轮塔车床	曲轴及凸轮轴车床	立式车床	落地及卧式车床	仿形及多刀车床	轮、轴、辊、锭及铲齿车床	其他车床
钻床（Z）		坐标镗钻床	深孔钻床	摇臂钻床	台式钻床	立式钻床	卧式钻床	铣钻床	中心孔钻床	其他钻床
镗床（T）		深孔镗床			坐标镗床	立式镗床	卧式铣镗床	精镗床	汽车、拖拉机修理用镗床	其他镗床
磨床（M）M	仪表磨床	外圆磨床	内圆磨床	砂轮机	坐标磨床	导轨磨床	刀具刃磨床	平面及端面磨床	曲轴、凸轮轴、花键轴及轧辊磨床	工具磨床
磨床（M）2M		超精机	内圆珩磨机	外圆及其他珩磨机	抛光机	砂带抛光及磨削机床	刀具刃磨及研磨机床	可转位刀片磨削机床	研磨机	其他磨床
磨床（M）3M		球轴承套圈沟磨床	滚子轴承套圈滚道磨床	轴承套圈超精机		叶片磨削机床	滚子加工机床	钢球加工机床	气门、活塞及活塞环磨削机床	汽车、拖拉机修磨机床
齿轮加工机床（Y）	仪表齿轮加工机		锥齿轮加工机	滚齿及铣齿机	剃齿及珩齿机	插齿机	花键轴铣床	齿轮磨齿机	其他齿轮加工机	齿轮倒角及检查机
螺纹加工机床（S）			套螺纹机	攻螺纹机			螺纹磨床	螺纹车床		
铣床（X）	仪表铣床	悬臂及滑枕铣床	龙门铣床	平面铣床	仿形铣床	立式升降台铣床	卧式升降台铣床	床身铣床	工具铣床	其他铣床
刨插床（B）		悬臂刨床	龙门刨床			插床	牛头刨床		边缘及模具刨床	其他刨床
拉床（L）			侧拉床	卧式外拉床	连续拉床	立式内拉床	卧式内拉床	立式外拉床	键槽、轴瓦及螺纹拉床	其他拉床
锯床（G）			砂轮片锯床		卧式带锯床	立式带锯床	圆锯床	弓锯床	锉锯床	
其他机床（Q）	其他仪表机床	管子加工机床	木螺钉加工机		刻线机	切断机	多功能机床			

2. 机床的特性代号

（1）通用特性代号。机床通用特性代号见表1-13。通用特性代号用汉语拼音字首（大写）表示，列在类代号之后。如在CK6140中，"K"表示该车床具有程序控制特性。

表1-13 机床通用特性代号

通用特性	高精度	精密	自动	半自动	数控	加工中心（自动换刀）	仿形	轻型	加重型	简式或经济型	柔性加工单元	数显	高速
代号	G	M	Z	B	K	H	F	Q	Z	J	R	X	S
读音	高	密	自	半	控	换	仿	轻	重	简	柔	显	速

（2）结构特性代号。为了区别主参数相同而结构不同的机床，在型号中增加了结构特性代号。结构特性代号在不同的型号中可以有不同的含义。如某机床既具有通用特性，又具有结构特性，则结构特性代号应排在通用特性代号之后。如在CA6140中，"A"是结构特性代号，表示CA6140与C6140车床主参数相同，但结构不同。

3. 机床主参数代号

机床以什么尺寸作为主参数有统一的规定。主参数代表机床的规格，主参数代号代表主参数的折算值，排在组、系代号之后。常用机床的主参数及其折算系数见表1-14。

表1-14 机床主参数代号

机床名称	主参数	主参数折算系数	机床名称	主参数	主参数折算系数
卧式车床	床身上最大回转直径	1/10	立式升降台铣床	工作台面宽度	1/10
摇臂钻床	最大钻孔直径	1/1	卧式升降台铣床	工作台面宽度	1/10
卧式坐标镗床	工作台面宽度	1/10	龙门刨床	最大刨削宽度	1/100
外圆磨床	最大磨削直径	1/10	牛头刨床	最大刨削长度	1/10

第二主参数（多轴机床的主轴数除外）一般不予表示，它是指最大模数、最大跨距、最大工作长度等。在型号中表示的第二主参数，一般折算成两位数为宜。

4. 机床重大改进顺序号

当机床的性能及结构有重大改进时，按其设计改进的次序，用字母A、B、C、…表示，写在机床型号的末尾。如在M1432A中，"A"表示第一次重大改进后的万能外圆磨床，最大磨削直径为320mm。

5. 其他特性代号

其他特性代号置于辅助部分之首。其中，同一型号机床的变型代号一般应放在其他特性代号之首位。

其他特性代号主要用于反映各类机床的特性。如对于数控机床，可用它来反映不同控制系统；对于一般机床，可反映同一型号机床的变型等。

其他特性代号可用汉语拼音字母表示，也可用阿拉伯数字表示，还可用二者结合表示。

6. 企业代号

企业代号包括生产厂及研究所单位代号，置于辅助部分尾部，用"—"分开，如辅助部分仅有企业代号，则不可加"—"。

例如，Z3040×16/S2 的含义如下：

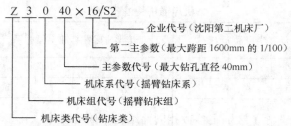

【示例 1-1】 最大棒料直径为 50mm 的六轴棒料自动车床，其型号为 C2150×6。

【示例 1-2】 最大磨削直径为 320mm 的高精度万能外圆磨床，其型号为 MG1432。

【示例 1-3】 瓦房店机床厂生产的最大车削直径为 1 250mm，经过第一次重大改进的数显单柱立式车床，其型号为 CX5112A/WF。

【示例 1-4】 工作台面宽度为 630mm 的立式单柱坐标镗床，经过一次重大改进，其型号为 T4163A。

思考题

1. 工艺规程的作用和制定原则各有哪些？

2. 什么是零件的结构工艺性？请举例说明。

3. 何谓设计基准、定位基准、工序基准、测量基准、装配基准，请举例说明。

4. 机械加工工艺过程划分加工阶段的原因是什么？

5. 何谓工序集中？何谓工序分散？各有何特点？

6. 机械加工工序的安排原则是什么？

7. 试叙述零件在机械加工工艺过程中，安排热处理工序的目的、常用的热处理方法及其在工艺过程中安排的位置。

8. 何谓毛坯余量？何谓工序余量和总余量？影响加工余量的因素有哪些？

9. 粗基准的选择原则有哪些？

10. 精基准的选择原则有哪些？

11. 毛坯的种类有哪些？

12. 选择零件表面加工方法时应考虑哪些问题？

13. 什么是工序、安装、工位、工步？怎样划分工序内容？

14. 生产类型有哪几类？如何划分生产类型？

15. 机械加工工艺过程划分加工阶段的原因是什么？

16. 金属切削机床按加工方法分，可以分为哪几类？

17. 解释下列机床型号的含义：CA6140、C1312、CG1107、Y3150E、M1432A、Z3040。

第2章

金属切削过程的基本知识

【教学重点】

1. 切削运动和切削要素的概念。
2. 金属切削刀具几何角度的标注、刀具几何参数的合理选用。
3. 刀具材料及其合理选用。
4. 切削液及其合理选用。
5. 切削用量的合理选择。

【教学难点】

1. 金属切削刀具的标注角度和工作角度。
2. 常用刀具材料的合理选用。
3. 切削过程的物理现象。
4. 刀具几何参数和切削用量的合理选择。

金属切削加工是指利用刀具切除工件毛坯上多余的金属层，以获得具有一定加工精度和表面质量的机械零件的加工方法，它是机械制造工业中应用最广泛的一种加工方法。在这个过程中，会产生切削力、切削变形、切削热和刀具磨损等物理现象。研究金属切削的基本理论，掌握金属切削的基本规律，对有效控制金属的切削过程，保证加工精度和表面质量，提高切削效益，降低生产成本，促进切削加工技术的发展等具有十分重要的指导意义。

2.1 金属切削运动和切削要素

2.1.1 切削运动

在金属切削加工过程中，用金属切削刀具切除工件材料时，刀具和工件之间具有相对运动，这种相对运动称为切削运动。按其作用的不同，切削运动可分为主运动与进给运动。

1. 主运动

主运动是进行切削加工形成工件表面的最基本、最主要的运动，也是切削运动中速度最高、消耗功率最大的运动。在切削加工中，主运动必须只有一个。主运动可以是旋转运动（如车削、镗削中主轴的运动），也可以是直线运动（如刨削、拉削中的刀具运动），如图 2-1 所示。

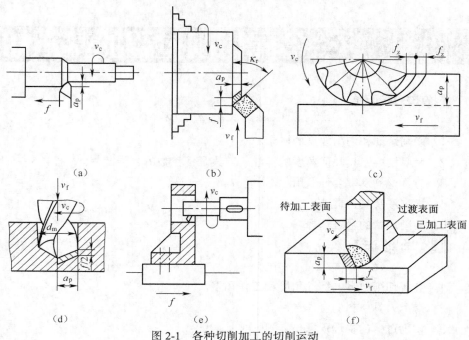

图 2-1　各种切削加工的切削运动

2. 进给运动

进给运动是指与主运动配合，将新的金属层不断投入切削的运动。它保证切削工作连续或反复进行，从而切除切削层，形成已加工表面。进给运动的速度较低、消耗功率较小；进给运动可以由刀具完成（如车削、钻削），也可以由工件完成（如铣削）；进给运动不限于一个（如滚齿），个别情况也可以没有进给运动（如拉削）；进给运动可以是连续的（如车削），也可以是间断的（如刨削）。

3. 合成切削运动

主运动和进给运动可以同时进行（如车削、铣削等），也可以交替进行（如刨削等）。当主运动与进给运动同时进行时，刀具切削刃上某一点相对工件的运动称为合成切削运动。

切削加工过程是一个动态过程，在切削过程中，工件上通常存在着 3 个不断变化的切削表面，如图 2-2 所示。

（1）已加工表面。工件上经刀具切削后形成的表面。

（2）待加工表面。工件上等待切除金属层的表面。

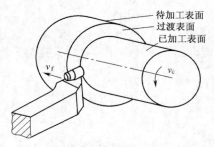

图 2-2　车削运动和加工表面

（3）过渡表面。已加工表面与待加工表面间的切削刃正在切除的表面。

在切削过程中，切削刃相对于工件运动的轨迹面，就是工件上的过渡表面和已加工表面。这里有两个要素：一是切削刃，二是切削运动。不同形状的切削刃与不同的切削运动组合，即可形成各种工件表面。

2.1.2　切削用量

在切削加工过程中，需要针对不同的工件材料、刀具材料和其他技术经济要求来选定适宜的切削速度 v_c、进给量 f 和背吃刀量 a_p。切削速度、进给量和背吃刀量通常称为切削用量三要素。

1. 切削速度

切削速度是切削刃上选定点相对于工件的主运动的线速度，单位为 m/s（或 m/min）。车削时切削速度计算式为

$$v_c = \frac{\pi dn}{1\,000} \tag{2-1}$$

式中　n —— 主运动转速，r/s 或 r/min；

　　　d —— 刀具或工件的最大直径，mm。

2. 进给量

进给量是指当主运动旋转一周时，刀具（或工件）沿进给运动方向上的位移量，单位为 mm/r。进给量的大小反映了进给速度 v_f（单位为 mm/min）的大小，二者的关系为

$$v_f = nf \tag{2-2}$$

3. 背吃刀量

对车削和刨削加工来说，背吃刀量是工件上待加工表面和已加工表面间的垂直距离。外圆车削的背吃刀量为

$$a_p = \frac{d_w - d_m}{2} \tag{2-3}$$

式中　d_w —— 待加工表面直径，mm；

　　　d_m —— 已加工表面直径，mm。

4. 合成运动速度 v_e

在主运动与进给运动同时进行的情况下，切削刃上任一点的实际切削速度是它们的合成速度 v_e，即

$$v_e = v_c + v_f \tag{2-4}$$

2.1.3　切削层参数

切削过程中，刀具切削刃在一次进给（走刀）中，从工件待加工表面上切下的金属层称为

切削层。如图 2-3 所示，外圆车削时，工件转 1 转，车刀从位置 I 移到位置 II，所切下的 I 与 II 之间的金属层称为切削层。切削层参数共有 3 个，通常在垂直于切削速度的平面内测量。

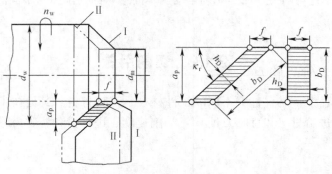

图 2-3　切削层参数

1. 切削厚度 h_D

切削厚度是指垂直于过渡表面度量的切削层尺寸。切削厚度的大小反映了切削刃单位长度上的工作负荷。切削厚度的计算式为

$$h_D = f \sin \kappa_r \tag{2-5}$$

2. 切削宽度 b_D

切削宽度是指沿过渡表面度量的切削层尺寸。切削宽度的大小反映了切削刃参加切削的长度。切削宽度的计算式为

$$b_D = \frac{a_p}{\sin \kappa_r} \tag{2-6}$$

可见，a_p 越大，b_D 越宽。

3. 切削面积 A_D

切削面积是指在切削层尺寸平面里度量的横截面积。切削面积的计算式为

$$A_D = h_D b_D = a_p f \tag{2-7}$$

在切削加工中，切削参数的选择对工件的加工质量、生产率和切削过程有着重要的影响。

2.2 金属切削刀具几何角度

金属切削加工的刀具种类繁多，各种刀具的结构尽管有的相差很大，但刀具切削部分具有相同的几何特征。其中较典型、较简单的是车刀，其他刀具的切削部分可以看成是以车刀为基本形态演变而来的，如图 2-4 所示。

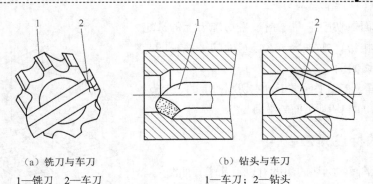

（a）铣刀与车刀　　　　　　　　　（b）钻头与车刀

1—铣刀　2—车刀　　　　　　　　　1—车刀；2—钻头

图 2-4　几种刀具切削部分的形状

2.2.1　刀具切削部分的组成

车刀由刀头和刀杆组成（图 2-5）。刀杆用于夹持刀具，又称为夹持部分；刀头用于切削，又称为切削部分。切削部分由 3 个刀面、2 条切削刃和 1 个刀尖组成。

（1）前刀面（A_γ）。切削过程中切屑流出所经过的刀具表面。

（2）主后刀面（A_α）。切削过程中与工件上过渡表面相对的刀具表面。

（3）副后刀面（A'_α）。切削过程中与工件上已加工表面相对的刀具表面。

（4）主切削刃（s）。前刀面与后刀面的交线。它担负着主要的切削工作。

（5）副切削刃（s'）。前刀面与副后刀面的交线。它配合主切削刃完成切削工作。

（6）刀尖。主切削刃和副切削刃的交点。为了改善刀尖的切削性能，常将刀尖磨成直线或圆弧形过渡刃。

不同类型的刀具，其刀面、切削刃的数量不完全相同。

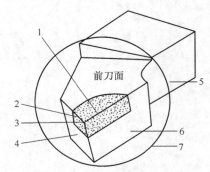

1—主切削刃；2—副切削刃；3—刀尖；
4—副后刀面；5—刀杆；6—主后刀面；
7—刀头（切削部分）

图 2-5　车刀的组成部分和各部分名称

2.2.2　刀具的标注角度

刀具要从工件上切除材料，就必须具有一定的切削角度。切削角度决定了刀具切削部分各表面之间的相对位置。定义刀具的几何角度需要建立参考系。在刀具设计、制造、刃磨和测量时用于定义刀具几何参数的参考系，称为标注角度参考系或静止参考系。在此参考系中定义的角度称为刀具的标注角度。以下主要介绍刀具静止参考系中常用的正交平面参考系。

1．正交平面参考系

正交平面参考系是由基面 P_r、切削平面 P_s 和正交平面 P_o 3 个平面组成的空间直角坐标系，如图 2-6 所示。

（1）基面。基面是指过主切削刃上的选定点，并垂直于该点切削速度方向的平面。车刀切削刃上各点的基面都平行于车刀的安装面（即底面）。安装面是刀具制造、刃磨和测量时的定位基准面。

（2）切削平面。切削平面是指过主切削刃上的选定点，与主切削刃相切，并垂直于该点基面的平面（即与工件过渡表面相切的面）。

（3）正交平面。正交平面是指过主切削刃上的选定点，同时垂直于该点基面和切削平面的平面。

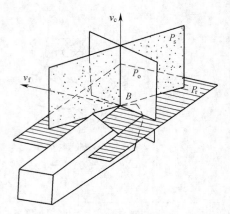

图 2-6　正交平面参考系

2. 刀具的标注角度

（1）在正交平面内标注的角度有以下几个，如图 2-7 所示。

① 前角γ_o。前角是指前刀面与基面之间的夹角。前刀面与基面平行时前角为零；刀尖位于前刀面最高点时，前角为正；刀尖位于前刀面最低点时，前角为负。前角对刀具切削性能影响很大。

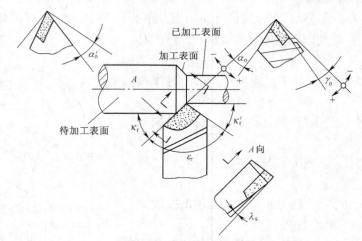

图 2-7　正交平面参考系标注角度

② 后角α_o。后角是指后刀面与切削平面之间的夹角。刀尖位于后刀面最前点时，后角为正；刀尖位于后刀面最后点时，后角为负。后角的主要作用是减小后刀面与过渡表面之间的摩擦。

③ 楔角β_o。楔角是指前刀面与后刀面之间的夹角。

前角、后角和楔角三者之间的关系为

$$\beta_o + \gamma_o + \alpha_o = 90° \tag{2-8}$$

（2）在基面内标注的角度有以下几个。

① 主偏角κ_r。主偏角是指主切削刃在基面上的投影与假定进给方向之间的夹角。主偏角一般在 0°～90°。

② 副偏角κ_r'。副偏角是指副切削刃在基面上的投影与假定进给反方向之间的夹角。

③ 刀尖角ε_r。刀尖角是指主切削平面与副切削平面之间的夹角。

主偏角、副偏角和刀尖角三者之间的关系为

$$\kappa_r + \kappa_r' + \varepsilon_r = 180° \tag{2-9}$$

（3）在切削平面内标注的角度有以下几个。

刃倾角λ_s。刃倾角是指主切削刃与基面之间的夹角。切削刃与基面平行时，刃倾角为零；

刀尖位于刀刃最高点时，刃倾角为正；刀尖位于刀刃最低点时，刃倾角为负（图 2-8）。

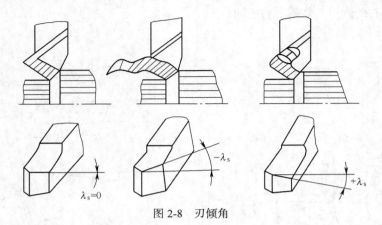

图 2-8　刃倾角

参照主切削刃的研究方法，在副切削刃上同样可以定义副正交平面和副切削平面。在副正交平面内标注的角度有副后角 α'_o，是指副后刀面与副切削平面之间的夹角。

3. 刀具的工作角度

刀具的标注角度是在假定运动条件和假定安装条件情况下定义的。实际上，在切削加工中，由于进给运动的影响，或刀具相对于工件安装位置发生变化时，会使刀具的实际切削角度发生变化。刀具在工作状态下的切削角度，称为刀具的工作角度。工作角度记作 γ_{oe}、α_{oe}、κ_{re}、κ'_{re}、λ_{se} 和 α'_{oe} 等。

（1）进给运动对工作角度的影响。

① 横向进给运动对工作角度的影响。车端面或切断时，车刀沿横向进给，主运动方向与合成切削运动方向的夹角为 $\mu\left(\tan\mu = \dfrac{v_f}{v_c} = \dfrac{f}{\pi d}\right)$，切削轨迹是阿基米德螺旋线（见图 2-9）。这时工作基面 P_{re} 和工作切削平面 P_{se} 相对于标注参考系都要偏转一个附加的角度 μ，使车刀的工作前角 γ_{oe} 增大，工作后角 α_{oe} 减小，分别为

$$\gamma_{oe} = \gamma_o + \mu$$
$$\alpha_{oe} = \alpha_o - \mu \qquad (2\text{-}10)$$

② 纵向进给运动对工作角度的影响。车外圆或车螺纹时（见图 2-10），合成运动方向与主运动方向之间的夹角为 μ_f，这时工作基面 P_{re} 和工作切削平面 P_{se} 相对于标注参考系都要偏转一个附加的角度 μ，使车刀的工作前角 γ_{oe} 增大，工作后角 α_{oe} 减小，分别为

$$\gamma_{oe} = \gamma_o + \mu$$
$$\alpha_{oe} = \alpha_o - \mu \qquad (2\text{-}11)$$

$$\tan\mu = \tan\mu_f \sin\kappa_r = \frac{f\sin\kappa_r}{\pi d} \qquad (2\text{-}12)$$

式中　f——纵向进给量或被切螺纹的导程，mm/r；

　　　d——工件选定点的直径，mm；

　　　μ_f——螺旋升角，（°）。

一般车削时，进给量比工件直径小很多，所以角度 μ 很小，对车刀工作角度影响很小，可忽略不计。但如进给量较大时（如加工丝杆、多头螺纹），则应考虑角度 μ 的影响。车削右旋螺

纹时，车刀左侧刃后角应大些，右侧刃后角应小些；或者使用可转角度刀架将刀具倾斜一个角度μ安装，使左右两侧刃工作前后角相同。

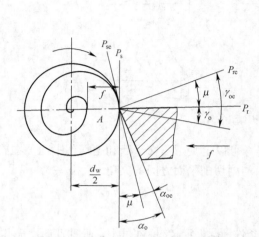

图 2-9　横向进给运动对工作角度的影响

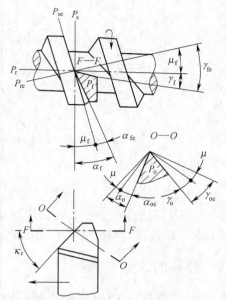

图 2-10　纵向进给运动对工作角度的影响

（2）刀具安装对工作角度的影响。

① 刀刃安装高度对工作角度的影响。车削时，刀具的安装常会出现刀刃安装高于或低于工件回转中心的情况（见图 2-11），此时工作基面、工作切削平面相对于标注参考系产生θ 角的偏转，将引起工作前角和工作后角的变化，分别为

$$\gamma_{oe} = \gamma_o \pm \theta$$

$$\alpha_{oe} = \alpha_o \mp \theta$$

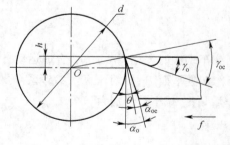

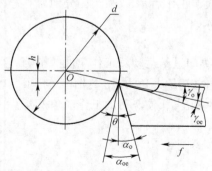

图 2-11　刀刃安装高度对工作角度的影响

② 刀杆安装偏斜对工作角度的影响。在车削时会出现刀杆与进给方向不垂直的情况（见图 2-12），此时刀杆垂线与进给方向产生θ 角的偏转，将引起工作主偏角和工作副偏角的变化，分别为

$$\kappa_{re} = \kappa_r \pm \theta$$

$$\kappa'_{re} = \kappa'_r \mp \theta$$

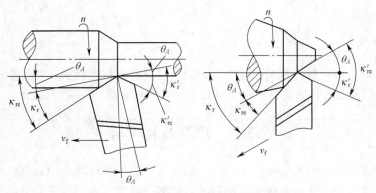

图 2-12　刀杆安装偏斜对工作角度的影响

2.3 刀具材料

刀具材料是指刀具切削部分的材料。刀具切削性能的优劣取决于刀具材料、切削部分的几何形状以及刀具的结构。刀具材料的选择对刀具寿命、加工质量、生产效率影响极大。

2.3.1　刀具材料应具备的性能

切削过程中，刀具切削部分是在很大的切削力、较高的切削温度及剧烈摩擦等条件下工作的，同时，由于切削余量和工件材质不均匀或切削时形不成带状切屑，还会伴随冲击和振动，因此刀具切削部分的材料应具备以下性能。

1. 高的硬度和耐磨性

硬度是刀具材料最基本的性能。刀具材料的硬度必须高于工件材料的硬度，以便刀具切入工件。在常温下刀具材料的硬度应在 60HRC 以上。耐磨性是刀具抵抗磨损的能力，在剧烈的摩擦下刀具磨损要小。一般来说，材料的硬度越高，耐磨性越好。刀具材料含有耐磨的合金碳化物越多、晶粒越细、分布越均匀，则耐磨性越好。

2. 足够的强度和韧性

刀具材料只有具备足够的强度和韧性，才能承受较大的切削力和切削时产生的振动，以防刀具断裂和崩刃。

3. 较高的耐热性

高耐热性是指刀具在高温下仍能保持原有的硬度、强度、韧性和耐磨性的性能。

4. 良好的工艺性

为便于刀具本身的制造，刀具材料还应具有良好的工艺性能，如切削性能、磨削性能、焊接性能及热处理性能等。

5. 经济性

经济性是评价刀具材料的重要指标之一，刀具材料的价格应低廉，便于推广。有些材料虽单件成本很高，但因其使用寿命长，分摊到每个工件上的成本不一定很高。

2.3.2 常用刀具材料

刀具材料有高速钢、硬质合金、工具钢、陶瓷、立方氮化硼和金刚石等。目前，在生产中所用的刀具材料主要是高速钢和硬质合金两类。碳素工具钢、合金工具钢因耐热性差，仅用于手工或切削速度较低的刀具。

1. 高速钢

高速钢（又称为锋钢、白钢）是含有较多的钨（W）、钼（Mo）、铬（Cr）、钒（V）等合金元素的高合金工具钢。常见高速钢的性能比较见表 2-1。高速钢具有较高的硬度（63～70HRC）和耐热性，在切削温度高达 500～650℃时仍能进行切削；高速钢的强度高（抗弯强度是一般硬质合金的 2～3 倍，是陶瓷的 5～6 倍）、韧性好，可在有冲击、振动的场合应用；它可以用于加工有色金属、结构钢、铸铁、高温合金等范围广泛的材料。高速钢的制造工艺性好，容易磨出锋利的切削刃，适于制造各类刀具，尤其适于制造结构复杂的成型刀具及钻头、丝锥、铣刀、拉刀、齿轮刀具等形状复杂的刀具。由于高速钢的硬度、耐磨性、耐热性不及硬质合金，因此只适于制造中、低速切削的各种刀具。

表 2-1   常见高速钢的性能比较

类 型	牌 号	常温硬度 HRC	抗弯强度（GPa）	冲击韧性（MJ/m²）	高温硬度 HRC（600℃）
普通高速钢	W18Cr4V	63～66	2.94～3.33	0.176～0.344	48.5
	W6Mo5Cr4V2	63～66	3.43～3.92	0.294～0.392	48
高性能高速钢	W10Mo4Cr4V3Al	67～69	3.1～3.5	0.2～0.28	54
	W2Mo9Cr4VCo8	67～69	2.65～3.72	0.225～0.294	55
	W6Mo5Cr4V2Al	67～69	2.84～3.82	0.225～0.294	55
	W12Cr4V4Mo	65～67	≈3.316	≈0.245	52

高速钢按切削性能可分为普通高速钢和高性能高速钢。

（1）普通高速钢。普通高速钢是切削硬度在 250～280HBS 以下的大部分结构钢和铸铁的基本刀具材料，切削普通钢时的切削速度一般不高于 40m/min。

（2）高性能高速钢。高性能高速钢是在普通高速钢的基础上增加一些含碳量、含钒量并添加钴、铝等合金元素熔炼而成，其耐热性好，在 630～650℃时仍能保持接近 60HRC 的硬度，适于加工高温合金、钛合金、奥氏体不锈钢、高强度钢等难加工材料。

2. 硬质合金

硬质合金是用高硬度、难熔的金属碳化物（WC、TiC 等）和金属黏结剂（Co、Ni 等）在高温条件下烧结而成的粉末冶金制品。硬质合金的常温硬度达 89～93HRA，在 800～1 000℃时硬质合金还能进行切削，刀具寿命比高速钢刀具高几倍到几十倍，可加工包括淬硬钢在内的多种材料。但硬质合金的抗弯强度低，冲击韧性差，使用中很少制成整体刀具，一般制成各种形状的刀片，焊接或夹固在刀体上。ISO（国际标准化组织）把切削用硬质合金分为 3 类：P 类、K 类和 M 类。切削用硬质合金的牌号与用途分组代号见表 2-2。

表 2-2 切削用硬质合金的牌号与用途分组代号

用途分组代号	硬质合金牌号	用途分组代号	硬质合金牌号	用途分组代号	硬质合金牌号
P01	YT30、YT10	M10	YW1	K01	YG3X
P10	YT15	M20	YW2	K10	YG6X、YG6A
P20	YT14			K20	YG6、YG3N
P30	YT5			K30	YG8N、YG8

P 类（相当于我国的 YT 类）硬质合金由 WC、TiC 和 Co 组成，也称为钨钛钴类硬质合金。其硬度为 89.5～92.5HRA，耐热性为 900～1 000℃，主要加工塑性材料。常用牌号有 YT5、YT14、YT15、YT30 等，T 后面的数字代表 TiC 的百分含量，其余为 WC 和 Co。当 TiC 的含量较多、Co 的含量较少时，硬度和耐磨性提高，但抗弯强度有所下降。它不适合加工含 Ti 元素的不锈钢。TiC 的含量多，适于精加工；反之则适于粗加工。

K 类（相当于我国的 YG 类）硬质合金由 WC 和 Co 组成，也称为钨钴类硬质合金。其硬度为 89～91.5HRA，耐热性为 800～900℃，这类合金主要用于加工铸铁、有色金属及其非金属材料。常用牌号有 YG3、YG6、YG8 等，G 后面的数字为 Co 的百分含量。硬质合金中 Co 含量越多，韧性越好，适合于粗加工；含 Co 量少则适合于精加工。YG 类硬质合金不适合加工钢件，因其切削温度达 640℃时，刀具与钢会产生黏结磨损。

M 类（相当于我国的 YW 类）硬质合金是在 WC、TiC、Co 的基础上加入 TaC（或 NbC）而成。加入 TaC（或 NbC）后，改善了硬质合金的综合性能。这类硬质合金既可以加工铸铁和有色金属，又可以加工钢料，还可以加工高温合金和不锈钢等难加工材料，有通用硬质合金之称。不同硬质合金刀具的应用范围见表 2-3。

表 2-3 不同硬质合金刀具的应用范围

代号	被加工材料	适应的加工条件
P01	钢、铸钢	高切削速度、小切削截面、无振动条件下的精车、精镗
P10	钢、铸钢	高切削速度、中等或小切削截面条件下的车削、仿形车削、车螺纹和铣削
P20	钢、铸钢、可锻铸铁	中等切削速度和中等切削截面条件下的车削、仿形车削和铣削，小切削截面的刨削
P30	钢、铸钢、可锻铸铁	中或低等切削速度、中等或大切削截面条件下的车削、铣削、刨削和不利条件下的加工
P40	钢、含砂眼和气孔的铸钢件	低切削速度、大切削角、大切削截面以及不利条件下的车削、刨削、切槽和自动机床上的加工
P50	钢、含砂眼和气孔的中低强度钢铸件	低切削速度、大切削角、大切削截面及不利条件下的车削、刨削、切槽和自动机床上的加工
M10	钢、铸钢、锰钢、灰铸铁和合金铸铁	中或高切削速度、小或中等切削截面条件下的车削
M20	钢、铸钢、奥氏体钢或锰钢、灰铸铁	中等切削速度、中等切削截面条件下的车削、铣削
M30	钢、铸钢、奥氏体钢、灰铸铁、耐高温合金	中等切削速度、中等或大切削截面条件下的车削、铣削、刨削
M40	低碳易切钢、低强度钢、有色金属等	车削、切断，特别适于自动机床上的加工
K01	特硬灰铸铁、冷硬铸铁、高硅铝合金、淬硬钢、高耐磨塑料、硬纸板、陶瓷	车削、精车、镗削、铣削、刮削

3. 其他刀具材料

（1）陶瓷。用于制作刀具的陶瓷材料主要有两类：氧化铝基陶瓷和氮化硅基陶瓷。陶瓷材料制作的刀具硬度可达 90～95HRA，耐热温度高达 1 200～1 450℃，能承受的切削速度比硬质合金还要高，但抗弯强度低、冲击韧性差，目前主要用于半精加工和精加工高硬度、高强度钢及冷硬铸铁等材料。

（2）立方氮化硼。立方氮化硼（CBN）是由立方氮化硼经高温高压处理转化而成，其硬度高达 8 000HV，仅次于金刚石。CBN 是一种新型刀具材料，可耐 1 300～1 500℃的高温，热稳定性好；它的化学稳定性也很好，即使温度高达 1 200～1 300℃也不与铁产生化学反应。一般用于高硬度、难加工材料的精加工。

（3）人造金刚石。金刚石分天然和人造两种，由于天然金刚石价格昂贵，工业上多使用人造金刚石。人造金刚石是在高温、高压下由石墨转化而成的，其硬度接近于 10 000HV，可用于加工硬质合金、陶瓷、高硅铝合金等高硬度、高耐磨材料。人造金刚石目前主要用于制作磨具及磨料，用作刀具材料主要用于有色金属的高速精细切削。金刚石不是碳的稳定状态，遇热易氧化和石墨化，用金刚石刀具进行切削时须对切削区进行强制冷却。金刚石刀具不宜加工铁族元素，因为金刚石中的碳原子和铁族元素的亲和力大，刀具寿命短。

2.4 刀具磨损与刀具耐用度

切削时刀具在高温条件下，受到工件、切削的摩擦作用，刀具材料被逐渐磨耗或出现其他形式的破坏。当磨损量达到一定程度时，切削力加大，切削温度上升，切屑形状和颜色改变，甚至产生振动，不能继续正常切削。因此，刀具磨损直接影响加工效率、质量和成本。

2.4.1 刀具磨损的形态

刀具磨损是指刀具与工件或切削的接触面上，刀具材料的微粒被切削或工件带走的现象，这种磨损现象称为正常磨损。由于冲击、振动、热效应等原因使刀具崩刃、碎裂而损坏，称为非正常磨损。刀具正常磨损形式有以下 3 种。

1. 前刀面磨损

前刀面磨损又称月牙洼磨损。切削塑性材料，当切削厚度较大时，刀具前刀面承受巨大的压力和摩擦力，而且切削温度很高，使前刀面产生月牙洼磨损，如图 2-13 所示。随着磨损的加剧，月牙洼逐渐加深、加宽，当接近刃口时，会使刃口突然破损。前刀面磨损量大小，用月牙洼的宽度 KB 和深度 KT 表示。

2. 后刀面磨损

刀具后刀面虽然有后角，但由于切削刃不是理想的锋利，而有一定的钝圆，因此，后刀面与工件实际上是面接触，磨损就发生在这个接触面上。在切削铸铁等脆性金属或以较低的切削速度、较小的切削厚度切削塑性金属时，由于前刀面上的压力和摩擦力不大，主要发生后刀面磨损，如图 2-13 所示。由于切削刃各点工作条件不同，其后刀面磨损带是不均匀的，C 区和 N 区磨损严重，中间 B 区磨损较均匀。

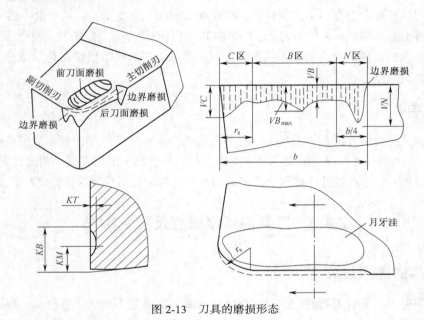

图 2-13 刀具的磨损形态

3. 前刀面和后刀面同时磨损

这是一种兼有上述两种情况的磨损形式。在切削塑性金属时，如切削厚度适中，经常会发生这种磨损。

2.4.2 刀具磨损的主要原因

刀具磨损的原因很复杂，主要有以下几个方面。

1. 硬质点磨损

硬质点磨损是由于工件材料中的硬质点或积屑瘤碎片对刀具表面的机械划伤，从而使刀具磨损。各种刀具都会产生硬质点磨损，但对于硬度较低的刀具材料或低速刀具（如高速钢刀具及手工刀具等），硬质点磨损是刀具的主要磨损形式。

2. 黏结磨损

黏结磨损是指刀具与工件（或切削）的接触面在足够的压力和温度作用下，达到原子间距离而产生黏结现象，因相对运动，黏结点的晶粒或晶粒群受剪或受拉被对方带走而造成的磨损。黏结点的分离面通常在硬度较低的一方，即工件上。但也会造成刀具材料组织不均匀、产生内应力及疲劳微裂纹等缺陷。

3. 扩散磨损

扩散磨损是指刀具表面与被切出的工件新鲜表面接触，在高温下，两摩擦面的化学元素获得足够的能量，相互扩散，改变了接触面双方的化学成分，降低了刀具材料的性能，从而造成刀具磨损。例如硬质合金车刀加工钢料时，在 $800 \sim 1\,000\,℃$ 高温下，硬质合金中的 Co、WC 和 C 等元素迅速扩散到切屑、工件中去；工件中的 Fe 则向硬质合金表层扩散，使硬质合金形成新的低硬度、高脆性的复合化合物层，从而加剧刀具磨损。刀具扩散磨损与化学成分有关，并随着温度的升高而加剧。

4. 化学磨损

化学磨损又称为氧化磨损，是指刀具材料与周围介质（如空气中的氧，切削液中的极压添加剂硫、氯等），在一定的温度下发生化学反应，在刀具表面形成硬度低、耐磨性差的化合物，加速刀具的磨损。化学磨损的强弱取决于刀具材料中元素的化学稳定性及温度的高低。

2.4.3 刀具的磨损过程及磨钝标准

1. 刀具的磨损过程

在正常条件下，随着刀具的切削时间增加，刀具的磨损量将增大。通过实验得到如图 2-14 所示的刀具后刀面磨损量（VB）与切削时间的关系曲线。由图可知，刀具磨损过程可分为以下 3 个阶段。

（1）初期磨损阶段。初期磨损阶段的特点是磨损快、时间短。一把新刃磨的刀具表面尖峰突出，在与切屑摩擦过程中，峰点的压强很大，造成尖峰很快被磨损，使压强趋于均衡，磨损速度减慢。

（2）正常磨损阶段。经过初期磨损阶段之后，刀具表面峰点基本被磨平，表面的压强趋于均衡，刀具的磨损量随着时间的延长而均匀地增加，经历的切削时间较长。这就是正常磨损阶段，也是刀具的有效工作阶段。

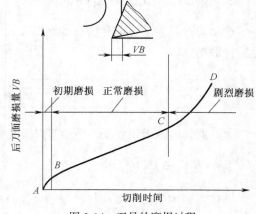

图 2-14 刀具的磨损过程

（3）剧烈磨损阶段。当刀具磨损量达到一定程度时，切削刃已变钝，切削力、切削温度急剧升高，磨损量剧增，刀具很快失效。为合理使用刀具及保证加工质量，应在此阶段之前及时更换刀具。

2. 刀具的磨钝标准

刀具磨损后将影响切削力、切削温度和加工质量，因此必须根据加工情况规定一个最大的允许磨损值，这就是刀具的磨钝标准。国际标准 ISO 统一规定以 1/2 背吃刀量处后刀面磨损的宽度作为刀具的磨钝标准。磨钝标准的具体数值可查阅有关手册，高速钢与硬质合金车刀的磨钝标准见表2-4。

表 2-4　　　　　　　　　　高速钢与硬质合金车刀的磨钝标准

工件材料	加工性质	磨钝标准 VB（mm）	
		高速钢	硬质合金
碳钢、合金钢	粗车	1.5～2.0	1.0～1.4
	精车	1.0	0.4～0.6
灰铸铁、可锻铸铁	粗车	2.0～3.0	0.8～1.0
	半精车	1.5～2.0	0.6～0.8
耐热钢、不锈钢	粗、精车	1.0	1.0
钛合金	粗、半精车	—	0.4～0.5
淬火钢	精车	—	0.8～1.0

2.4.4　刀具的耐用度和刀具寿命

在实际生产中，不可能经常停机去测量后刀面上的 VB 值，以确定是否达到磨钝标准，而是采用与磨钝标准相对应的切削时间，即刀具耐用度来表示。刀具耐用度是指刃磨后的刀具自开始切削直到磨损量达到刀具的磨钝标准所经过的净切削时间，用 T 表示，单位为 s（或 min）。刀具耐用度 T 大，表示刀具磨损慢。常用刀具的耐用度见表2-5。

表 2-5　　　　　　　　　　常用刀具耐用度 T 参考值

刀具类型	刀具耐用度（min）	刀具类型	刀具耐用度（min）
车刀、刨刀、镗刀	60	仿形车刀具	120～180
硬质合金可转位车刀	30～45	组合钻床刀具	200～300
钻头	80～120	多轴铣床刀具	400～800
硬质合金面铣刀	90～180	组合机床、自动机、自动线刀具	240～480
切齿刀具	200～300		

1.　刀具磨损限度

在正常磨损阶段后期、急剧磨损阶段之前换刀或重磨，既可保证加工质量，又能充分利用刀具材料。在大多数情况下，后刀面都有磨损，而且测量也较容易，故通常以后刀面磨损的宽度 VB 作为刀具磨损限度。

2.　刀具耐用度

刀具耐用度是指两次刃磨之间实际进行切削的时间，以 T（min）表示。在实际生产中，不可能经常测量 VB 的值，而是通过确定刀具耐用度，作为衡量刀具磨损限度的标准。因此，刀具耐用度的数值应规定得合理。对于制造和刃磨比较简单、成本不高的刀具，耐用度可定得低些；对于制造和刃磨比较复杂、成本较高的刀具，耐用度可定得高些。通常，硬质合金车刀 $T=60～90$min，高速钢钻头 $T=80～120$min，齿轮滚刀 $T=200～300$min。

3.　刀具寿命

刀具寿命 t 是指一把新刀具从开始切削到报废为止的总切削时间。刀具寿命与刀具耐用度

之间的关系为

$$t=nT \qquad\qquad (2\text{-}13)$$

式中　n——刀具刃磨次数。

4. 影响刀具耐用度的因素

影响刀具耐用度的因素很多，主要有工件材料、刀具材料、刀具几何角度、切削用量及是否使用切削液等因素。切削用量中切削速度的影响最大。所以，为了保证各种刀具所规定的耐用度，必须合理地选择切削速度。

2.5 切削液

在切削过程中，合理地使用切削液（或称为冷却润滑液），可以减小刀具与切屑、刀具与加工表面的摩擦，降低切削力和切削温度、减小刀具磨损、提高加工表面质量。合理使用切削液是提高金属切削效益的有效途径之一。

2.5.1　切削液的种类

金属切削加工中最常用的切削液可分为以下几类。

1. 水溶液

水溶液的主要成分是水，冷却性能好，如配成透明状液体，还便于操作者观察。但纯水易使金属生锈，润滑性能较差，所以使用时常加入适量的防锈添加剂（如亚硝酸钠、磷酸三钠等），使其既保持冷却性能又有良好的防锈性能和一定的润滑性能。

2. 切削油

切削油的主要成分是矿物油，特殊情况下也可采用动、植物油或复合油。切削油润滑性能好，但冷却性能差，常用于精加工工序。

3. 极压切削油

极压切削油是在矿物油中添加氯、硫、磷等极压添加剂配制而成。它在高温下不破坏润滑膜，具有良好的润滑效果，被广泛采用。

4. 乳化液

乳化液是用 95%～98% 的水将由矿物油、乳化剂和添加剂配制成的乳化油膏稀释而成，外观呈乳白色或半透明状，具有良好的冷却性能。因含水量大，润滑、防锈性能较差，常加入一定量的油性、极压添加剂和防锈添加剂，配制成极压乳化液或防锈乳化液。

2.5.2　切削液的作用

切削液主要起冷却和润滑的作用，同时还具有良好的清洗和防锈作用。

1.　冷却作用

切削液的冷却作用，主要靠热传导带走大量的热来降低切削温度。一般来说，水溶液的冷却性能最好，切削油最差，乳化液介于二者之间而接近于水溶液。

2.　润滑作用

切削液渗透到切削区后，在刀具、工件、切屑界面上形成润滑油膜，减小了摩擦。润滑性能的强弱取决于切削液的渗透能力、形成润滑膜的能力和强度。

3.　清洗作用

切削加工中产生细碎切屑（如切铸铁）或磨料微粉（如磨削）时，要求切削液具有良好的清洗作用和冲刷作用。清洗作用的好坏，与切削液的渗透性、流动性和使用的压力有关。为了提高切削液的清洗能力，及时冲走碎屑及磨粉，在使用时往往给予一定的压力，并保持足够的流量。

4.　防锈作用

为了减小工件、机床、刀具受周围介质（空气、水分等）的腐蚀，要求切削液具有一定的防锈作用。防锈作用的好坏，取决于切削液本身的性能和加入的防锈添加剂的作用。在气候潮湿地区，对防锈作用的要求显得更为突出。

2.5.3　切削液的合理选用

切削液的种类很多，性能各异，应根据工件材料、刀具材料、加工方法和加工要求合理选用。一般选用原则如下。

（1）粗加工。粗加工时切削用量较大，产生大量的切削热容易导致高速钢刀具迅速磨损。这时宜选用以冷却性能为主的切削液（如质量分数为3%～5%的乳化液），以降低切削温度。

硬质合金刀具耐热性好，一般不用切削液。在重型切削或切削特殊材料时，为防止高温下刀具发生黏结磨损和扩散磨损，可选用低浓度的乳化液或水溶液，但必须连续充分地浇注，切不可断断续续，避免因冷热不均产生很大的热应力，使刀具因热裂而损坏。

在低速切削时，刀具以硬质点磨损为主，宜选用以润滑性能为主的切削油；在较高速度下切削时，刀具主要是热磨损，要求切削液有良好的冷却性能，宜选用水溶液和乳化液。

（2）精加工。精加工以减小工件表面粗糙度值和提高加工精度为目的，因此应选用润滑性能好的切削液。

加工一般钢件时，切削液应具有良好的润滑性能和一定的冷却性能。高速钢刀具在中、低速下（包括铰削、拉削、螺纹加工、插齿、滚齿加工等），应选用极压切削油或高浓度极压乳化液。硬质合金刀具精加工时，采用的切削液与粗加工时基本相同，但应适当提高其润滑性能。

加工铜、铝及其合金和铸铁时，可选用高浓度的乳化液。但应注意，因硫对铜有腐蚀作用，所以切削铜及其合金时不能选用含硫切削液。铸铁床身导轨加工时，用煤油作切削液效果较好，但较浪费能源。

（3）难加工材料的加工。切削高强度钢、高温合金等难加工材料时，由于材料中所含的硬质点多、导热系数小，加工均处于高温、高压的边界摩擦润滑状态，因此宜选用润滑和冷却性能均好的极压切削油或极压乳化液。

（4）磨削加工。磨削加工速度快、温度高，热应力会使工件变形，甚至产生表面裂纹，且磨削产生的碎屑会划伤已加工表面和机床滑动表面，所以宜选用冷却和清洗性能好的水溶液或乳化液。但磨削难加工材料时，宜选用润滑性好的极压乳化液和极压切削油。

（5）封闭或半封闭容屑的加工。钻削、攻丝、铰孔和拉削等加工的容屑为封闭或半封闭方式，需要切削液有较好的冷却、润滑及清洗性能，以减小刀—屑摩擦生热并带走切屑，宜选用乳化液、极压乳化液和极压切削油。

常用切削液的选用见表2-6。

表2-6　　　　　　　　　常用切削液的选用

工件材料			碳钢、合金钢		不锈钢		高温合金		铸铁		铜及其合金		铝及其合金	
刀具材料			高速钢	硬质合金	高速钢	硬质合金	高速钢	硬质合金	高速钢	硬质合金	高速钢	硬质合金	高速钢	硬质合金
加工方法	车	粗加工	3、1、7	0、3、1	4、2、7	0、4、2	2、4、7	0、2、4	0、3、1	0、3、1	3	0、3	0、3	0、3
		精加工	3、7	3、7、2	4、2、8、7	0、4、2	2、8、4	0、4、2、8	0、6	0、6				
	铣	粗加工	3、1、7	0、3	4、2、7	0、4、2	2、8、4	0、2、4	0、6	0、6	3	0、3	0、3	0、3
		精加工	4、2、7	0、4	4、2、8、7	0、4、2	2、8、4	0、2、4、8	0、6	0、6				
	钻孔		3、1	3、1	8、7	8、7	2、8、4	2、8、4	0、3、1	0、3、1	3	0、3	0、3	0、3
	铰孔		7、8、4	7、8、4	8、7、4	8、7、4	8、7	8、7	0、6	0、6	5、7	0、5、7	0、5、7	0、5、7
	攻丝		7、8、4		8、7、4		8、7		0、6		5、7		0、5、7	
	拉削		7、8、4	—	8、7、4		8、7		0、3		3、5		0、3、5	
	滚齿、插齿		7、8	—	8、7		8、7		0、3		5、7		0、5、7	—
工件材料			碳钢、合金钢		不锈钢		高温合金		铸铁		铜及其合金		铝及其合金	
刀具材料			普通砂轮		普通砂轮		普通砂轮		普通砂轮		普通砂轮		普通砂轮	
加工方法	外圆磨	粗磨	1、3		4、2		4、2		1、3		1		1	
	平面磨	精磨	1、3		4、2		4、2		1、3		1		1	

注：本表中数字的意义；0—干切削液；1—润滑性不强的水溶液；2—润滑性强的水溶液；3—普通乳化液；4—极压乳化液；5—普通矿物油；6—煤油；7—含硫、氯的极压切削液或动植物油的复合油；8—含硫、氯磷或硫氯磷的极压切削液。

2.6　金属切削过程物理现象

金属切削过程是指将工件上多余的金属层，通过切削加工被刀具切除而形成切屑的过程。金属在切削过程中会产生切削变形、切削力、切削热、积屑瘤和刀具磨损等物理现象，研究这些现象及其变化规律，对于合理使用与设计刀具、夹具和机床，保证加工质量，减少能量消耗，提高生产率和促进生产技术发展都有很重要的意义。

2.6.1 切屑的形成与切削变形

1. 金属切削过程

大量的实验和理论分析证明，塑性金属切削过程中切屑的形成过程就是切削层金属的变形过程。根据切削实验时制作的金属切削层变形图片，可绘制出如图 2-15 所示的金属切削过程中的滑移线和流线示意图。流线表明被切削金属中的某一点在切削过程中流动的轨迹。切削过程中，切削层金属的变形大致可划分为 3 个区域。

第 1 变形区。第 1 变形区是切屑形成的主要区域（图 2-15 中 I 区），在刀具前刀面推挤下，切削层金属发生塑性变形。切削层金属所发生的塑性变形是从 *OA* 线开始，直到 *OM* 线结束。在这个区域内，被刀具前刀面推挤的工件的切削层金属完成了剪切

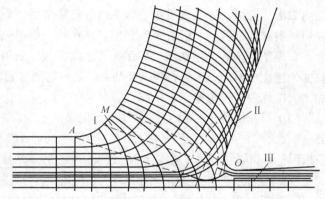

图 2-15　金属切削过程中的滑移线和流线示意图

滑移的塑性变形过程，金属的晶粒被显著地拉长了。离开 *OM* 线之后，切削层金属已经变成了切屑，并沿着刀具前刀面流动。

第 2 变形区。切屑沿前刀面流动时，进一步受到前刀面的挤压，在刀具前刀面与切屑底层之间产生了剧烈摩擦，使切屑底层的金属晶粒纤维化，其方向基本上和刀具前刀面平行，这个变形区域（图 2-15 的 II 区）称为第 2 变形区。第 2 变形区对切削过程也会产生较显著的影响。

第 3 变形区。切削层金属被刀具切削刃和刀具前刀面从工件基体材料上剥离下来，进入第 1 和第 2 变形区；同时，工件基体上留下的材料表层经过刀具钝圆切削刃和刀具后刀面的挤压、摩擦，使表层金属产生纤维化和非晶质化，使其显微硬度提高；在刀具后刀面离开后，已加工表面的表层和深层金属都要产生回弹，从而产生表面残余应力，这些变形过程都是在第 3 变形区（图 2-15 的 III 区）内完成的，也是已加工表面形成的过程。第 3 变形区内的摩擦与变形情况直接影响着已加工表面的质量。

这 3 个变形区不是独立的，它们有紧密的内在联系并相互影响。

2. 切屑的类型

由于工件材料及切削条件不同，切削变形的程度也就不同，因而所产生的切屑形态也就多种多样。切屑基本类型如图 2-16 所示，即带状切屑、挤裂切屑、单元切屑和崩碎切屑 4 类。

（1）带状切屑。带状切屑是加工塑性材料最常见的一种切屑。它的形状像一条连绵不断的带子，底部光滑，背部呈毛茸状。一般加工塑性材料，当切削厚度较小、切削速度较高、刀具前角较大时，得到的切屑往往是带状切屑。形成这种切屑时，切削过程平稳、切削力波动较小、

已加工表面粗糙度值较小，但带状切屑会缠绕工件、刀具等，需采取断屑措施。

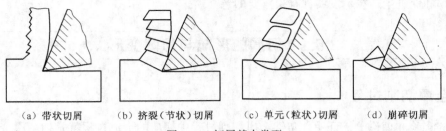

| （a）带状切屑 | （b）挤裂（节状）切屑 | （c）单元（粒状）切屑 | （d）崩碎切屑 |

图 2-16　切屑基本类型

（2）挤裂切屑。挤裂切屑又称为节状切屑，是加工塑性材料时较常见的一种切屑。其特征是内表面很光滑，外表面可见明显裂纹的连续带状切屑。其产生主要原因是切削过程中，由于被切材料在局部达到了破裂强度，使切屑在外表面产生了明显可见的裂纹，但在切屑厚度方向上不贯穿整个切屑，使切屑仍然保持了连续带状。采用较小的前角、较低的切削速度加工中等硬度的塑性材料时，容易得到这类切屑。这种切削过程，由于变形较大、切削力大，且有波动，加工后工件表面较粗糙。

（3）单元切屑。单元切屑又称为粒状切屑，是加工塑性材料时较少见的一种切屑。其特征是切屑呈粒状。其产生主要原因是在刀具的作用下，切屑在整个剪切面上受到的剪应力超过了材料的断裂极限，使切屑断裂而与基体分离。这种切削过程不平稳，振动较大，已加工表面粗糙度值较大，表面可见明显波纹。与挤裂切屑相比，其切削速度、刀具前角进一步减小，切削厚度进一步增加。

（4）崩碎切屑。崩碎切屑是加工脆性材料时常见的一种切屑。因被切材料在刀刃和前刀面的作用下，未经塑性变形就被挤裂而崩碎，形成不规则的碎块状切屑。工件越硬脆，越容易产生这类切屑。产生崩碎切屑时，切削热和切削力都集中在主切削刃和刀尖附近，刀尖容易磨损，并产生振动，从而影响加工件的表面粗糙度。

同一加工件，切屑的类型可以随切削条件的不同而改变，在生产中，常根据具体情况采取不同的措施来得到需要的切屑，以保证切削加工的顺利进行。例如，增大前角、提高切削速度或减小切削厚度可将挤裂切屑转变成带状切屑。

2.6.2　积屑瘤

1. 积屑瘤的形成

在一定切削速度范围内，加工钢材、有色金属等塑性材料时，在刀具前刀面靠近刀刃的部位黏附着一小块很硬的金属，这块金属就是切削过程中产生的积屑瘤，或称为刀瘤，如图 2-17 所示。

积屑瘤是由于切屑和前刀面剧烈的摩擦、黏结而形成的。当切屑沿前刀面流出时，在高温和高压的

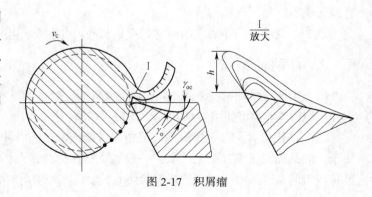

图 2-17　积屑瘤

作用下，切屑底层受到很大的摩擦阻力，致使这一层金属的流动速度降低，形成"滞流层"。当滞流层金属与前刀面之间的摩擦力超过切屑本身分子间的结合力时，就会有一部分金属黏结在刀刃附近形成积屑瘤。积屑瘤形成后不断长大，达到一定高度又会破裂而被切屑带下或黏附在工件表面上，影响表面粗糙度。上述过程是重复进行的。积屑瘤的形成主要取决于切削温度，如在 300~380℃切削碳钢易产生积屑瘤。

2. 积屑瘤对切削加工的影响

（1）对切削力的影响。积屑瘤黏结在前刀面上，增大了刀具的实际前角，可使切削力减小。但由于积屑瘤不稳定，导致了切削力的波动。

（2）对已加工表面粗糙度的影响。积屑瘤不稳定、易破裂，其碎片随机散落，可能会留在已加工表面上。另外，积屑瘤形成的刃口不光滑，使已加工表面变得粗糙。

（3）对刀具耐用度的影响。积屑瘤相对稳定时，可代替切削刃切削，减小了切屑与前刀面的接触面积，提高了刀具耐用度；积屑瘤不稳定时，破裂部分有可能引起硬质合金刀具的剥落，反而降低了刀具耐用度。

显然，积屑瘤有利有弊。粗加工时，对精度和表面粗糙度要求不高，如果积屑瘤能稳定生长，则可以代替刀具进行切削，保护刀具，同时减小切削变形；精加工时，则应避免积屑瘤的出现。

3. 影响积屑瘤的主要因素

工件材料和切削速度是影响积屑瘤的主要因素。此外，接触面间的压力、粗糙程度、黏结强度等因素都与形成积屑瘤的条件有关。

（1）工件材料。塑性好的材料，切削时的塑性变形较大，容易产生积屑瘤；塑性差、硬度较高的材料，产生积屑瘤的可能性相对较小。切削脆性材料时，形成的崩碎切屑与前刀面无摩擦，一般无积屑瘤产生。

（2）切削速度。切削速度较低（ $v_c <$ 3m/min =时，切屑流动较慢，切屑底面的金属被充分氧化，摩擦系数小，切削温度低，切屑金属分子间的结合力大于切屑底面与前刀面之间的摩擦力，因而不会出现积屑瘤。切削速度在 3~40m/min 时，切屑底面的金属与前刀面间的摩擦系数较大，切削温度高，切屑金属分子间的结合力降低，因而容易产生积屑瘤。切削速度较高（ $v_c >$ 40m/min）时，由于切削温度很高，切屑底面呈微熔状态，摩擦系数明显降低，也不会产生积屑瘤。

此外，增大前角以减小切屑变形，或用油石仔细打磨刀具前刀面以减小摩擦，或选用合适的冷却润滑液以降低切削温度和减小摩擦，都有助于防止积屑瘤的产生。

2.6.3 切削力

金属切削时，刀具切入工件，使工件材料产生变形成为切屑所需的力称为切削力。切削力是计算切削功率，设计刀具、机床和机床夹具及制定切削用量的重要依据。在自动化生产中，还可通过切削力来监控切削过程和刀具的工作状态。因此，研究和掌握切削力的规律和计算、实验方法，对生产实践有重要的实用意义。

1. 切削力的来源

切削时，使被加工材料发生变形成为切屑所需的力称为切削力。切削力来源于以下两个方面（见图 2-18）。

（1）切屑形成过程中，弹性变形和塑性变形产生的抗力。

（2）切屑和刀具前刀面的摩擦阻力及工件和刀具后刀面的摩擦阻力。

2. 切削力的分解

总切削力 F 是一个空间力，为了便于测量和计算，以适应机床、刀具设计和工艺分析的需要，常将 F 分解为 3 个互相垂直的切削分力，如图 2-19 所示。

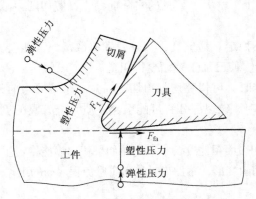

图 2-18 切削力的来源

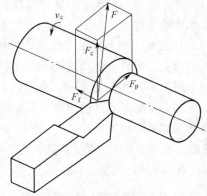

图 2-19 总切削力的分解

（1）主切削力 F_c。主切削力是总切削力在主运动方向上的分力，也称为切向力。主切削力是 3 个分力中最大的，消耗的机床功率也最多（95%以上），是计算机床动力和主传动系统零件（如主轴箱内的轴和齿轮）强度和刚度的主要依据。

（2）进给力 F_f。进给力是总切削力在进给运动方向上的分力，车削外圆时与主轴轴线方向一致，又称为轴向力。进给力一般只消耗总功率的 1%～5%，是计算进给系统零件强度和刚度的重要依据。

（3）背向力 F_p。背向力是总切削力在垂直于进给运动方向上的分力，也称为径向力或吃刀抗力。因为切削时在此方向上的运动速度为零，所以 F_p 不做功，但会使工件弯曲变形，还会引起工件振动，对表面粗糙度产生不利影响。

总切削力 F 与 3 个分力 F_c、F_f、F_p 的关系为

$$F = \sqrt{F_c^2 + F_f^2 + F_p^2}$$

3. 切削力、切削功率的计算

（1）切削力的计算。由于切削过程十分复杂，影响因素较多，生产中常采用经验公式计算，即

$$F_c = K_c A_D = K_c a_p f \tag{2-14}$$

式中　F_c——切削力，N；

　　　K_c——切削层单位面积切削力，N/mm²；

　　　A_D——切削层公称横截面积，mm²。

K_c 与工件材料、热处理方法、硬度等因素有关，其数值可查切削手册。

（2）切削功率的计算。切削功率是 3 个切削力消耗功率的总合。在车外圆时背向力方向速

度为零，进给力又很小，它们消耗的功率可忽略不计，因此切削功率计算式为

$$P_m = F_c v_c \tag{2-15}$$

式中　v_c——切削速度，m/s。

考虑机床的传动效率，由切削功率 P_m 可求出机床电动机功率 P_c，即

$$P_c \geqslant P_m/\eta \tag{2-16}$$

式中　η——机床传动效率，一般取 0.75～0.85。

4. 影响切削力的因素

（1）工件材料的影响。工件材料的强度、硬度越高，虽然切屑变形略有减小，但总的切削力还是增大的。强度、硬度相近的材料，塑性大，与刀具的摩擦系数也较大，切削力增大。加工脆性材料时，因塑性变形小，切屑与刀具前刀面摩擦小，切削力较小。

（2）切削用量的影响。

① 背吃刀量和进给量。当 f 和 a_p 增加时，切削面积增大，切削力也增加，但二者的影响程度不同。在车削时，当 a_p 增大 1 倍时，切削力约增大 1 倍；而 f 增大 1 倍时，切削力只增大 68%～86%。因此，在切削加工中，如果从切削力和切削功率来考虑，加大进给量比加大背吃刀量有利。

② 切削速度。积屑瘤的存在与否，决定着切削速度对切削力的影响情况：在积屑瘤生长阶段，v_c 增加，积屑瘤高度增加，变形程度减小，切削力减小；反之，在积屑瘤减小阶段，切削力则逐渐增大。在无积屑瘤阶段，随着切削速度 v_c 的提高，切削温度增高，前刀面摩擦减小，变形程度减小，切削力减小，如图 2-20 所示。因此生产中常用高速切削来提高生产效率。

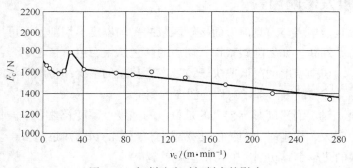

图 2-20　切削速度对切削力的影响

在切削脆性金属工件材料时，因塑性变形很小，前刀面上的摩擦也很小，所以切削速度 v_c 对切削力无明显的影响。

（3）刀具几何参数的影响。

① 前角。前角对切削力影响最大。当切削塑性金属时，前角增大，能使被切层材料所受挤压变形和摩擦减小，排屑顺畅，总切削力减小。加工脆性金属时前角对切削力影响不明显。

② 负倒棱。在锋利的切削刃上磨出负倒棱（见图 2-21），可以提高刃口强度，从而提高刀具使用寿命，但此时被切削金属的变形加大，使切削力增加。

③ 主偏角。主偏角对切削力的影响主要是通过切削厚度和刀尖圆弧曲线长度的变化来影响变形，从而影响切削力。主偏角对切削分力的影响较小，但

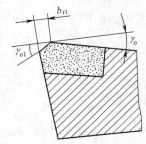

图 2-21　负倒棱对切削力的影响

对背向力和进给力的影响明显，主偏角增大，背向力减小，进给力增大。因此，生产中常用主偏角为 75° 的车刀加工。

（4）其他因素的影响。刀具、工件材料之间的摩擦系数因影响摩擦力而影响切削力的大小。在同样的切削条件下，高速钢刀具切削力最大，硬质合金刀具次之，陶瓷刀具最小。在切削过程中使用切削液，可以降低切削力，并且切削液的润滑性能越高，切削力的降低越显著。刀具后刀面磨损越严重、摩擦越剧烈，切削力越大。

2.6.4　切削热与切削温度

切削热和由它产生的切削温度会使加工工艺系统产生热变形，不但影响刀具的磨损和耐用度，而且影响工件的加工精度和表面质量。因此，研究切削热和切削温度的产生及其变化规律有很重要的意义。

1. 切削热的来源与传导

在切削过程中，由于切削层金属的弹性变形、塑性变形及摩擦而产生的热，称为切削热。切削热通过切屑、工件、刀具及周围的介质传导出去，如图 2-22 所示。在第 1 变形区内切削热主要由切屑和工件传导出去，在第 2 变形区内切削热主要由切屑和刀具传导出去，在第 3 变形区内切削热主要由工件和刀具传导出去。加工方式不同，切削热的传导情况也不同。不用切削液时，切削热的 50%~86% 由切屑带走，10%~40% 传入工件，3%~9% 传入刀具，1% 左右传入空气。

2. 切削温度及影响因素

切削温度一般是指切屑与刀具前刀面接触区域的平均温度。切削温度可用仪器测定，也可通过切屑的颜色大致判断。如切削碳素钢，切屑的颜色从银白色、黄色、紫色到蓝色，则表明切削温度从低到高。切削温度的高低取决于该处产生热量的多少和传散热量的快慢。因此，凡是影响切削热产生与传出的因素都影响切削温度的高低。

（1）工件材料。对切削温度影响较大的是材料的强度、硬度及热导率。材料的强度和硬度越高，单位切削力越大，切削时所消耗的功率越大，产生的切削热也越多，切削温度越高。热传导率越小，传散的热越少，切削区的切削温度就越高。

（2）刀具几何参数。刀具的前角和主偏角对切削温度影响较大。增大前角，可使切削变形及切屑与前刀面的摩擦减小，产生的切削热减少，切削温度下降。但前角过大（≥20°）时，刀头的散热面积减小，反而使切削温度升高。减小主偏角，可增加切削刃的工作长度（见图 2-23），增大刀头的散热面积，降低切削温度。

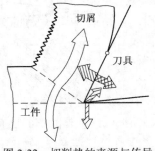

图 2-22　切削热的来源与传导

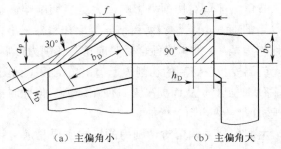

（a）主偏角小　　　　　（b）主偏角大

图 2-23　主偏角与刀刃工作长度

（3）切削用量。增大切削用量，单位时间内切除的金属量增多，产生的切削热相应增多，致使切削温度上升。由于切削速度、进给量和吃刀深度的变化对切削热的产生与传导的影响不同，所以对切削温度的影响也不相同。其中，吃刀深度对切削温度的影响最小，进给量次之，切削速度最大。因此，从控制切削温度的角度出发，在机床条件允许的情况下，选用较大的吃刀深度和进给量比选用大的切削速度更有利。

（4）其他因素。刀具后刀面磨损增大时，加剧了刀具与工件间的摩擦，会使切削温度升高。切削速度越高，刀具磨损对切削温度的影响越明显。利用切削液的润滑功能降低摩擦系数，减少切削热的产生，同时切削液也可带走一部分切削热，所以采用切削液是降低切削温度的重要措施。

3. 切削热对切削加工的影响

传入切屑及介质中的热对加工没有影响；传入刀头的热量虽然不多，但由于刀头体积小，特别是高速切削时切屑与前刀面发生连续而强烈的摩擦，刀头上切削温度可达 1 000℃以上，会加速刀具磨损，降低刀具使用寿命；传入工件的切削热会引起工件变形，影响加工精度，特别是加工细长轴、薄壁套及精密零件时，热变形的影响更需注意。所以，切削加工中应设法减少切削热的产生，改善散热条件。

2.7 刀具几何参数与切削用量选择及实例

刀具的几何参数与切削用量的合理选择，对保证质量，提高生产率，降低加工成本有着非常重要的意义。

2.7.1 刀具几何参数的选择

刀具几何参数可分为两类，一类是刀具角度参数，另一类是刀具刃型尺寸参数。各参数之间存在着相互依赖、相互制约的关系，因此应综合考虑各种参数以便进行合理的选择。虽然刀具材料的优选对于切削过程的优化具有关键作用，但是，如果刀具几何参数的选择不合理，也会使刀具材料的切削性能得不到充分的发挥。

在保证加工质量的前提下，能够满足刀具使用寿命长、生产效率高、加工成本低的刀具几何参数，称为刀具的合理几何参数。

1. 选择刀具几何参数应考虑的因素

（1）工件材料。要考虑工件材料的化学成分、制造方法、热处理状态、物理和机械性能（包括硬度、抗拉强度、延伸率、冲击韧性、导热系数等），还有毛坯表层情况、工件的形状、尺寸、精度和表面质量要求等。

（2）刀具材料和刀具结构。除要考虑刀具材料的化学成分、物理和力学性能（包括硬度、抗拉强度、冲击值、耐磨性、热硬性和导热系数）外，还要考虑刀具的结构形式，如是整体式、还是焊接式或机夹式。

（3）具体加工条件。要考虑机床、夹具的情况，工艺系统刚性及功率大小，切削用量和切削液性能等。一般来说，粗加工时，着重考虑保证最大的生产率；精加工时，主要考虑保证加工精度和已加工表面的质量要求；对于自动线生产用的刀具，主要考虑刀具工作的稳定性，有时还要考虑断屑问题；机床刚性和动力不足时，刀具应力求锋利，以减少切削力和振动。

2. 刀具角度的选择

（1）前角及前刀面的选择。

① 前刀面的类型。前刀面有平面型、曲面型和带倒棱型 3 种（见图 2-24）。

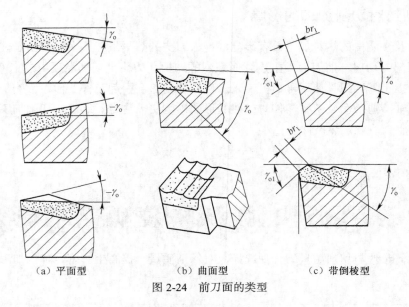

(a) 平面型　　　　　(b) 曲面型　　　　　(c) 带倒棱型

图 2-24　前刀面的类型

平面型前刀面。制造容易，重磨方便，刀具廓形精度高。

曲面型前刀面。起卷刃作用，并有助于断屑和排屑，主要用于粗加工塑性金属刀具和孔加工刀具，如丝锥、钻头。

带倒棱型前刀面。是提高刀具强度和刀具耐用度的有效措施。

② 前角的功用。前角影响切削过程中的变形和摩擦，同时影响刀具的强度。

前角 γ_o 对切削的难易程度有很大影响。增大前角能使刀刃变得锋利，使切削更为轻快，并减小切削力和切削热。前角的大小对表面粗糙度、排屑和断屑等也有一定影响。增大前角还可以抑制积屑瘤的产生，改善已加工表面的质量。但前角过大，刀刃和刀尖的强度下降，刀具导热体积减少，影响刀具使用寿命。因此刀具前角存在一个最佳值 γ_{opt}，通常称 γ_{opt} 为刀具的合理前角（见图 2-25）。

③ 前角的选择原则。在刀具强度许可的条件下，

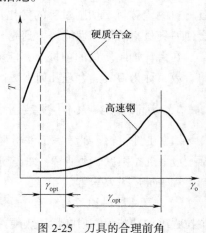

图 2-25　刀具的合理前角

尽可能选用大的前角。

工件材料的强度、硬度低,前角应选得大些;反之应选得小些(如有色金属加工时,选前角较大)。

刀具材料韧性好(如高速钢),前角可选得大些;反之应选得小些(如硬质合金)。

精加工时,前角可选得大些;粗加工时,应选得小些。

硬质合金车刀合理前角和后角的参考值见表2-7。

表 2-7 硬质合金车刀合理前角和后角的参考值

工件材料种类	合理前角参考值(°)		合理后角参考值(°)	
	粗　车	精　车	粗　车	精　车
低碳钢	20～25	25～30	8～10	10～12
中碳钢	10～15	15～20	5～7	6～8
合金钢	10～15	15～20	5～7	6～8
淬火钢	−15～−5		8～10	
不锈钢(奥氏体)	15～20	20～25	6～8	8～10
灰铸铁	10～15	5～10	4～6	6～8
铜及铜合金(脆)	10～15	5～10	6～8	6～8
铝及铝合金	30～35	35～40	8～10	10～12
钛合金($\sigma_b \leqslant 0.177\text{GPa}$)	5～10		10～15	

(2)后角、后刀面的选择。

① 后角的功用。后角α_o的主要功能是减小后刀面与工件间的摩擦和后刀面的磨损,其大小对刀具耐用度和加工表面质量都有很大影响。后角同时又影响刀具的强度。

② 后角的选择原则。增大后角,可减小刀具后刀面与已加工表面的摩擦,减小刀具磨损,还可使切削刃钝圆半径减小,刀尖锋利,提高工件表面质量。但后角太大,会使刀楔角显著减小,削弱切削刃的强度,使容热体积减小,散热条件变差,降低刀具耐用度。因此,后角也存在一个合理值。粗加工以确保刀具强度为主,可在4°～6°选取;精加工以加工表面质量为主,常取8°～12°。

一般来说,切削厚度越大,刀具后角越小;工件材料越软,塑性越大,后角越大;工艺系统刚性较差时,应适当减小后角(切削时起支承作用,增加系统刚性并起消振作用);工件尺寸精度要求较高时,后角宜取较小值。

③ 后刀面的类型。

(a)双重后角。为保证刃口强度,减少刃磨后刀面的工作量,常在车刀后面磨出双重后角,如图2-26(a)所示。

(b)消振棱。为了增加后刀面与过渡表面之间的接触面积,增加阻尼作用,消除振动,可在后刀面上刃磨出一条有负后角的倒棱,称为消振棱,如图2-26(b)所示。其参数为$b_{\alpha1}=0.1\sim0.3\text{mm}$,$\alpha_{o1}=-5°\sim-20°$。

(c)刃带。对一些定尺寸刀具(如钻头、铰刀等),为便于控制刀具尺寸,避免重磨后尺寸精度的变化,常在后刀面上刃磨出后角为0°的小棱边,称为刃带,如图2-26(c)所示。刃带形成一条与切削刃等距的棱边,可对刀具起稳定、导向和消振作用,延长刀具的使用时间。刃带不宜太宽,否则会增大摩擦作用。刃带宽度$b_\alpha=0.02\sim0.03\text{mm}$。

（3）主偏角、副偏角的选择。

① 主偏角和副偏角的功用。

（a）影响已加工表面的残留面积高度。减小主偏角和副偏角，可以减小已加工表面粗糙度值，特别是副偏角对已加工表面粗糙度影响更大。

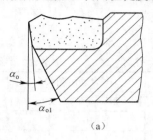 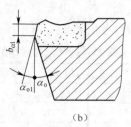 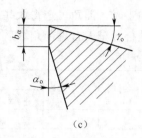

图 2-26　后刀面的类型

（b）影响切削层形状。主偏角直接影响切削刃工作长度和单位长度切削刃上的切削负荷。在切削深度和进给量一定的情况下，增大主偏角，切削宽度减小，切削厚度增大，切削刃单位长度上的负荷随之增大。因此，主偏角直接影响刀具的磨损和使用寿命。

（c）影响切削分力的大小和比例关系。增大主偏角可减小背向力 F_p，但增大了进给力 F_f。同理，增大副偏角，也可使 F_p 减小。而 F_p 的减小，有利于减小工艺系统的弹性变形和振动。

（d）影响刀尖角的大小。主偏角和副偏角共同决定了刀尖角 ε_r，直接影响刀尖强度、导热面积和容热体积。

（e）影响断屑效果和排屑方向。增大主偏角，切屑变厚、变窄，容易折断。

② 主偏角的选择。主偏角的大小影响刀具耐用度、背向力与进给力的大小。减小主偏角能提高刀刃强度，改善散热条件，并使切削层厚度减小，切削层宽度增加，减轻单位长度刀刃上的负荷，从而有利于提高刀具的耐用度；而加大主偏角，则有利于减小背向力，防止工件变形，减小加工过程中的振动和工件变形。主偏角的选择原则是在保证表面加工质量和刀具耐用度的前提下，尽量选用较大值。

工艺系统是指切削加工时由机床、刀具、夹具和工件所组成的统一体。加工细长轴时，工艺系统刚度差，应选用较大的主偏角，以减小背向力。加工强度、硬度高的材料时，切削力大，工艺系统刚度好时，应选用较小的主偏角，以增大散热面积，提高刀具耐用度。主偏角的选择见表2-8。

表 2-8　　　　　　　　　　　　　　主偏角的参考值

工　作　条　件	主　偏　角
系统刚性好，切深较小，进给量较大，工件材料硬度高	$10° \sim 30°$
系统刚性较好 $\left(\dfrac{l}{d} < 6 \right)$，加工盘类零件	$30° \sim 45°$
系统刚性较差 $\left(\dfrac{l}{d} = 6 \sim 12 \right)$，背吃刀量较大或有冲击时	$60° \sim 75°$
系统刚性差 $\left(\dfrac{l}{d} > 12 \right)$，车台阶轴，切槽及切断	$90° \sim 95°$

注：l—工件长度；d—工件直径。

③ 副偏角的选择。副偏角影响刀具的耐用度和已加工表面的粗糙度。增大副偏角，可减小副切削刃与已加工表面的摩擦，防止切削时产生振动。减小副偏角有利于降低已加工表面的残

留高度（见图 2-27），降低已加工表面的粗糙度，但会加剧副后刀面与已加工表面的摩擦。副偏角的选择原则是在保证表面质量和刀具耐用度的前提下，尽量选用较小值。

一般情况下，当工艺系统允许时，尽量取小的副偏角。外圆车刀常取 $\kappa_r' = 6° \sim 10°$。粗加工时可大一些，$\kappa_r' = 10° \sim 15°$；精加工时可小些，$\kappa_r' = 6° \sim 10°$。为了降低已加工表面的粗糙度，有时还可磨出 $\kappa_r' = 0°$ 的修光刃。

（4）过渡刃的类型。在主切削刃与副切削刃之间有一条过渡刃，如图 2-28 所示。过渡刃有直线过渡刃和圆弧过渡刃两种。过渡刃的作用是提高刀具强度，延长刀具耐用度，降低表面粗糙度。

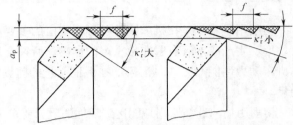

图 2-27　副偏角对残留高度的影响

① 直线刃［见图 2-28（a）］。在粗车或强力车削时，一般取过渡刃偏角 $\kappa_{r\varepsilon} = \dfrac{1}{2}\kappa_r$，长度 $b_\varepsilon = 0.5 \sim 2\text{mm}$。

② 圆弧刃［见图 2-28（b）］。即刀尖圆弧半径 r_ε。r_ε 增大时，可减小表面粗糙度值，且能提高刀具耐用度，但会增大背向力 F_p，容易引起振动，所以 r_ε 不能过大。通常高速钢车刀 $r_\varepsilon = 0.5 \sim 3\text{mm}$，硬质合金车刀 $r_\varepsilon = 0.5 \sim 2\text{mm}$。

③ 水平修光刃［见图 2-28（c）］。水平修光刃是在刀尖处磨出一小段 $\kappa_r' = 0°$ 的平行刀刃。其长度一般应大于进给量。具有修光刃的刀具刀刃平直，装刀精确，工艺系统刚度足够，即使在大进给切削条件下，仍能获得很小的表面粗糙度值。

④ 大圆弧刃［见图 2-28（d）］。大圆弧刃即半径为 $300 \sim 500\text{mm}$ 的过渡刃，常用在宽刃精车刀、宽刃精刨刀、浮动镗刀等刀具上。

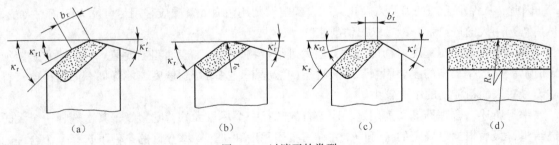

| (a) | (b) | (c) | (d) |

图 2-28　过渡刃的类型

（5）刃倾角的选择。

① 刃倾角的功用。刃倾角 λ_s 主要影响刀头的强度和切屑流动的方向（见图 2-29）。

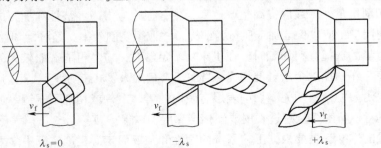

$\lambda_s = 0$　　　　　$-\lambda_s$　　　　　$+\lambda_s$

图 2-29　刃倾角对切屑流动方向的影响

② 刃倾角的选用原则。主要根据刀具强度、流屑方向和加工条件而定。粗加工时，为提高刀具强度，λ_s 取负值；精加工时，为不使切屑划伤已加工表面，λ_s 常取正值或 0。

2.7.2　切削用量的选择

切削用量不仅是在机床调整前必须确定的重要参数，而且其数值合理与否对加工质量、加工效率、生产成本等有着非常重要的影响。所谓合理的切削用量，是指充分利用刀具切削性能和机床动力性能（功率、扭矩），在保证质量的前提下，获得高的生产率和低的加工成本的切削用量。

切削用量的选择原则是能达到零件的质量要求（主要是指表面粗糙度和加工精度），并在工艺系统强度和刚性允许下，以及充分利用机床功率和发挥刀具切削性能的前提下，选取一组最大的切削用量。

1. 确定切削用量时考虑的因素

（1）生产率。在切削加工中，金属切除率与切削用量三要素 a_p、f、v_c 均保持线性关系，即其中任一参数增大 1 倍，都可使生产率提高 1 倍。然而，由于刀具寿命的制约，当任一参数增大时，其他两参数必须减小。因此，选择切削用量，应是三者的最佳组合。一般情况下尽量优先增大 a_p，以求一次进刀全部切除加工余量。

（2）机床功率。背吃刀量和切削速度增大时，均会使切削功率成正比增加。进给量对切削功率影响较小。所以，粗加工时，应尽量增大进给量。

（3）刀具寿命（刀具的耐用度 T）。切削用量三要素对刀具寿命影响的大小按顺序为 v_c、f、a_p。因此，从保证合理的刀具寿命出发，在确定切削用量时，首先应采用尽可能大的背吃刀量，然后再选用大的进给量，最后求出切削速度。

（4）加工表面粗糙度。精加工时，增大进给量将增大加工表面粗糙度值。因此，它是精加工时抑制生产率提高的主要因素。在较理想的情况下，提高切削速度，能降低表面粗糙度；背吃刀量对表面粗糙度的影响较小。

综上所述，合理选择切削用量，应该首先选择一个尽量大的背吃刀量，其次选择一个大的进给量，最后根据已确定的 a_p 和 f，并在刀具耐用度和机床功率允许的条件下选择一个合理的切削速度。

2. 制定切削用量的原则

粗加工的切削用量，一般以提高生产效率为主，但也应考虑经济性和加工成本；半精加工和精加工的切削用量，应以保证加工质量为前提，并兼顾切削效率、经济性和加工成本。

（1）背吃刀量的选择。粗加工时，在机床功率足够时，应尽可能选取较大的背吃刀量，最好一次进给将该工序的加工余量全部切完。当加工余量太大、机床功率不足、刀具强度不够时，可分两次或多次走刀将余量切完。切削表层有硬皮的铸、锻件或切削不锈钢等加工硬化较严重的材料时，应尽量使背吃刀量越过硬皮或硬化层深度，以保护刀尖。

（2）进给量的选择。主要根据工艺系统的刚性和强度而定。生产实际中多采用查表法确定合理的进给量。根据工件材料、车刀刀杆的尺寸、工件直径及已确定的背吃刀量来选择，如工艺系统刚性好，可选用较大的进给量；反之，应适当减小进给量。进给量的选择见表2-9。

表 2-9　　　　　　　　　　　硬质合金刀具粗车外圆和端面时的进给量

工 件 材 料	车刀刀柄尺寸 $B×H$（mm×mm）	工件直径 d_w（mm）	背吃刀量 a_p（mm）				
			≤3	3～5	5～8	8～12	12 以上
			进给量 f（mm/r）				
碳素结构钢和合金结构钢	16×25	20	0.3～0.4	—	—	—	—
		40	0.4～0.5	0.3～0.4	—	—	—
		60	0.5～0.7	0.4～0.6	0.3～0.5	—	—
		100	0.6～0.9	0.5～0.7	0.5～0.6	0.4～0.5	—
		400	0.8～1.2	0.7～1.0	0.6～0.8	0.5～0.6	—
	20×30 25×25	20	0.3～0.4	—	—	—	—
		40	0.4～0.5	0.3～0.4	—	—	—
		60	0.6～0.7	0.5～0.7	0.4～0.6	—	—
		100	0.8～1.0	0.7～0.9	0.5～0.7	0.4～0.7	—
		400	1.2～1.4	1.0～1.2	0.8～1.0	0.6～0.9	0.4～0.6
铸铁及铜合金	16×25	40	0.4～0.5	—	—	—	—
		60	0.6～0.8	0.5～0.8	—	—	—
		100	0.8～1.2	0.7～1	0.6～0.8	0.5～0.7	—
		400	1～1.4	1～1.2	0.8～1	0.6～0.8	—
	20×30 25×25	40	0.4～0.5	—	—	—	—
		60	0.6～0.9	0.5～0.8	0.4～0.7	—	—
		100	0.9～1.3	0.8～1.2	0.7～1	0.5～0.8	—
		400	1.2～1.8	1.2～1.6	1～1.3	0.9～1.1	0.7～0.9

注：1. 加工断续表面及有冲击加工时，表内的进给量应乘以系数 k=0.75～0.85。

　　2. 加工耐热钢及其合金时，不采用大于 1.0mm/r 的进给量。

　　3. 加工淬硬钢时，表内进给量应乘以系数 k=0.8。

（3）切削速度的确定。按刀具耐用度 T 所允许的切削速度 v_T 来计算。除用计算方法外，生产中经常按实践经验和有关手册资料选取切削速度。

（4）校验机床功率。机床功率所允许的切削速度为

$$v_c \leqslant \frac{P_E \eta × 6 × 10^4}{F_c} \qquad\qquad （2-17）$$

式中　P_E——机床电动机功率（kW）；

　　　F_c——切削力（N）；

　　　η——机床传动效率，一般 η=0.75～0.85。

3. 提高切削用量的途径

（1）采用切削性能更好的新型刀具材料。

（2）在保证工件力学性能的前提下，改善工件材料加工性。

（3）改善冷却润滑条件。

（4）改进刀具结构，提高刀具制造质量。

思考题

1. 是非题。

（1）计算车外圆的切削速度时，应按照已加工表面的直径数值进行计算。（　　）

（2）刀具前角的大小可以是正值，也可以是负值，而后角不能是负值。（　　）

（3）刀具的主偏角具有影响切削力、刀尖强度、刀具散热及主切削刃平均负荷的作用。（　　）

（4）切槽时的切削深度（背吃刀量）等于所切槽的宽度。（　　）

（5）精加工相对于粗加工而言，刀具应选择较大的前角和较小的后角。（　　）

（6）积屑瘤对切削加工总是有害的，应尽量避免。（　　）

（7）刃倾角的作用是控制切屑的流动方向并影响刀头的强度，所以粗加工应选负值。（　　）

（8）切削加工中，常见机床的主运动一般只有一个。（　　）

（9）工艺系统刚性较差时（如车削细长轴），刀具应选用较大的主偏角。（　　）

2. 在切削平面内测量的角度有哪些？

3. 切削用量中对切削热影响最大的是哪个？

4. 刀具磨钝的标准是什么？

5. 金属切削过程中的剪切滑移区是第几变形区？

6. 确定刀具标注角度的参考系选用的 3 个主要基准平面是什么？

7. 试述积屑瘤的成因、对切削加工的影响及减小或避免积屑瘤应采取的主要措施。

8. 车刀刀尖高于工件旋转中心时，刀具的工作角度会发生什么变化？

9. 车削时，切削热最主要的散热途径是什么？

10. 切削用量中对切削力影响最大的是什么？

11. 在主剖面（正交平面）内标注的角度有哪些？

12. 影响刀头强度和切屑流出方向的刀具角度是什么？

13. 刀具磨损一般经历哪 3 个阶段？

14. 刀具的耐用度指的是什么？

15. 切削热的来源是什么？

16. 切削用量三要素指的是什么？

17. 常见的切屑有哪几种？

18. 粗、精加工时，选用的切削液为何不同？

19. 说明前角大小对切削过程的影响。

20. 已知工件材料为钢，需钻 $\phi 10mm$ 的孔，选择切削速度为 31.4m/min，进给量为 0.1mm/r，试求 2min 后钻孔的深度为多少？

21. 已知工件材料为 HT200（退火状态），加工前直径为 70mm，用主偏角为 75° 的硬质合金车刀车外圆时，工件的速度为 6r/s，加工后直径为 62mm，刀具每秒沿工件轴向移动 2.4mm，单位切削力 K_c 为 1 118N/mm^2。求：（1）切削用量三要素 a_p、f、v_c；（2）选择刀具材料牌号；（3）计算切削力和切削功率。

第3章

机床夹具基础

【教学重点】

1. 机床夹具的组成、分类及其作用。
2. 工件定位的基本原理。
3. 工件在夹具中的夹紧。
4. 各类机床专用夹具的设计要点。

【教学难点】

1. 六点定位原理。
2. 常用定位元件及其限制的自由度、定位误差的计算。
3. 定位装置、夹紧装置、对刀导引装置、夹具体的设计。
4. 各类机床专用夹具的设计。

3.1 机床夹具概述

工件在开始加工前，首先必须使工件在机床上或夹具中占有某一正确的位置，这个过程称为定位。为了使定位好的工件不至于在切削力的作用下发生位移，使其在加工过程始终保持正确的位置，还需将工件压紧夹牢，这个过程称为夹紧。定位和夹紧的整个过程合起来称为装夹。工件的装夹不仅影响加工质量，而且对生产率、加工成本及操作安全都有直接影响。

3.1.1 机床夹具在机械加工中的作用

机床夹具是机床上用以装夹工件（和引导刀具）的一种装置，其将工件定位，以使工件获得相对于机床和刀具的正确位置，并把工件可靠地夹紧。夹具在机械加工中的作用如下。

1. 保证工件的加工精度

夹具是按照被加工工序要求专门设计的，采用夹具装夹工件时，夹具上的定位元件能使工件相对于机床与刀具迅速占有正确位置，工件的位置精度由夹具保证，不受工人技术水平的影响，其加工精度高而且稳定，广泛用于成批及大量生产。

2. 减少辅助工时，提高劳动生产率，降低成本

使用夹具装夹工件方便、快速，工件不需要划线找正，可明显地减少辅助工时。工件装夹在夹具中，提高了工件的刚性，可采用大切削用量。夹具设计可采用多件、多工位装夹工件，并可采用高效夹紧机构，进一步提高劳动生产率。采用夹具后，产品质量稳定，废品率下降，可以安排技术等级较低的工人，明显降低了生产成本。

3. 扩大机床的使用范围，实现一机多能

使用专用夹具可以改变原机床的用途，可扩大机床原有的工艺范围。例如在车床的溜板上或摇臂钻床工作台上装上镗模，就可以对箱体孔系进行镗孔加工。

4. 减轻工人的劳动强度

用夹具装夹工件方便、快速，当采用气动、液压等夹紧装置时，可减轻工人的劳动强度。

3.1.2 机床夹具的分类与组成

1. 机床夹具的分类

（1）按专门化程度分类。

① 通用夹具。通用夹具是指已经标准化的，在一定范围内可用于加工不同工件的夹具。例如，车床上三爪卡盘和四爪单动卡盘，铣床上的平口钳、分度头和回转工作台等。这类夹具一般由专业工厂生产，常作为机床附件提供给用户。其特点是适应性广，生产效率低，主要适用于单件、小批量的生产中。

② 专用夹具。专用夹具是指为某一工件的某道工序专门设计的夹具。其特点是结构紧凑，操作迅速、方便、省力，可以保证较高的加工精度和生产效率，但设计制造周期较长，制造费用也较高。当产品变更时，夹具将由于无法再使用而报废。只适用于产品固定且批量较大的生产中。

③ 通用可调夹具和成组夹具。其特点是夹具的部分元件可以更换，部分装置可以调整，以适应不同零件的加工。用于相似零件的成组加工所用的夹具称为成组夹具。通用可调夹具与成组夹具相比，加工对象不很明确，适用范围更广一些。

④ 组合夹具。组合夹具是指按零件的加工要求，由一套事先制造好的标准元件和部件组装而成的夹具。由专业厂家制造，其特点是灵活多变，万能性强，制造周期短，元件能反复使用，特别适用于新产品的试制和单件小批生产。

（2）按使用的机床分类。

由于各类机床自身工作特点和结构形式各不相同，对所用夹具的结构相应提出了不同的要求。按所使用的机床不同，夹具可分为车床夹具、铣床夹具、钻床夹具、镗床夹具、磨床夹具、

齿轮机床夹具和其他机床夹具等。

（3）按夹紧动力源分类。

根据夹具所采用的夹紧动力源不同，可分为手动夹具、气动夹具、液压夹具、气液夹具、电动夹具、磁力夹具和真空夹具等。

2. 机床夹具的组成

（1）定位元件。用于确定工件在夹具中保持正确的加工位置。如图 3-1 中的支承板、圆柱销、菱形销。

（2）夹紧装置。用于夹紧工件，保证工件在加工过程中受到外力作用时始终保持正确的加工位置。如图 3-1 中的开口垫圈、螺母和螺杆。

（3）对刀、导向元件或装置。保证工件与刀具之间的正确位置。用于确定刀具在加工前正确位置的元件称为对刀元件，如对刀块。用于确定刀具位置并导引刀具进行加工的元件称为导引元件。如图 3-1 中的钻套和钻模板。

（4）连接元件。使夹具与机床相连接的元件，保证机床与夹具之间的正确位置关系。

（5）夹具体。用于连接或固定夹具上各元件及装置，使其成为一个整体的基础件。它与机床有关部件进行连接、对定，使夹具相对机床具有确定的位置。如图 3-1 中的夹具体。

（6）其他元件及装置。有些夹具根据工件的加工要求，要有分度机构，铣床夹具还要有定位键等。

以上这些组成部分，并不是对每种机床夹具都是缺一不可的，但是任何夹具都必须有定位元件和夹紧装置，它们是保证工件加工精度的关键。

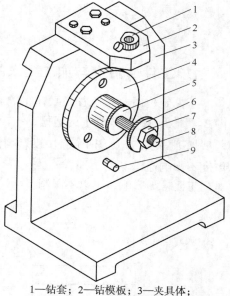

1—钻套；2—钻模板；3—夹具体；
4—支承板；5—圆柱销；6—开口垫圈；
7—螺母；8—螺杆；9—菱形销

图 3-1　后盖钻夹具

3.2
工件定位基本原理

3.2.1　六点定位规则

工件在空间具有 6 个独立的运动，即 6 个自由度：3 个坐标方向的移动自由度 $\vec{x}$、$\vec{y}$、$\vec{z}$ 和转动自由度 $\hat{x}$、$\hat{y}$、$\hat{z}$，如图 3-2 所示。如使工件在空间占有确定的位置，就必须按一定的要求布置 6 个支承点（及定位元件）来限制工件的 6 个自由度，这就是工件的"六点定位原理"。

如图 3-3 所示的长方形工件，底面 A 放置在不在同一直线上的 3 个支承点上，限制了工件的 $\hat{x}$、$\hat{y}$、$\vec{z}$ 3 个自由度；工件侧面 B 紧靠在沿长度方向布置的两个支承点上，限制了 $\vec{x}$、$\hat{z}$ 两个自由度，端面 C 紧靠在一个支承点上，限制了 $\vec{y}$ 自由度。

由图 3-3 可知，工件形状不同，定位表面不同，定位点的布置情况会各不相同。

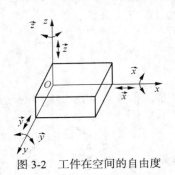

图 3-2　工件在空间的自由度

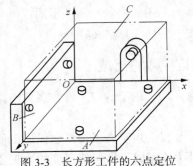

图 3-3　长方形工件的六点定位

1.　工件自由度与加工要求的关系

工件定位时，影响加工要求的自由度必须限制，不影响加工精度的自由度不必限制。如图 3-4 所示为铣削零件上的通槽，$\vec{x}$、$\vec{y}$、$\vec{z}$ 3 个自由度影响槽底面与 A 面的平行度及尺寸 $60_{-0.20}^{\ 0}$ 两项加工要求，$\hat{x}$、$\hat{z}$ 两个自由度影响槽侧面与 B 面的平行度及尺寸 $30_{-0.10}^{+0.10}$ 两项加工要求，$\vec{y}$ 自由度不影响通槽加工。$\vec{x}$、$\vec{y}$、$\vec{z}$、$\hat{x}$、$\hat{z}$ 5 个自由度对加工要求有影响，应该限制。$\vec{y}$ 自由度对加工要求无影响，可以不限制。

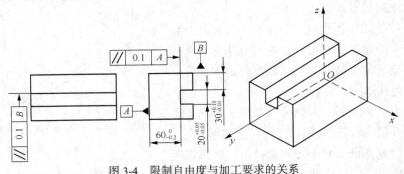

图 3-4　限制自由度与加工要求的关系

2.　完全定位与不完全定位

工件的 6 个自由度全部被限制的定位称为完全定位（见图 3-3）。工件被限制的自由度少于 6 个，但不影响加工要求的定位称为不完全定位（见图 3-4）。完全定位与不完全定位是实际加工中最常用的定位方式。

3.　过定位与欠定位

按照加工要求应该限制的自由度没有被限制的定位称为欠定位。欠定位是不允许的。因为欠定位保证不了加工要求。

工件的一个或几个自由度被不同的定位元件重复限制的定位称为过定位。如图 3-5a 所示的连杆定位方案，长销限制了 $\vec{x}$、$\vec{y}$、$\hat{x}$、$\hat{y}$ 4 个自由度，支承板限制了 $\vec{z}$、$\hat{y}$、$\hat{z}$ 3 个自由度，其中 $\hat{x}$、$\hat{y}$ 被两个定位元件重复限制，这就产生过定位。当工件小头孔与端面有较大垂直度误差时，夹紧力将使连杆变形，或使长销弯曲（见图 3-5c），造成连杆加工误差。如采用图 3-5d

方案，即将长销改为短销，就不会产生过定位。

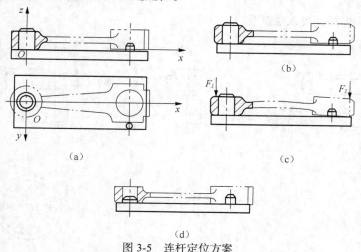

图 3-5　连杆定位方案

过定位是否采用，需要根据具体情况进行具体分析。当过定位导致工件或定位元件变形影响加工精度时，应严禁采用；当过定位不影响工件的正确定位，对提高加工精度有利时，也可以采用。

3.2.2　常用定位方式及定位元件

工件的定位，除根据工件的加工要求选择合适的表面作定位基准面外，还必须选择正确的定位方法，将定位基面支承在适当分布的定位支承点上，然后将各支承点按定位基面的具体结构形状，再具体化为定位元件。

工件的定位基准面有多种形式，如平面、外圆柱面、内孔等。根据工件上定位基准面的不同采用不同的定位元件，使定位元件的定位面和工件的定位基准面相接触或配合，实现工件的定位。

1.　工件以平面定位时的定位元件

工件以平面定位时，定位元件常用 3 个支承钉或两个以上支承板组成的平面进行定位。各支承钉（板）的距离应尽量大，使得定位稳定可靠。常用定位元件有以下几种：

（1）固定支承。固定支承是指高度尺寸固定，不能调节的支承，包括支承钉和支承板两类。

① 支承钉。支承钉结构形式如图 3-6 所示，它们的结构和尺寸均已标准化。

其中，A 型平头支承钉用于面积较小且经过加工的平面定位；B 型球头支承钉用于未经加工的平面定位；C 型锯齿头支承钉用于侧面定位或未经加工的平面定位。一般采用三点支承方式，减少支承面积。锯齿形结构可防止工件受力滑动。

② 支承板。多用于精基准定位，有时可用一块支承板代替两个支承钉。如图 3-7 所示。A 型支承板结构简单，制造方便，但切屑易落入内六角螺钉头部的孔中，且不易清除。因此，多用于侧面和顶面的定位。B 型支承板在工作面上有 45° 的斜槽，且能保持与工件定位基面连续接触，清除切屑方便，所以多用于平面定位。

（2）可调支承。可调支承结构形式如图 3-8 所示，支承的高度可调节，用于毛坯质量不高，以粗基准定位的场合。图 3-8（a）是用手或扳手拧动圆柱头调节高度，适用于小型工件。图 3-8（b）、

图 3-8（c）用扳手调节，用于较重的工件。图 3-8（d）用于侧面调节。可调支承高度调节合适后，用螺母锁紧，以防高度发生变化。

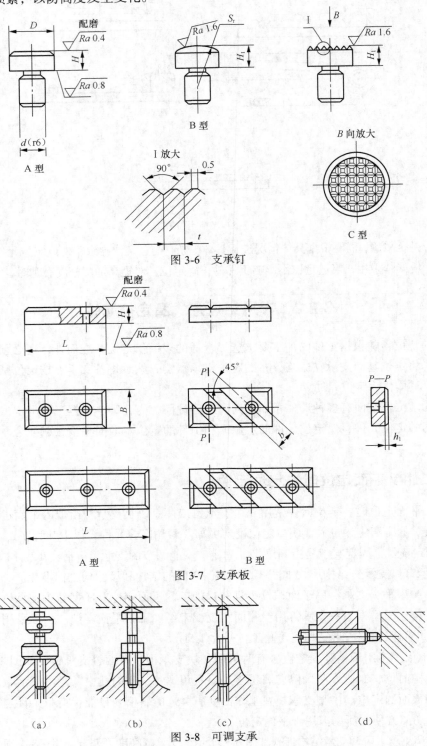

图 3-6 支承钉

图 3-7 支承板

图 3-8 可调支承

（3）自位支承。自位支承又称为浮动支承，在工件定位过程中能自动调整位置。浮动支承点的位置能随工件定位基准位置的变化而自动调节，尽管每个自位支承与工件成两点或三点接触，但只起一个定位支承点的作用，只能消除一个自由度。可提高工件的刚性和稳定性，适用于工件以毛坯面定位或刚性不足的场合。如图 3-9 所示。

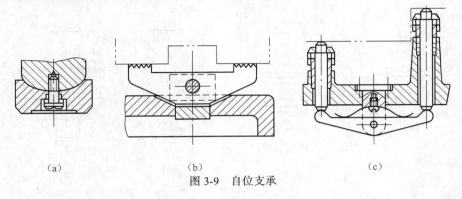

图 3-9 自位支承

（4）辅助支承。辅助支承用来提高工件的装夹刚度和稳定性，不起限制工件自由度的作用，也不允许破坏原有的定位。辅助支承应用例子如图 3-10 所示。辅助支承可用可调支承代替。

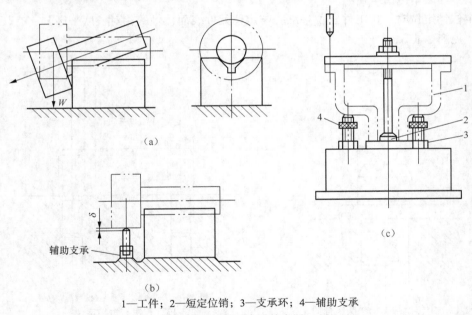

1—工件；2—短定位销；3—支承环；4—辅助支承

图 3-10 辅助支承的应用

2. 工件以内孔定位时的定位元件

工件以孔的轴线为定位基准，常在圆柱体（如定位销、心轴等）、圆锥体及定心夹紧机构中定位。该方式定位可靠，使用方便，在实际生产中获得广泛使用。常用定位元件有以下几种：

（1）定位销。定位销是长度较短的圆柱形定位元件，其工作部分的直径可根据工件定位基面的尺寸和装卸的方便设计，与工件定位孔的配合按 g5、g6、f6、f7 制造。图 3-11 所示为常用定位销结构，定位销的结构和尺寸已标准化，一般可分为固定式和可换式两种。图 3-11（a）、图 3-11（b）、图 3-11（c）所示为固定式定位销。当工作部分直径 D > 3mm 时，为增加刚度，避免销子断裂，通常在定位销根部倒成大圆角，夹具体上应有沉孔，使销的圆角部分沉入孔内而不影响工件定位。图 3-11d 所示为带衬套的结构，用于大批量生产中，便于更换定位销。定位销头部应有 15° 倒角，以便工件顺利装入。

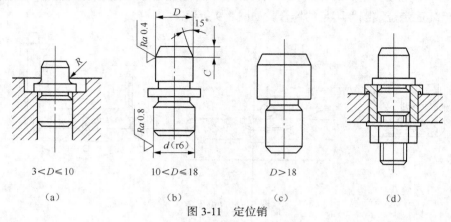

3<D≤10   10<D≤18   D>18

（a）   （b）   （c）   （d）

图 3-11　定位销

当工件以孔和端面组合定位时，夹具上应加支承垫板或支承垫圈（见图 3-12），以免夹具体直接受工件的摩擦而磨损。

用定位销定位时，按工件定位基准孔与定位元件表面接触的相对长度来区分，有长销和短销两种（见图 3-13）。

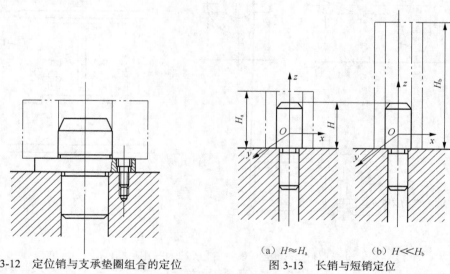

图 3-12　定位销与支承垫圈组合的定位

（a）$H \approx H_a$ （b）$H \ll H_b$

图 3-13　长销与短销定位

① 长销。接触面较长，如图 5-13（a）所示，$H \approx H_a$，相当于 4 个定位支承点，消除了 4 个自由度：$\vec{x}$、$\vec{y}$、$\hat{x}$、$\hat{y}$。

② 短销。接触面较短，如图中 3-13（b）所示，$H \ll H_b$，相当于两个定位支承点，消除了两个自由度：$\vec{x}$、$\vec{y}$。

（2）圆锥定位销。如图 3-14 所示的圆锥定位销。共消除了工件的 $\vec{x}$、$\vec{y}$、$\vec{z}$ 3 个自由度，相当于 3 个定位支承钉。

（3）定位心轴。定位心轴有刚性心轴、弹性心轴、液性塑料心轴等。下面介绍刚性心轴。

① 间隙配合心轴。如图 3-15（c）所示，心轴定位部分按 h6、g6 或 f7 制造，与工件定位孔为间隙配合。其特点是装卸工件方便，但定心精度不高。一般采用孔与端面联合定位方式，

消除了工件的 $\vec{x}$、$\vec{y}$、$\vec{z}$、$\hat{y}$、$\hat{z}$ 5 个自由度。

② 过盈配合心轴。如图 3-15（b）所示，心轴由导向部分、定位部分及传动部分组成。其特点是结构简单，定心准确，不需要另设夹紧机构；但装卸工件不方便，易损坏工件定位孔。因此，它多用于定心精度高的精加工。

③ 锥形心轴。如图 3-15（a）所示，锥形心轴的锥度应很小，一般为 1/1 000～1/800。定位时，工件楔紧在心轴上，楔紧后工件孔有弹性变形，自动定心。加工时，工件与心轴楔紧产生摩擦力带动工件，不需另外夹紧。定心精度可达 0.005～0.01mm。锥形心轴消除了工件的 $\vec{x}$、$\vec{y}$、$\vec{z}$、$\hat{y}$、$\hat{z}$ 5 个自由度。

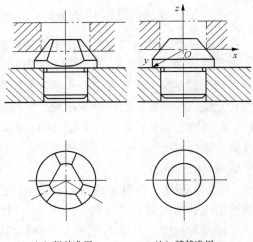

（a）粗基准用　　　　（b）精基准用

图 3-14　圆孔用锥销定位

3. 工件以圆锥孔定位时的定位元件

图 3-16（b）所示为顶尖孔锥面定位。由于接触面较短，相当于 3 个定位支承点，消除了 $\vec{x}$、$\vec{y}$、$\vec{z}$ 3 个自由度。当两个顶尖组合使用时（见图 3-17），左顶尖孔用轴向固定的前顶尖定心定位，定位基准是顶尖孔锥顶 A 为第一基准，消除了工件 $\vec{x}$、$\vec{y}$、$\vec{z}$ 3 个自由度；右顶尖孔用轴向可移动的后顶尖定心定位，基准是右锥孔的锥顶 B，消除了 $\hat{y}$、$\hat{z}$ 两个自由度。两个顶尖组合定位共消除 5 个自由度，相当于 5 个定位支承点。圆锥孔定位用于加工轴类或要求精密定心的零件。

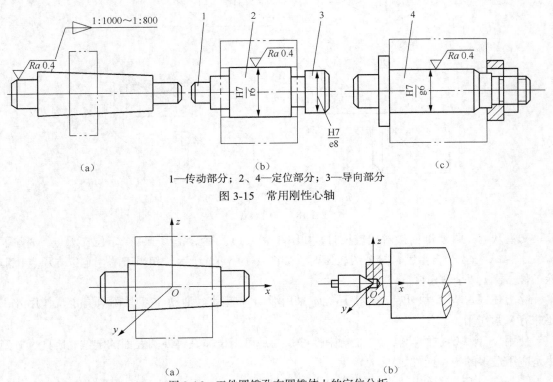

（a）　　　　　　　　　（b）　　　　　　　　　　（c）

1—传动部分；2、4—定位部分；3—导向部分

图 3-15　常用刚性心轴

（a）　　　　　　　　　　　　　　　　　　（b）

图 3-16　工件圆锥孔在圆锥体上的定位分析

4. 工件以外圆定位时的定位元件

工件以外圆柱面定位在生产中是常见的，例如凸轮轴、曲轴、阀门及套类零件的定位等。
在夹具设计中，除通用夹具外，常用于外圆
表面定位的定位元件有 V 型块、定位套和半
圆孔定位座等。各种定位套或半圆孔定位座
以工件外圆表面实现定位，V 型块则实现对
外圆表面的定心对中定位，是使用最广泛的
外圆表面定位元件。

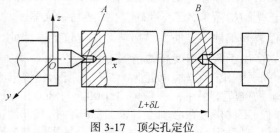

图 3-17　顶尖孔定位

（1）V 型块。如图 3-18 所示，V 型块已
经标准化，两斜面夹角有 60°、90°、120°，其中 90° V 型块使用最广泛，使用时可根据定
位圆柱面的长度和直径进行选择。V 型块结构有多种形式，图 3-18（a）所示为适用于较短的精
基准定位；图 3-18（b）所示为适用于粗基准或阶梯轴定位；图 3-18（c）、图 3-18（d）所示为
适用于基准面较长或两段基准面分布较远的定位。如果定位直径较大时，则 V 型块可用铸铁底
座上镶淬硬支承板或硬质合金块（图 3-18（d））。V 型块定位工件时，使工件定位外圆中心线
与 V 型块两斜面对称中心线重合。

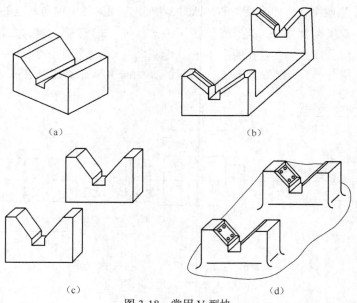

图 3-18　常用 V 型块

V 型块与工件基准面接触线较长时，如图 3-19（a）所示，相当于 4 个定位支承点，消除了
$\vec{x}$、$\vec{z}$、$\hat{x}$、$\hat{z}$ 4 个自由度；接触线较短时，如图 3-19（b）所示，相当于两个定位支承点，消
除工件 $\vec{x}$、$\vec{z}$ 两个自由度。

除上述固定 V 型块外，夹具上还经常采用活动 V 型块。活动 V 型块除具有定位作用外，
还兼有夹紧作用。

使用 V 型块定位的特点：一是对中性好；二是可用于非完整外圆表面的定位。因此，V 型
块是应用最多的定位元件之一。

（2）定位套。工件以外圆面作定位基准在圆孔中定位时，其定位元件常选择定位套（见

图 3-20）定位。为了保证轴向定位精度，定位套常采用外圆柱面与端面联合定位。这种定位方法结构简单，适用于精基准定位。

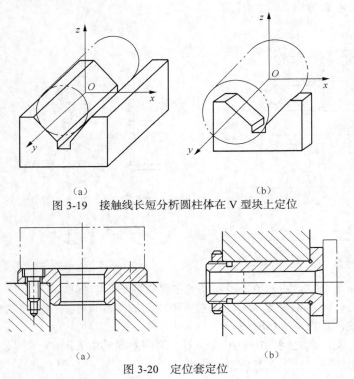

（a）　　　　　　　　　　　　　　　（b）

图 3-19　接触线长短分析圆柱体在 V 型块上定位

（a）　　　　　　　　　　　　　　　（b）

图 3-20　定位套定位

（3）半圆孔定位座。将同一圆周面的孔分为两半圆，下半圆部分装在夹具体上，起定位作用，其最小直径应取工件定位基面（外圆）的最大直径。上半圆部分装在可卸式或铰链式盖上，起夹紧作用，如图 3-21 所示。工作表面是用耐磨材料制成的两个半圆衬套，并镶在基体上，以便于更换，半圆孔定位座适用于大型轴类工件的定位。

5.　工件以一面两孔定位时的定位元件

在加工箱体、杠杆、盖板和支架等工件时，工件常以两个相互平行的孔及两孔轴线垂直的大平面为定位基准面。如图 3-22 所示，所用的定位元件为一支承

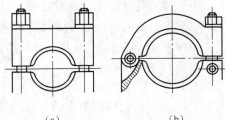

（a）　　　　　　　　　　　（b）

图 3-21　半圆孔定位座

板，它限制了工件的 3 个自由度 $\vec{x}$、$\vec{y}$、$\vec{z}$；一个短圆柱销，它限制了工件的两个自由度 $\vec{x}$、$\vec{y}$；一个菱形销（或称为削边销），它可限制工件绕圆柱销转动的一个自由度 $\vec{z}$。这种以工件的一个面两个孔（简称一面两孔）定位称为组合定位。工件以一面两孔定位，共限制了工件的 6 个自由度，属于完全定位形式，而且易于做到在工艺过程中的基准统一，便于保证工件的相互位置精度。

工件以一面两孔定位时，如不采用一个圆柱销和一个削边销，而是采用两个短圆柱销，则平面限制了 3 个自由度 $\vec{z}$、$\hat{x}$、$\hat{y}$。短圆柱销 1 限制两个自由度 $\vec{x}$、$\vec{y}$，短圆柱销 2 限制两个自由度 $\vec{y}$、$\hat{z}$。其中自由度 $\vec{y}$ 被重复限制，属于过定位。此时，由于工件上定位孔的孔距及夹具上两销的销距都有误差，当误差较大时，这种过定位会导致两定位销无法同时进入工件定位孔内。为解决这一过定位问题，可将两定位销之一在定位干涉方向（y 向）上削边，作成如

图 3-23 所示的菱形销，以避免干涉。工件上的两个定位孔可以是零件结构上原有的孔，也可以是为了实现一面两孔定位而专门加工出来的工艺孔。在将菱形销装配到夹具体上时，应使削边方向垂直于两销连心线方向。

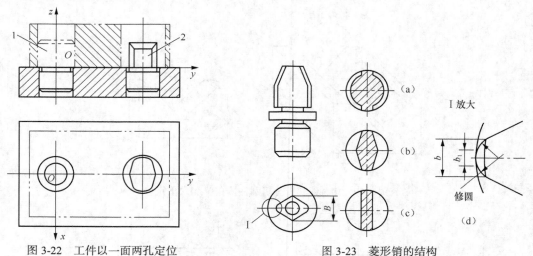

图 3-22　工件以一面两孔定位　　　　　图 3-23　菱形销的结构

采用一面两孔定位时，圆柱销、菱形销的主要参数确定如下：

（1）圆柱销的直径 d_1 的基本尺寸及公差。圆柱销的基本尺寸应等于与之相配合的工件定位孔的最小极限尺寸，其公差一般取 g6 或 f7。

（2）圆柱销与菱形销之间的中心距及公差。两销之间的中心距的平均尺寸应等于工件上两定位孔之间中心距的平均尺寸，其公差一般为

$$\delta_{Ld} = \left(\frac{1}{3} \sim \frac{1}{5} \right) \delta_{LD} \qquad (3\text{-}1)$$

式中　　δ_{Ld}、δ_{LD}——两销之间的中心距的公差及两定位孔孔距的公差。

工件加工精度要求较高时取 1/5，加工精度较低时取 1/3。

（3）菱形销的直径 d_2 的基本尺寸及公差。菱形销的直径 d_2 及公差可按下列步骤确定。

先按表 3-1 查得菱形销的 b（采用修圆菱形销时应为 b_1）与 B，再代入式（3-2）进行计算

$$d_{2\max} = D_{2\min} - \frac{b(\delta_{Ld} + \delta_{LD})}{D_{2\min}} \qquad (3\text{-}2)$$

式中　　$d_{2\max}$——允许的菱形销直径的最大值；

$D_{2\min}$——与菱形销相配合的孔的最小极限尺寸。

菱形销的直径公差带一般取 h6。由于其上偏差为零，故 $d_{2\max}$ 等于菱形销直径 d_2 的基本尺寸。

表 3-1　　　　　　　　　　　　菱形销的尺寸

D_2	>3～6	>6～8	>8～20	>20～24	>24～30	>30～40	>40～50
B	$d-0.5$	$d-1$	$d-2$	$d-3$	$d-4$	$d-5$	$d-6$
b_1	1	2	3	3	3	4	5
b	2	3	4	5	5	6	8

3.2.3　定位误差分析与计算

在前面几部分内容中，讨论了根据工件的加工要求，确定工件应被限制的自由度，以及选

择工件定位基准和根据工件定位面的情况选择合适的定位元件等问题。但还没有讨论是否能满足工件加工精度的要求，要解决这一问题，需要进行工件定位误差的分析和计算。定位方案能否满足工序加工精度要求的判定原则是工件定位误差不超过工件加工尺寸公差值的 1/3 时，一般认为该定位方案能满足加工精度要求。

1. 定位误差及其产生的原因

定位误差是由于工件在夹具上（或机床上）的定位不准确而引起的加工误差。例如在轴上铣键槽，要保证尺寸 H（图 3-24）。如采用 V 型块定位，键槽铣刀按尺寸 H 调整好位置，由于工件外圆直径有公差，使工件中心位置发生变化，造成加工尺寸 H 发生变化（不考虑加工过程中产生的其他加工误差）。此变化量（即加工误差）是由于工件的定位而引起的，所以称为定位误差。用 ΔD 表示。

定位误差的来源主要有两个方面。

（1）基准不重合误差。由于工件的工序基准与工件的定位基准不重合而造成的加工误差称为基准不重合误差，用 ΔB 表示。如图 3-25 所示，工件以底面定位铣台阶面，要求保证尺寸 a，工序基准为工件顶面，定位基准为底面，这时刀具的位置按定位面到刀具端面间的距离调整，由于一批工件中尺寸 b 的公差使工件顶面（工序基准）位置在一范围内变动，从而使加工尺寸 a 产生误差。这个误差就是基准不重合误差，它等于工序基准相对于定位基准在加工尺寸方向上的最大变动量。

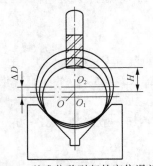

图 3-24　基准位移引起的定位误差

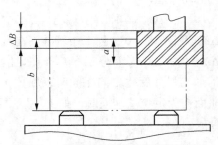

图 3-25　基准不重合引起的定位误差

（2）基准位移误差。由于定位副制造不准确，使定位基准在加工尺寸方向上产生位移，导致各个工件的位置不一致而造成的加工误差，称为基准位移误差，用符号 ΔY 表示。图 3-26 所示为在圆柱面上铣键槽，加工尺寸为 A 和 B。图 3-26（b）所示为加工示意图，工件以内孔在圆柱心轴上定位，O 是心轴轴心（限位基准），O_1、O_2 是工件孔的轴心（定位基准）。轴按 $d_0^{-T_d}$ 制造，工件内孔的尺寸为 $D_0^{+T_D}$。对工序尺寸 A 而言，工序基准与定位基准重合，$\Delta B = 0$。但由于心轴外圆和工件内孔都存在制造误差，造成定位基准与限位基准在一定范围内变化，致使加工尺寸 A 发生变化（$A_{\min} \sim A_{\max}$），即基准位移误差。

由图 3-26 可以求出基准位移误差 ΔY。

$$\Delta Y = O_1O_2 = OO_1 - OO_2 = \frac{D_{\max} - d_{\min}}{2} - \frac{D_{\min} - d_{\max}}{2}$$

$$= \frac{D_{\max} - D_{\min}}{2} + \frac{d_{\max} - d_{\min}}{2} = \frac{T_D}{2} + \frac{T_d}{2} \qquad （3\text{-}3）$$

可以看出，基准位移误差是由定位副的制造误差造成的。

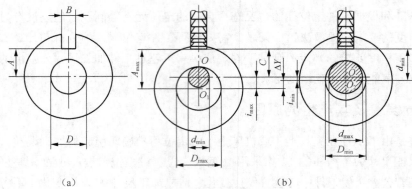

图 3-26 基准位移误差

由上面的分析可知：①定位误差只产生在按调整法加工一批工件的情况下，用试切法加工时，不存在定位误差；②定位误差（包括基准不重合误差和基准位移误差）都与工件的定位方式有关。

2. 定位误差的计算方法

根据定位误差产生的原因，定位误差应由基准不重合误差 ΔB 与基准位移误差 ΔY 组合而成。可表示为

$$\Delta D = \Delta B \pm \Delta Y \qquad\qquad (3\text{-}4)$$

在具体计算时，先分别求出 ΔB 和 ΔY，然后按式（3-4）将两项合成。合成的方法如下：

（1）当 $\Delta B \neq 0$，$\Delta Y = 0$ 时，$\Delta D = \Delta B$。

当 $\Delta B = 0$，$\Delta Y \neq 0$ 时，$\Delta D = \Delta Y$。

（2）当 $\Delta B \neq 0$，$\Delta Y \neq 0$，且工序基准不在定位基面上时，$\Delta D = \Delta B + \Delta Y$。

（3）当 $\Delta B \neq 0$，$\Delta Y \neq 0$，但工序基准在定位基面上时，$\Delta D = \Delta B \pm \Delta Y$。如基准位移和基准不重合引起的加工尺寸变化方向相同时，取"＋"号；反之，取"－"号。这种情况只可能出现在工件以曲面作为定位基准面时，如工件以平面定位，由于一般情况下 $\Delta Y = 0$，所以不存在两项误差的合成问题。

3.3
工件在夹具中的夹紧

3.3.1 夹紧装置的组成及基本要求

1. 夹紧装置的组成

夹紧装置的结构形式是多种多样的，一般由以下 3 部分组成（见图 3-27）：

（1）力源装置。通常是指产生夹紧作用力的装置，常用的力源装置有气动、液动、电磁、电动和真空装置等。如果用人力对工件进行夹紧，没有专门的力源装置，称为手动夹紧。如图 3-27 中的汽缸、活塞等是气动装置元件。

（2）中间传力机构。是将力源装置产生的原动力传递给夹紧元件的机构，如图 3-27 中的斜

楔。根据夹紧的需要，中间传力机构在传递力的过程中起着改变力的大小、方向、作用点和自锁的作用。手动夹紧必须有自锁功能，以防在加工过程中工件产生松动而影响加工，甚至造成事故。

（3）夹紧元件。是夹紧装置的最终执行元件。通过它与工件的受压表面直接接触而实现对工件的夹紧。如图 3-27 中的压板。

中间传力机构和夹紧元件合称为夹紧机构。

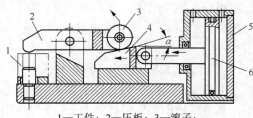

1—工件；2—压板；3—滚子；
4—斜楔；5—汽缸；6—活塞

图 3-27　夹紧装置的组成示例

2. 对夹紧装置的基本要求

夹紧装置设计得好坏，对工件的加工质量，生产率的高低，以及操作者的劳动强度都有直接影响。夹紧装置的设计要合理地解决以下两个方面的问题：一是正确选择和确定夹紧力的方向、作用点及大小；二是合理选择或设计力的传递方式及夹紧机构。因此，在设计夹紧装置时应满足下列基本要求：

（1）夹紧过程可靠。应保证夹紧时不破坏工件在夹具定位元件上所获得的正确位置。

（2）夹紧力大小适当。夹紧后的工件变形和表面压伤程度必须在加工精度的允许范围内。

（3）结构工艺性好。夹紧装置的复杂程度应与生产纲领相适应，在保证生产率的前提下，结构应力求简单、紧凑，便于制造和维修。

（4）使用性能好。夹紧动作准确、迅速、操作方便，安全省力。

3.3.2　夹紧力的确定

确定夹紧力的方向、作用点和大小时，要分析工件的结构特点、加工要求、切削力和其他外力作用工件的情况，以及定位元件的结构和布置方式。

1. 夹紧力的方向和作用点的确定

（1）夹紧力方向应朝向主要定位基准面。对工件只施加一个夹紧力，或施加几个方向相同的夹紧力时，夹紧力的方向应尽可能朝向主要定位基准面。

如图 3-28（a）所示，工件上被镗的孔与左端面有一定的垂直度要求，因此，工件以孔的左端面与定位元件的 A 面接触，限制 3 个自由度；以底面与 B 面接触，限制两个自由度；夹紧力朝向主要定位基准面 A。这样做，有利于保证孔与左端面的垂直度要求。如果夹紧力改为朝向 B 面，则由于工件左端面与底面的夹角误差，夹紧时将破坏工件的定位，影响孔与左端面的垂直度要求。

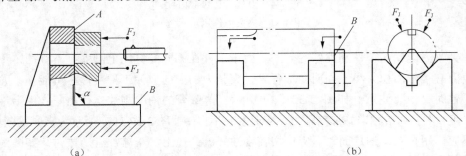

(a)　　　　　　　　　　　　　　　　(b)

图 3-28　夹紧力朝向主要限位面

又如图 3-28（b）所示，夹紧力朝向主要定位基准面——V 型块的 V 形面，使工件的装夹稳定可靠。如果夹紧力改为朝向 B 面，则由于工件圆柱面与端面的垂直度误差，夹紧时，工件的圆柱面可能离开 V 型块的 V 形面。这不仅破坏了定位，影响加工要求，而且加工时工件容易振动。

对工件施加几个方向不同的夹紧力时，朝向主要定位基准面的夹紧力应是主要夹紧力。

夹紧力作用点的数目应适当。对刚性较差的工件，夹紧力作用点应增多，力求避免单点集中夹紧，以减小工件的夹紧变形。如图 3-29 所示薄壁套筒，因其径向刚性很差，所以采用弹簧套筒或特殊卡爪实现多点夹紧。但夹紧点越多，夹紧机构越复杂，夹紧的可靠性也就越差。所以，在不致产生夹紧变形的前提下，夹紧力作用点的数目越少越好。

（2）夹紧力的作用点应落在定位元件的支承区域内。如图 3-30 所示，夹紧力的作用点落到了定位元件的支承区域之外，夹紧时将破坏工件的定位，因而是错误的。如图 3-31 所示，当夹紧力作用点的位置不当（超出定位支承点的范围）时，夹紧过程中，将使工件偏转或移动，从而破坏了工件的既定位置。如将夹紧力作用点改在图示箭头所指示位置时，就不会因夹紧而破坏工件的定位了。

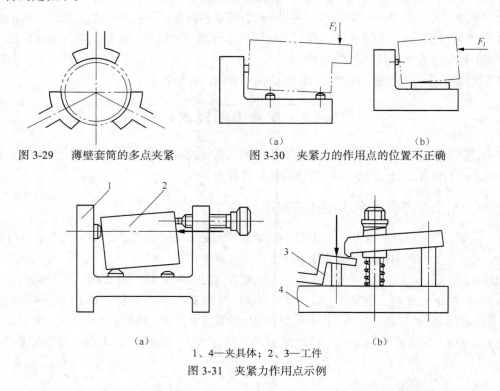

图 3-29　薄壁套筒的多点夹紧

图 3-30　夹紧力的作用点的位置不正确

（a）　　　　　　　　（b）

1、4—夹具体；2、3—工件

图 3-31　夹紧力作用点示例

（3）夹紧力应朝向工件刚性好的方向。由于工件在不同的方向上刚度是不等的，不同的受力表面也因其接触面积大小不同而变形各异，夹紧力的方向应使工件变形尽可能小，尤其在夹紧薄壁零件时，更要注意。如图 3-32（a）所示，薄壁套的轴向刚性比径向好，用卡爪径向夹紧，工件变形大，如沿轴向施加夹紧力，变形就会小得多。图 3-32（b）所示为夹紧薄壁箱体时，夹紧力不应作用在箱体的顶面，而应作用在刚性好的凸边上。箱体没有凸边时，如图 3-32（c）所示，将单点夹紧改为三点夹紧，使着力点落在刚性较好的箱壁上，并降低了着力点的压强，减小了工件的夹紧变形。

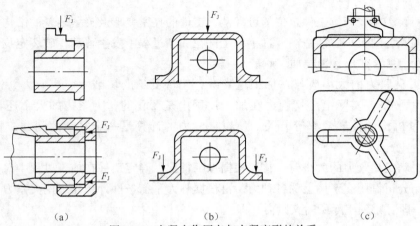

图 3-32　夹紧力作用点与夹紧变形的关系

（4）夹紧力作用点应尽量靠近工件加工部位。如图 3-33 所示，在拨叉上铣槽。由于主要夹紧力的作用点距加工表面较远，所以在靠近加工表面的地方设置了辅助支承。增加了夹紧力 F_J。这样，不仅提高了工件的装夹刚性，还可减少加工时工件的振动。

夹紧力作用点靠近被加工表面，还可减小切削力对该点的力矩，从而可以防止或减小工件切削时的振动及弯曲变形。如图 3-34 所示，因 $M_1 < M_2$，所以在切削力大小相同的条件下，图 3-34（a）、图 3-34（c）所用的夹紧力 F_W 较小。

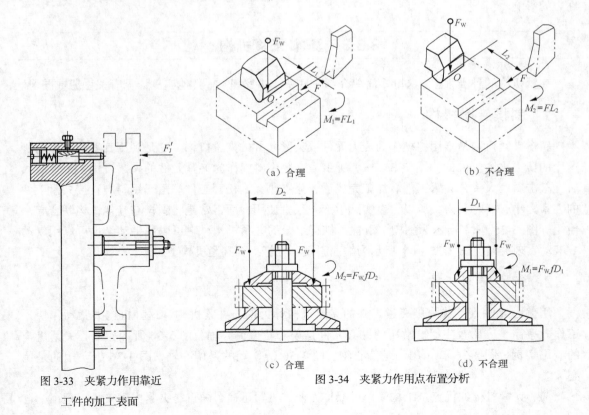

图 3-33　夹紧力作用靠近
工件的加工表面

图 3-34　夹紧力作用点布置分析

2．夹紧力大小的确定

夹紧力的大小主要影响工件定位的可靠性、工件的夹紧变形及夹紧装置的结构尺寸和复杂性。因此，夹紧力的大小必须适当。过小，工件在加工过程中发生移动，破坏定位；过大，使工件和夹具发生夹紧变形，影响加工质量。

理论上，夹紧力的大小应与在加工过程中，工件受到的切削力、离心力、惯性力及重力等力的作用平衡；实际上，切削力在加工过程中是变化的，夹紧力的大小还与工艺系统的刚性、夹紧机构的传递效率等有关。所以夹紧力的计算是一个复杂的问题，一般可采用估算法。

用估算法确定夹紧力的大小时，首先根据加工情况，确定工件在加工过程中对夹紧最不利的瞬时状态，分析作用在工件上的各种力，再根据静力平衡条件计算出理论夹紧力，最后再乘以安全系数，即可得到实际所需夹紧力，即

$$F_J = KF \tag{3-5}$$

式中　　F_J——实际所需夹紧力，N；

　　　　F——由静力平衡计算出的理论夹紧力，N；

　　　　K——安全系数，通常取 1.5～2.5，精加工和连续切削时取较小值，粗加工或断续切削时取较大值；当夹紧力与切削力方向相反时，取 2.5～3。

对于一般中、小型工件的加工，主要考虑切削力的影响；对于大型工件的加工，必须考虑重力的影响；对于高速回转的偏心工件和往复运动的大型工件的加工，还必须考虑离心力和惯性力的影响。

3.3.3　基本夹紧机构

夹紧机构的种类很多，这里只简单介绍一些基本夹紧机构，其他实例详见有关手册或图册。

1．斜楔夹紧机构

斜楔夹紧机构是指用斜楔作为传力元件或夹紧元件的夹紧机构。它是利用其斜面的移动所产生的压力夹紧工件的。图 3-35（a）所示为直接用斜楔作为夹紧元件的夹紧机构。工件装入后，敲击斜楔大头，夹紧工件。加工完成后，敲击小头，松开工件。由于用斜楔直接夹紧工件的夹紧力小，费时费力，所以，在实际生产中很少使用，而常常是将斜楔与其他机构联合起来使用。图 3-35（b）所示为斜楔、滑柱、杠杆组合的夹紧机构，它可以用手动，也可以用气动或液动实现夹紧。图 3-35（c）所示为端面斜楔、杠杆组合夹紧机构。

2．偏心夹紧机构

用偏心元件直接或间接夹紧工件的夹紧机构称为偏心夹紧机构。这种机构夹紧动作快，工作效率高，应用较广泛。常用的偏心元件是偏心轮或偏心轴，图 3-36 所示为偏心夹紧机构的应用实例。图 3-36（a）用的是偏心轮，图 3-36（b）用的是偏心轴，图 3-36（c）用的是偏心叉。

偏心夹紧机构的优点是结构简单、操作方便、夹紧迅速，缺点是夹紧力和夹紧行程小，自

锁性差，一般用于切削力不大、振动小、没有离心力影响的加工中。

偏心轮的参数已经标准化，具体设计时，有关参数可查阅夹具设计手册。

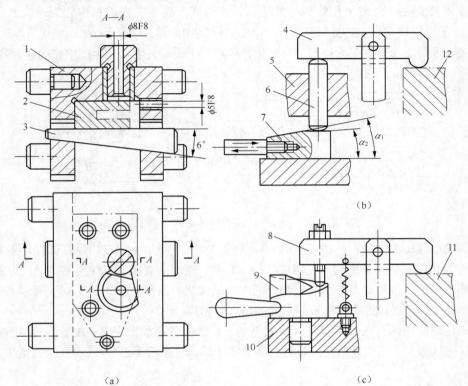

1、5、10—夹具体；2、11、12—工件；3、7、9—斜楔；4、8—杠杆；6—滑柱

图 3-35　斜楔夹紧机构

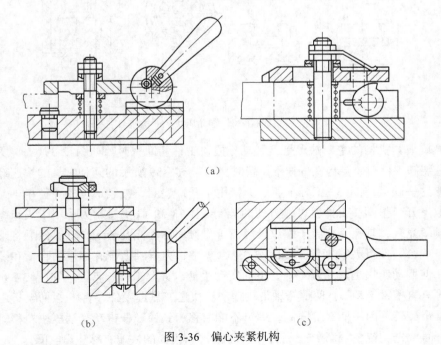

图 3-36　偏心夹紧机构

3. 螺旋夹紧机构

采用螺旋直接夹紧或采用螺旋与其他元件组合实现夹紧工件的机构称为螺旋夹紧机构。图 3-37 所示为应用这种机构夹紧工件的实例。它的结构简单，夹紧行程大，尤其是具有增力大、自锁性能好的优点，其许多元件都已标准化，很适用于手动夹紧，在生产中使用极为普遍。

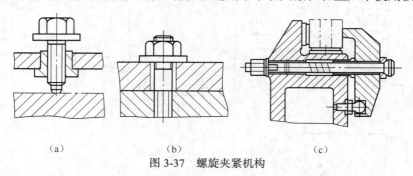

(a)　　　　　　　(b)　　　　　　　(c)

图 3-37　螺旋夹紧机构

（1）简单螺旋夹紧机构。图 3-37（a）、图 3-37（b）所示为直接用螺钉或螺母夹紧工件的机构，称为简单螺旋夹紧机构。在图 3-37（a）中，螺钉头直接与工件表面接触，可能会损伤工件表面或带动工件转动。克服这一缺点的方法是在螺钉头部装上如图 3-38 所示的摆动压块。摆动压块的结构已经标准化，可根据夹紧表面进行选择。

摆动压块的结构有 A 型，其端面是光滑的，用于夹紧已加工表面；B 型，其端面有齿纹，用于夹紧毛坯表面；当夹紧时要求螺钉只移动不转动，可采用图 3-38（c）所示的结构。

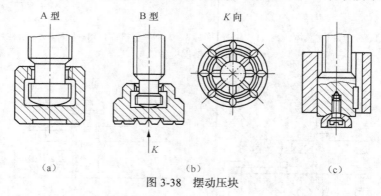

(a)　　　　　　　(b)　　　　　　　(c)

图 3-38　摆动压块

简单螺旋夹紧机构的主要缺点是夹紧动作慢，工件装卸费时。如图 3-37（b）所示的螺母夹紧机构，装卸工件时，要将螺母拧下，费时费力。图 3-39 所示的几种常见的快速螺旋夹紧机构可以克服这一缺点。图 3-39（a）所示为使用了开口垫圈，夹紧螺母的外径小于工件孔径，松开螺母取下开口垫圈，工件就可以方便的装卸。图 3-39（b）所示为采用了快卸螺母，其螺孔内钻有倾斜光孔，其孔径略大于螺纹外径。螺母倾斜沿着光孔套入螺杆，然后将螺母摆正，使之与螺杆旋合，便可夹紧工件。在图 3-39（c）中，夹紧轴上开有相连的直槽和螺旋槽，先推动手柄，使摆动压块迅速靠近工件，继而转动手柄，夹紧工件并自锁。在图 3-39（d）中，螺杆轴上开有直槽，推动 5，使螺杆轴带动摆动压块迅速靠近工件，将 6 扳回至指定位置，转动 5 带动螺母旋转，因手柄 2 的限制，螺母不能右移，致使螺杆带动摆动压块左移，从而夹紧工件。松开时，先反转 5，稍微松开后，即可扳下 6，为 5 的快速右移让出空间。

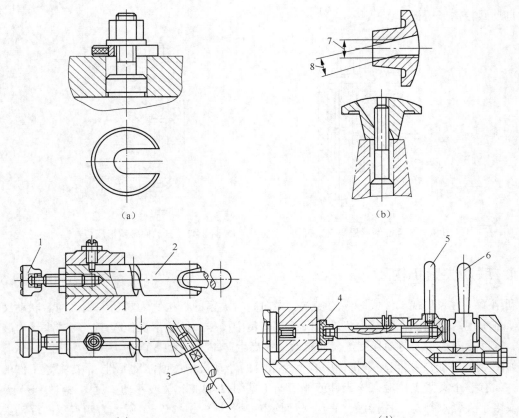

1、4—摆动压块；2—夹紧轴；3—手柄；5—手柄1；6—手柄2；7—螺位；8—光孔

图 3-39　快速螺旋夹紧机构

（2）螺旋压板夹紧机构

在夹紧装置中，结构形式变化最多的是螺旋压板机构。此种夹紧机构结构简单，夹紧力和夹紧行程都较大，而且还可以通过压板所形成的杠杆比加以调节，因此，在手动夹紧装置中应用极为广泛。图 3-40 所示为几种常见螺旋压板夹紧机构的典型结构，图 3-40（a）、图 3-40（b）为移动压板式，图 3-40（c）、图 3-40（d）为回转压板式。

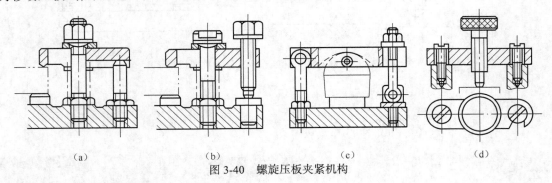

图 3-40　螺旋压板夹紧机构

（3）钩形压板夹紧机构

如图 3-41 所示为螺旋钩形压板夹紧机构。其特点是结构紧凑，使用方便。螺旋钩形压板夹紧机构的种类很多，使用时可参考有关手册。当钩形压板妨碍工件装卸时，可采用如图 3-42 所

示的自动回转钩形压板。

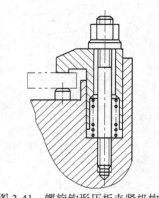 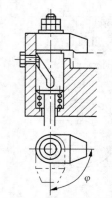

图 3-41 螺旋钩形压板夹紧机构   图 3-42 自动回转钩形压板

4. 联动夹紧机构

利用单一力源实现单件或多件的多点、多向同时夹紧的机构称为联动夹紧机构。联动夹紧机构便于实现多件加工，能减少机动时间；又因集中操作，简化了操作程序，可减少动力装置数量、辅助时间和工人劳动强度等，能有效地提高生产率，在大批量生产中应用广泛。

如图 3-43 所示，多点夹紧机构中有一个重要的浮动机构（或浮动元件），在夹紧工件的过程中，如有一个夹紧点接触，该元件就能摆动（见图 3-43（a））或移动（见图 3-43（b）），使两个或多个夹紧点都与工件接触，直至最后均衡夹紧。图 3-43（c）所示为四点双向浮动夹紧机构，夹紧力分别作用在两个相互垂直的方向上，每个方向各有两个夹紧点，通过浮动元件实现对工件的夹紧，调节杠杆 L_1、L_2 的长度可改变两个方向夹紧力的比例。

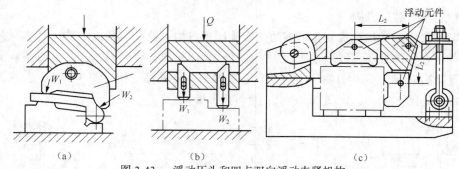

图 3-43 浮动压头和四点双向浮动夹紧机构

3.4 专用夹具

实际生产中，专用夹具的应用非常普遍，本节主要介绍在生产实际中应用较多的车床夹具、铣床夹具、钻床夹具、镗床夹具、通用可调夹具、数控机床夹具等几种典型机床夹具。

3.4.1　车床夹具

在金属切削机床中，车床约占加工设备总数的 30%以上。合理设计车床夹具对提高劳动生产率和经济效益具有现实意义。

1．车床夹具的特点及类型

车床主要用于加工零件的内外圆柱面、圆锥面、回转成形面、螺纹及端平面等。根据这一加工特点和夹具在机床上安装的位置，可将车床夹具分为以下两种基本类型：

（1）安装在车床主轴上的夹具。这类夹具中，除各类卡盘、顶尖等通用夹具或其他机床附件外，往往根据加工的需要设计各种心轴或其他专用夹具，加工时夹具随机床主轴一起旋转，切削刀具作进给运动。

（2）安装在滑板或床身上的夹具。对于某些形状不规则和尺寸较大的工件，常常把夹具安装在车床滑板上，刀具则安装在车床主轴上作旋转运动，夹具作进给运动。加工回转成形面的靠模属于此类夹具。对于这类夹具本书不作过多的介绍，其实例可参阅《机床夹具图册》。

车床夹具按使用范围，可分为通用车夹具、专用车夹具和组合车夹具 3 类。

2．专用车床夹具的典型实例

（1）角铁式车床夹具。在车床上加工壳体、支座、杠杆、接头等零件上的回转面及端面时，由于这些零件的形状比较复杂，难以装在通用卡盘上，因而需采用专用夹具。这类车床夹具的夹具体一般呈角铁状，其结构不对称，称这样的夹具为角铁式车床夹具。图 3-44 所示为加工轴承座内孔的角铁式车床夹具，工件以两孔在圆柱销和削边销上定位，端面在支承板上定位，用两块压板夹紧工件。

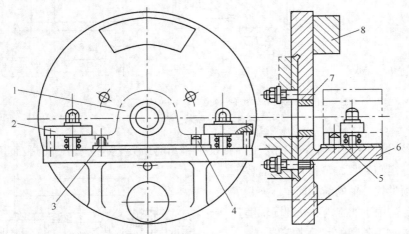

1—工件；2—压板；3—削边销；4—圆柱销；5—支承板；6—夹具体；7—校正套；8—平衡块

图 3-44　角铁式车床夹具

（2）心轴类车床夹具。心轴类车床夹具多用于工件以孔作主要定位基准，加工套类、盘类零件的外圆柱面的情况。常见的车床心轴有圆柱心轴、弹簧心轴、顶尖式心轴和弹性心轴等。

图 3-45（a）所示为飞球保持架加工外圆 $\phi 92_{-0.5}^{0}$ mm 及两端倒角的工序，图 3-45（b）所示

为加工时所使用的圆柱心轴。心轴上装有定位键，工件以 $\phi33$mm 孔、一端面及槽的侧面作定位基准套在心轴上，每次装夹工件 22 件，每件之间装一垫套，以便加工倒角 $C\,0.5$。旋转螺母，通过快换垫圈和压板将工件连续夹紧。卸下工件时需取下压板。

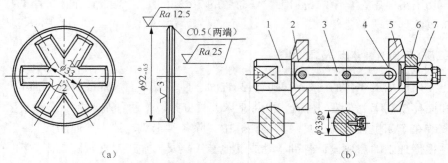

1—心轴；2—压板；3—定位键；4—螺钉；5—压板；6—快换垫圈；7—螺母

图 3-45　飞球保持架工序图及心轴

图 3-46 所示为弹簧心轴。工件以内孔和端面在弹性筒夹和定位套上定位。当拉杆带动螺母和弹性筒夹向左移动时，夹具体上的锥面迫使轴向开槽的弹性筒夹径向涨大，从而使工件定心并夹紧。加工结束后，拉杆带动筒夹向右移动，筒夹收缩复原，便可卸下工件。

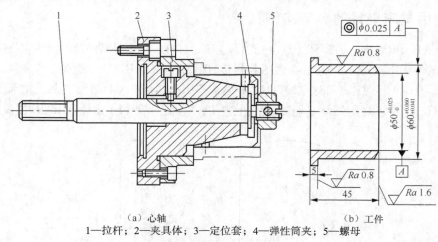

（a）心轴　　　　　　　　　　　（b）工件

1—拉杆；2—夹具体；3—定位套；4—弹性筒夹；5—螺母

图 3-46　弹簧心轴

图 3-47 所示为顶尖式心轴。圆柱形工件在 60° 锥角的顶尖上定位车削外圆表面。当旋紧螺母时，即可使工件定心夹紧。卸下工件时需取下活动顶尖套。顶尖式心轴的结构简单、夹紧可靠、操作方便，适用于加工内、外圆同轴度要求不高，或只需加工外圆的套筒类零件。

（3）回转分度车床夹具。图 3-48 所示为阀体四孔偏心回转车床夹具装配图。该夹具用于普通车床，车削阀体上的 4 个均布孔。

工件以端面、中心孔和侧面在转盘、定位销及销上定位。分别拧紧螺母，通过压板，

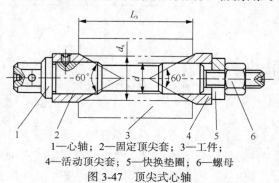

1—心轴；2—固定顶尖套；3—工件；
4—活动顶尖套；5—快换垫圈；6—螺母

图 3-47　顶尖式心轴

将工件压紧。一孔车削完毕后，松开螺母，拔出对定销，转盘旋转 90°，对定销插入分度盘的另一个定位孔中，拧紧螺母，即可车削第二个孔，依此类推，车削其余各孔。

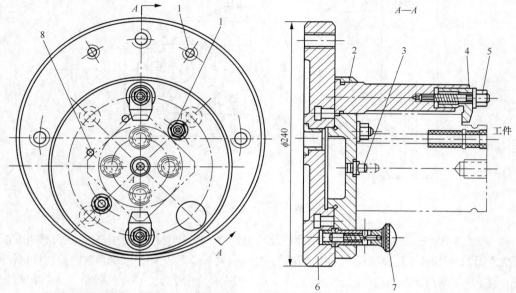

1—装配重用螺孔螺母；2—转盘；3—定位销；4—压板；5—螺母；6—分度盘；7—对定销；8—销

图 3-48　阀体四孔偏心回转车床夹具

该夹具利用偏心原理，一次安装，可车削多孔。

3.　车床夹具的设计要点

（1）定位装置。在车床上加工回转表面时，要求工件被加工面的轴线与车床主轴的旋转轴线重合，夹具上定位装置的结构和布置必须保证这一点。因此，对于同轴的轴套类和盘类工件，要求夹具定位元件工作表面的中心轴线与夹具的回转轴线重合。对于壳体、接头或支座等工件，被加工的回转面轴线与工序基准之间有尺寸联系或相互位置精度要求时，则应以夹具轴线为基准确定定位元件工作表面的位置。

（2）夹紧机构。在车削过程中，由于工件和夹具随主轴旋转，除工件受切削扭矩的作用外，整个夹具还受到离心力的作用。因此，夹紧机构必须产生足够的夹紧力，且自锁性能要可靠。对于角铁式夹具，还应注意施力方式，防止引起夹具变形。如图 3-49 所示，采用图 3-49（a）所示的施力方式，会引起悬伸部分的变形和夹具体的弯曲变形，离心力、切削力也会加剧这种变形；如能改用图 3-49（b）所示铰链式螺旋摆动压板夹紧装置显然较好，压板的变形不影响加工精度。

（3）夹具与机床主轴的连接。车床夹具与车床主轴的连接精度对夹具的回转精度有决定性的影响。因此，要求夹具的回转轴线与车床主轴轴线有尽可能高的同轴度。根据车床夹具径向尺寸的大小，其在机床主轴上的安装一般有两种方式：

① 对于径向尺寸 $D < 140mm$ 或 $D < （2\sim3）d$ 的小型夹具，一般通过锥柄与机床主轴连接，为保险起见，有时用拉杆在尾部拉紧，如图 3-50（a）所示。这种方法定位迅速方便，定位精度高，但夹具呈悬臂状，刚度低，通常只适用于小型夹具。

② 对于径向尺寸较大的夹具，一般用过渡盘安装在主轴的头部，过渡盘与主轴配合处的形状取决于主轴前端的结构。

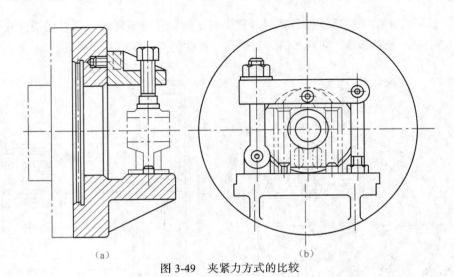

（a）
（b）

图 3-49　夹紧力方式的比较

- 如图 3-50（b）所示的过渡盘，用圆柱及端面定位，圆柱定位面一般用 H7/h6 或 H7/js6 配合，用螺纹紧固，轴向由过渡盘端面和与主轴前端的台阶面接触。为防止停车和倒车时因惯性作用使两者松开，可用压板将过渡盘压在主轴上。这种安装方式的安装精度受配合精度的影响，定位精度低。

- 如图 3-50（c）所示的过渡盘以锥孔与端面定位，用螺母锁紧，由键传递转矩。这种安装方式定位精度高，刚性好，但过渡盘与主轴台阶面必须贴近，要求 0.05～0.1mm 间隙，因而制造困难。

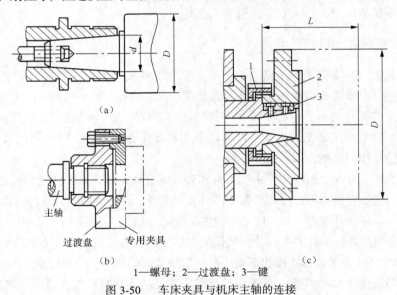

（a）

主轴

过渡盘　　专用夹具

（b）　　　　　　　　　　　（c）

1—螺母；2—过渡盘；3—键

图 3-50　车床夹具与机床主轴的连接

（4）对夹具总体结构的要求。

① 结构紧凑、悬伸短。车床夹具一般是在悬臂状态下工作，为保证加工的稳定性，夹具结构应力求紧凑、轻便，悬臂尺寸要短，使重心尽可能靠近主轴；否则应采取辅助支承措施。

② 平衡。为消除回转不平衡所引起的振动现象，结构不对称的夹具需采取一定的平衡措施。方法有两种：一是在较轻的一侧加平衡块，平衡块的位置最好可以调节；二是在较重的一侧加减重孔。

③ 安全。夹具上尽可能避免有尖角或突出夹具体圆形轮廓之外的元件，必要时应加防护罩。

此外，夹紧装置的自锁装置性能应可靠，以防止在回转过程中产生松动，致使工件有飞出的危险。

3.4.2　铣床夹具

铣床夹具主要用于加工平面、沟槽、缺口及各种成型表面。它主要有定位、夹紧装置、夹具体、定位键和对刀装置（对刀块和塞尺）组成。

1. 铣床夹具的类型及特点

由于铣削过程中一般是夹具安装在铣床工作台和工作台一起作进给运动，因此可根据进给方式不同，将铣床夹具分为直线进给、圆周进给和仿形靠模进给三种类型。

（1）直线进给式铣床夹具。直线进给式是铣床类夹具安装在铣床工作台上，在加工中随工作台按直线进给方式运动。按一次装夹工件的数目多少，分为单件铣床夹具和多件铣床夹具。在批量不太大的生产中使用单件夹具较多，而在大批量的中小型零件的加工中，多件夹具则得到广泛应用。

图3-51所示为单件加工的直线进给铣床夹具。工件以一面两孔定位，夹具上相应的定位元件为支承板、一个圆柱销和一个菱形销。工件的夹紧是使用螺旋压板夹紧机构来实现的。卸工件时，松开压紧螺母，螺旋压板在弹簧作用下抬起，转离工件的夹紧表面。使用定位键和对刀块，确定夹具与机床、刀具与夹具正确的相对位置。

（2）圆周进给式铣床夹具。圆周进给式铣床夹具一般在有回转工作台的铣床上或在组合机床上使用，在通用铣床上使用时，应进行改装，增加一个回转工作台。图3-52所示为铣削拨叉

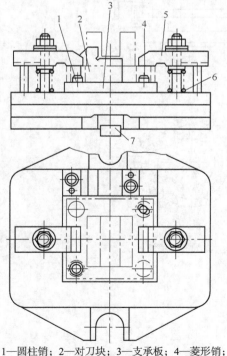

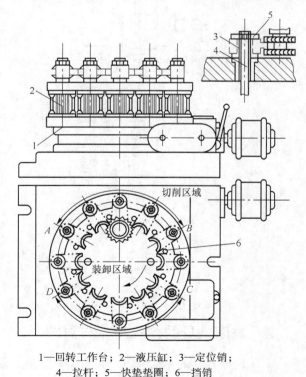

1—圆柱销；2—对刀块；3—支承板；4—菱形销；
5—螺旋压板；6—弹簧；7—定位键

图3-51　单件加工的直线进给式铣床夹具

1—回转工作台；2—液压缸；3—定位销；
4—拉杆；5—快垫垫圈；6—挡销

图3-52　圆周进给铣床夹具

上、下两端面。工件以圆孔、端面及侧面在定位销和挡销上定位，由液压缸驱动拉杆通过快换垫圈将工件夹紧。夹具上可同时装夹 12 个工件。

工作台由电动机通过蜗杆蜗轮机构带动回转。图中 AB 段是工件的切削区域，CD 段是工件的装卸区域，可在不停车的回转情况下装卸工件，使切削的基本时间和装卸工件的辅助时间重合。因此，它生产效率高，适用于大批大量生产的中、小件加工。

（3）仿形靠模式铣床夹具。仿形靠模式铣床夹具用于机械仿形加工。靠模夹具的作用是使主进给运动和靠模获得的辅助运动合成加工所需要的仿形运动。按照主进给运动的运动方式，仿形靠模式铣床夹具可分为直线进给和圆周进给两种。

① 直线进给铣床靠模夹具。图 3-53（a）所示为直线进给铣床靠模夹具。靠模板和工件分别装在夹具上，滚柱滑座和铣刀滑座连成一体，它们的轴线距离 k 保持不变。滑座在强力弹簧或重锤拉力作用下沿导轨滑动，使滚柱始终压在靠模板上。当工作台作纵向进给时，滑座即获得一横向辅助运动，使铣刀仿照靠模板的曲线轨迹在工件上铣出所需的成形表面。此种加工方法一般在靠模铣床上进行。

② 圆周进给铣床靠模夹具。图 3-53（b）所示为装在普通立式铣床上的圆周进给靠模夹具。靠模板和工件装在回转台上，回转台由蜗杆蜗轮带动作等速圆周运动。在强力弹簧的作用下，滑座带动工件沿导轨相对于刀具作辅助运动，从而加工出与靠模外形相仿的成形面。

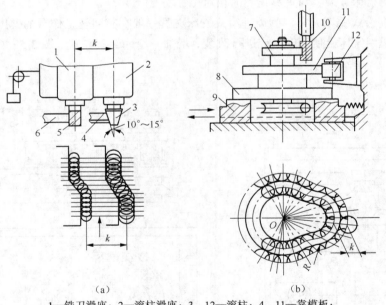

（a）　　　　　　　　　　　　（b）

1—铣刀滑座；2—滚柱滑座；3、12—滚柱；4、11—靠模板；
5、10—铣刀；6、7—工件；8—回转台；9—滑座

图 3-53　铣床靠模夹具

2. 铣床夹具的结构特点与要求

（1）铣床夹具的结构特点。在铣削加工时，切削力比较大，并且是不连续切削，易引起冲击和振动，所以夹紧力要求较大，以保证工件夹紧可靠，因此铣床夹具要具有足够的强度

和刚度。在设计和布置定位元件时，应尽量使主要支承面大些，定位元件的两个支承之间要尽量远些。

设计夹紧装置时，为防止工件在加工过程中因振动而松动，夹紧装置要有足够的夹紧力和自锁性能。施力方向和作用点要恰当，必要时可采用辅助支承和浮动夹紧装置，以提高夹紧刚度。

用于卧式铣床上的夹具，应注意防止夹紧装置上突出的部位与铣刀杆相碰。

（2）定位键。铣床夹具常用装在夹具体底面上的定位键来确定夹具相对于机床进给方向的正确位置。图 3-54 所示为常用定位键的结构及使用实例。为了提高定向精度，定位键上部与夹具体底面的槽配合，下部与机床工作台的 T 形槽配合。两定位键在夹具允许范围内应尽量布置得远些，以提高夹具的安装精度。

某些精度要求较高的夹具不采用定位键，而在夹具体的侧面加工出一窄长平面作为夹具制造、安装时的找正基面，通过找正获得较高的精度。

矩形定位键已经标准化，其规格尺寸、材料和热处理等可从有关夹具的手册中查到。

（3）对刀装置。在铣床夹具上一般都设计有对刀装置以方便对刀。对刀装置由对刀块和

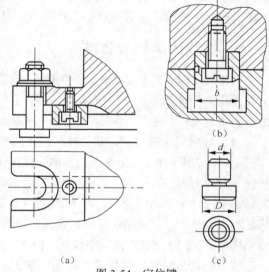

图 3-54　定位键

塞尺组成。对刀块用来确定夹具与刀具的相对位置。对刀时，在刀具与对刀块之间加一塞尺，使刀具与对刀块不直接接触，以免损坏刀刃或造成对刀块过早磨损。塞尺有平塞尺和圆柱形塞尺两种，其厚度或直径一般为 3～5mm。对刀块与塞尺均已标准化，其结构尺寸、材料、热处理等都可从夹具手册中查到。图 3-55 所示为几种常见的对刀装置。其中，图 3-55（a）所示结构用于铣平面，图 3-55（b）所示结构用于铣槽，图 3-55（c）、图 3-55（d）所示结构用于成型铣刀加工成形面。

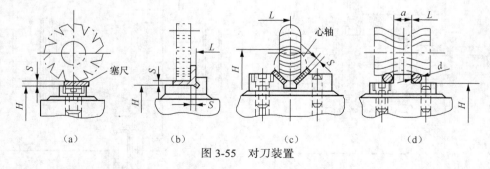

图 3-55　对刀装置

为方便铣床夹具在铣床工作台上的固定，夹具体上应设置耳座，常见的耳座结构如图 3-54（a）所示，其结构尺寸可查阅有关夹具手册。小型夹具体一般两端各设置一个耳座，夹具体较宽时，可在两端各设置两个耳座，两耳座的距离应与工作台上两 T 形槽的距离一致。对于重型铣床夹具，夹具体两端还应设置吊装孔或吊环等。

3.4.3　钻床夹具

钻床夹具（通称钻模）是用在钻床上钻孔、扩孔、铰孔的机床夹具。通过钻套引导刀具进行加工是钻模的主要特点。钻削时，被加工孔的尺寸精度主要由刀具本身的尺寸精度来保证；而孔的位置精度则是由钻套在夹具上相对于定位元件的位置精度来确定。因此，通过钻套引导刀具进行加工，既可提高刀具系统的刚性，防止钻头引偏，加工孔的位置又不需划线和找正，工序时间大大缩短，显著地提高生产率，所以钻模在成批生产中应用很广。

1．钻模的类型与特点

钻模的结构形式主要取决于工件被加工孔的分布位置情况，如有的孔是分布在同一平面上，或分布在几个不同表面上，或分布在同一圆周上，还有的孔是单孔等。因此钻模的结构形式很多，一般分为固定式、回转式、盖板式、滑柱式和翻转式等几种类型。

（1）固定式钻模。固定式钻模的特点是在加工中钻模的位置固定不动，用于在立式钻床上加工单孔或在摇臂钻床上加工位于同一方向上的平行孔系。如图 3-56 所示，钻模板用若干个螺钉和两个圆柱定位销固定在夹具体上。除用上述连接方法外，钻模板和夹具体还可以采用焊接结构或直接铸造成一体。固定式钻模结构简单，制造方便，定位精度高，但有时装卸工件不便。

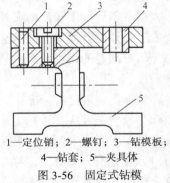

1—定位销；2—螺钉；3—钻模板；
4—钻套；5—夹具体

图 3-56　固定式钻模

（2）回转式钻模。回转式钻模用于加工工件上围绕某一轴线分布的轴向或径向孔系。工件一次安装，经夹具分度机构转位顺序加工各孔。图 3-57 所示为加工套筒上三圈径向孔的回转式钻模。工件以内孔和一个端面在定位轴和分度盘的端面 *A* 上定位，用螺母夹紧工件。钻完一排孔后，将分度销拉出，松开螺母，转动分度盘至另一位置，再插入分度销，拧紧螺母，即可进行另一排孔的加工。

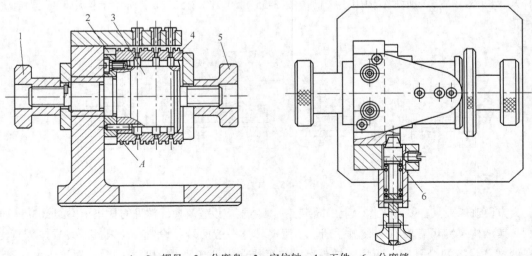

1、5—螺母；2—分度盘；3—定位轴；4—工件；6—分度销

图 3-57　回转式钻模

（3）盖板式钻模。图 3-58 所示为加工车床溜板箱上多个小孔的盖板式钻模。盖板式钻模的特点是定位元件、夹紧装置及钻套均设在钻模板上，钻模板在工件上装夹。夹具结构简单，轻便，易清除切屑。盖板式钻模适合在大型工件上加工小孔，也可用在中小型工件上的钻孔，加工小孔的盖板式钻模，因钻削力矩小，可不设夹紧装置。但是，盖板式钻模每次需从工件上装卸，比较费时。

（4）滑柱式钻模。这是一种将钻模板装在可升降的滑柱上的钻模。图 3-59 所示为手动滑柱式钻模，这种夹具结构和尺寸系列已经标准化。

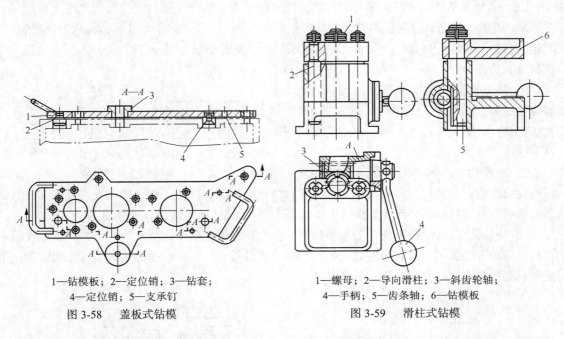

1—钻模板；2—定位销；3—钻套；
4—定位销；5—支承钉

图 3-58　盖板式钻模

1—螺母；2—导向滑柱；3—斜齿轮轴；
4—手柄；5—齿条轴；6—钻模板

图 3-59　滑柱式钻模

使用时，转动手柄使斜齿轮轴转动，并带动齿条轴、钻模板上下移动，从而实现松开和夹紧工件。当钻模板向下与工件接触，并将工件夹紧后，继续转动手柄，由于斜齿轮轴的锥体 A 的作用，即可完成锁紧。

（5）翻转式钻模。翻转式钻模主要用于加工中、小型工件分布在不同表面上的孔。图 3-60

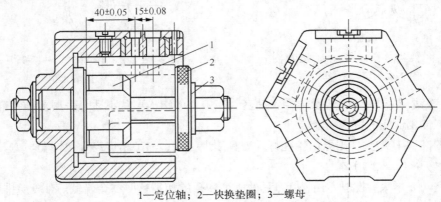

1—定位轴；2—快换垫圈；3—螺母

图 3-60　60° 翻转模板

所示为加工套筒上 4 个径向孔的翻转式钻模。工件以内孔及端面在台肩和定位轴的圆柱面上定位，用快换垫圈和螺母夹紧。钻完一组孔后，翻转 60°，钻另一组孔。该夹具的结构比较简单，但每次钻孔都需找正钻套相对钻头的位置，所以辅助时间较长，且手动翻转费力，因此工件连同夹具总质量不能太大，生产批量不宜过大。

2. 钻套和钻模板

钻模除有定位元件、夹紧装置和夹具体外还有钻模板和钻套。

（1）钻套。钻套是钻模上的特有元件，用来引导刀具以保证被加工孔的位置精度和提高工艺系统的刚度。钻套可分为标准钻套和特殊钻套两大类。已列入国家标准的钻套称为标准钻套。其结构参数、材料、热处理等可查"夹具标准"或"夹具手册"。标准钻套又分为固定钻套、可换钻套和快换钻套 3 种。

① 固定钻套。图 3-61 所示为固定钻套。钻套直接压装在钻模板上。固定钻套结构简单，钻孔精度高，但磨损后不能更换。固定钻套适用于单一钻孔工序的小批生产。

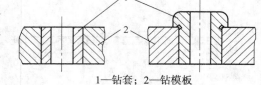

1—钻套；2—钻模板

图 3-61　固定钻套

② 可换钻套。图 3-62 所示为可换钻套。钻套装在衬套中，衬套压装在钻模板上，由螺钉将钻套压紧，以防止钻套转动或退刀时脱出。钻套磨损后，将螺钉松开可迅速更换。可换钻套适用于大批生产时的单一钻孔工序。

③ 快换钻套。图 3-63 所示为快换钻套，其结构与可换钻套相似。当一个工序中工件同一孔需经多种方法加工（如孔需经钻、扩、铰或攻螺纹等）时，能快速更换不同孔径的钻套。更换时，将钻套缺口转至螺钉处，即可取出。

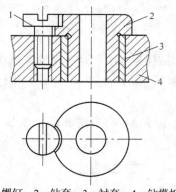

1—螺钉；2—钻套；3—衬套；4—钻模板

图 3-62　可换钻套

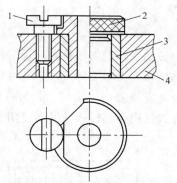

1—螺钉；2—钻套；3—衬套；4—钻模板

图 3-63　快换钻套

④ 特殊钻套。图 3-64 所示为特殊钻套，当工件的结构形状不适合采用标准钻套时，可自行设计与工件相适应的特殊钻套。

钻套的高度 H 增大，则导向性能好，刀具刚度提高，加工精度高，但钻套与刀具的磨损加剧，一般取 $H=（1\sim2.5）d$。

排屑空间 h 增大，排屑方便，但刀具的刚度和孔的加工精度都会降低。对较易排屑的铸铁，$h=（0.3\sim0.7）d$；对较难排屑的钢件，$h=（0.7\sim1.5）d$。

（2）钻模板。用于安装钻套，并确保钻套在钻模上的正确位置。钻模板多装配在夹具体或支架上。常用的钻模板有以下几种：

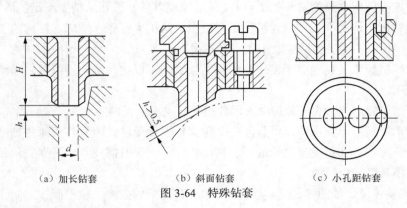

(a) 加长钻套 　　　 (b) 斜面钻套 　　　 (c) 小孔距钻套

图 3-64 特殊钻套

① 固定式钻模板（见图 3-56）。

② 铰链式钻模板。当钻模板妨碍工件装卸或钻孔后需攻螺纹时，可采用如图 3-65 所示的铰链式钻模板。钻套导向孔与夹具安装面的垂直度可通过调整两个支承钉的高度来保证。加工时，钻模板由菱形螺母锁紧。由于铰链销孔之间存在配合间隙，用此类钻模板加工的工件精度比固定式钻模板低。

③ 可卸式钻模板。可卸式钻模板又称为分离式钻模板，如图 3-66 所示。它与夹具体形成可分离式的，钻模板卸下才能装卸工件，比较费事，且定位精度低，一般多用于不便装卸工件的情况。

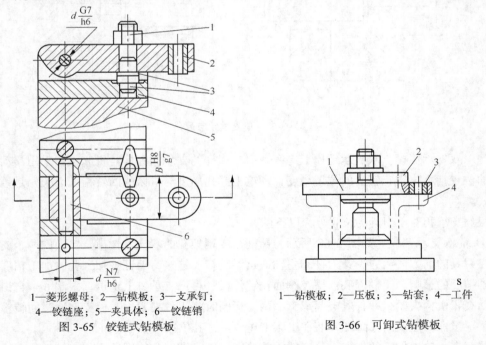

1—菱形螺母；2—钻模板；3—支承钉；
4—铰链座；5—夹具体；6—铰链销
图 3-65 铰链式钻模板

1—钻模板；2—压板；3—钻套；4—工件
图 3-66 可卸式钻模板

3.4.4 镗床夹具

1. 镗床夹具的类型及特点

镗床夹具也是孔加工用的夹具，比钻床夹具的加工精度要高，主要用于箱体、支架等类工件的精密孔系加工。和钻模一样，被加工孔系的位置一般由镗床夹具的引导元件——镗套引导镗杆来保证（这类镗床夹具简称镗模），所以采用镗模以后，镗孔的精度不受机床精度的影响。这样，在缺乏镗床的情况下，可以通过使用专用镗模来扩大车床、铣床、钻床的工艺范围进行加工。因此，镗模在不同类型的生产中较广泛地使用。

为了便于确定镗床夹具相对于工作台的相对位置，可以使用定向键或按底座侧面的找正基面用百分表找正。

根据镗套的布置形式，镗模分为单支承镗模和双支承镗模两类。

（1）单支承镗模。单支承镗模中只用一个镗套作引导元件，镗杆与机床主轴刚性连接。这种镗模形式简单，但镗孔精度与机床的回转精度相关，安装时需找正。根据支承相对刀具的位置，单支承镗模又可分为两种：

① 前单支承镗模。如图 3-67（a）所示，镗套在镗杆的前端，加工面在中间。这种支承引导形式的特点是支承形式较好，可以加工较长的、大的通孔，因 $D > d$，故不适合加工小孔。

② 后单支承镗模。如图 3-67（b）所示，加工面在镗杆的前端，镗套在加工面与主轴之间。这种支承引导形式的特点是可以加工盲孔，因 $D < d$，即镗杆可以较粗，适合加工较短的小孔。图中尺寸 h 既要保证装卸刀具和测量方便，又要保证不使镗杆伸出过长，一般应取 $h = (0.5 \sim 1) D$。

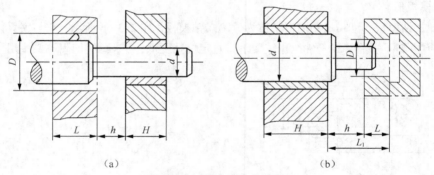

（a）　　　　　　　　　　　（b）

图 3-67　单支承导向镗孔

（2）双支承镗模。双支承镗模上有两个引导镗杆的支承，镗杆与机床主轴采用浮动连接，镗孔的位置精度决定于镗套的位置精度，理论上镗孔精度与机床的回转精度无关，是镗模的主要形式。

根据支承相对于刀具的位置分为以下两种。

① 前双支承镗模。如图 3-68 所示为镗削车床尾架孔的双支承镗模。镗模的两个支承分别设置在刀具的前方和后方，镗刀杆和主轴通过浮动接头连接，保证被加工孔的加工精度不受机床主轴精度的影响。工件以底面槽及侧面在定位板、可调支承钉上定位，限制 6 个自由度。采用联动夹紧机构夹紧，即拧紧夹紧螺钉，两压板同时将工件夹紧。镗模支架通过回转镗套来支承和引导镗杆。镗模以底面 A 安装在机床工作台上，其位置用 B 面找正。

前双支承镗模加工的特点、适应性与前单支承镗模类似，特别适合加工较大的同轴孔系。这种结构的缺点是镗杆过长，更换刀具不方便。

② 后双支承镗模。后双支承导向镗模（见图 3-69）加工的特点、适应性与后单支承镗模类似。在刀具后方布置两个镗套。由于镗杆为悬臂梁，一般应使 $L_1 < 5d$，$L > (1.25 \sim 1.5)L_1$，以利于增强镗杆的刚度和轴向移动的平稳性。

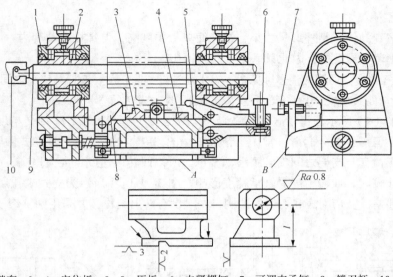

1—支架；2—镗套；3、4—定位板；5、8—压板；6—夹紧螺钉；7—可调支承钉；9—镗刀杆；10—浮动接头

图 3-68 镗削车床尾架孔的镗模

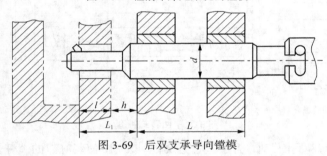

图 3-69 后双支承导向镗模

2. 镗模的设计要点

设计镗模时，除定位、夹紧装置外，主要考虑与镗刀密切相关的刀具导向装置的合理选用（镗套、镗杆）。

（1）镗套的设计。镗套的结构形式和精度直接影响到加工孔的尺寸精度、几何形状和表面粗糙度。设计镗套时，可按加工要求和情况选用标准镗套，有特殊情况可自行设计。一般镗孔用的镗套主要有固定式和回转式两类。镗套的结构、材料、配合关系等可查阅有关设计手册。

① 固定式镗套。固定式镗套（见图 3-70）与快换钻套结构相似，加工时镗套不随镗杆转动。A 型不带油杯和油槽，靠镗杆上开的油槽润滑；B 型带油杯和油槽，使镗杆和镗套之间能充分地润滑，从而

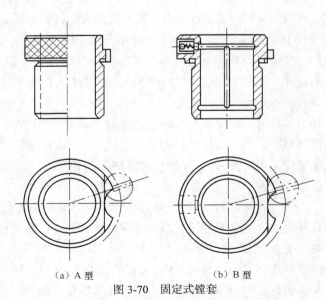

（a）A 型   （b）B 型

图 3-70 固定式镗套

减少镗套的磨损。

固定式镗套的优点是外形尺寸小，结构简单，精度高，但镗杆在镗套内一面回转一面作轴向移动，使镗套容易磨损，因此只适用于低速镗孔。

② 回转式镗套。回转式镗套（见图 3-71）随镗杆一起转动，镗杆与镗套之间只有相对移动而无相对转动，从而大大减少了镗套的磨损，也不会因摩擦发热而"卡死"。因此，它适合于高速镗孔。

如图 3-71（a）所示为滑动式回转镗套，其结构尺寸较小，图 3-71 回转精度高，减振性好，支承能力强，但需要充分润滑，常用于精加工。图 3-71（b）所示为滚动式回转镗套，用于卧式镗孔。由于镗套与支架之间安装了滚动轴承，所以回转线速度可大大提高，一般达 0.4m/s，但是径向尺寸较大，回转精度受轴承精度影响。图 3-71（c）所示为立式镗孔用的回转式镗套，它的工作条件差，受切削液和切屑的冲刷，一般设有防屑结构，并采用圆锥滚子轴承。

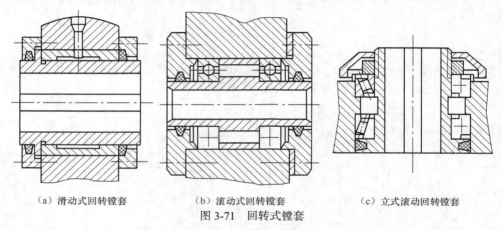

（a）滑动式回转镗套　　　　　（b）滚动式回转镗套　　　　　（c）立式滚动回转镗套

图 3-71　回转式镗套

当工件孔径大于镗套孔径时，需在镗套上设置引刀槽，使装好刀的镗杆能顺利进入和退出。

（2）镗杆的设计。镗杆是连接刀具与机床的辅助工具，不属于夹具范畴。但镗杆的一些设计参数与镗模的设计关系密切，而且不少生产单位把镗杆的设计归于夹具的设计中。镗杆的导引部分是镗杆与镗套的配合，按与之配合的镗套不同，镗杆的导引部分可分为下列两种形式。

① 固定式镗套的镗杆的导引部分结构。图 3-72 所示为用于固定式镗套的镗杆导向部分结构。当镗杆导向部分直径小于 50mm 时，镗杆常采用整体式结构。图 3-72（a）所示为开油槽的镗杆。镗杆与镗套的接触面积大，磨损大，如切屑从油槽进入镗套，则易出现"卡死"现象，但镗杆的强度和刚度较好。图 3-72（b）、图 3-72（c）所示为有较深直槽和螺旋槽的镗杆，这种结构可大大减少镗杆与镗套的接触面积，沟槽内有一定的存屑能力，可减少"卡死"现象，但其刚度较差。当镗杆导向部分直径大于 50mm 时，常采用图 3-72（d）所示的镶条式结构。镶条应采用摩擦因数小和耐磨的材料，如铜或钢。镶条磨损后，可在底部添加垫片，重新修磨使用。这种结构的摩擦面积小，容屑量大，不容易"卡死"。

② 回转式镗套的镗杆导引部分结构。图 3-73（a）所示为镗套上开有键槽，镗杆上装键。镗杆上的键都是弹性键，当镗杆伸入镗套时，弹簧被压缩，在镗杆旋转过程中，弹性键便自动弹出落入镗套的键槽中并带动镗套一起回转。图 3-73（b）所示为镗套上装键，镗杆上开键槽，镗杆端部作成螺旋导引结构，其螺旋角小于 45° 镗套为带尖键的滚动镗套。当镗杆伸入镗套时，其两侧螺旋面中任一面与尖头键的任一侧相接触，因而拨动尖头键带动镗套回转，可使尖头键自动进入镗杆的键槽内。

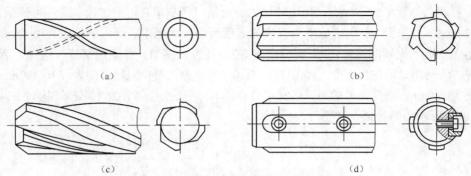

图 3-72　用于固定镗套的镗杆导向部分结构

（3）镗模支架与底座的设计。镗模支架和底座为铸铁件，常分开制造，这样便于加工、装配和时效处理。它们要有足够的刚性和强度，以保证加工过程的稳定性。尽量避免采用焊接结构，宜采用螺钉和销钉刚性连接。支架不允许承受夹紧力。支架设计时除要有适当壁厚外，还应合理设置加强筋。在底座平面上有关元件处设置相应的凸台面。在底座面对操作者一侧应加工一窄长平面，用于作找正基面，以便将镗模安装于工作台上。底座上应设置适当数目的耳座，以保证镗模在机床工作台上安装牢固可靠。还应有起吊环，便于搬运。

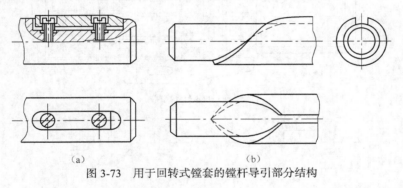

图 3-73　用于回转式镗套的镗杆导引部分结构

3.4.5　通用可调夹具

1.　通用可调夹具的特点

通用可调夹具是对零件进行分类编组，根据其工艺结构的相似性及尺寸的相近程度而进行设计的夹具，是在通用夹具的基础上发展的一种可调夹具。通用可调夹具有以下特点：

（1）通用可调夹具适用的加工范围比通用夹具广。

（2）适用于不同生产类型工件的加工。

（3）调整的环节较多,调整耗时较长。

（4）使用通用可调夹具可大大节省夹具设计和制造的工作量，缩短生产技术准备时间。

2.　通用可调夹具的结构

通用可调夹具的结构一般由两部分组成：一是基本组成部分，包括夹具体、夹紧机构及操纵机构等，此部分不随加工对象改变而更换；二是可更换调整部分，包括某些定位、夹紧、对刀及导向元件等，此部分随加工对象不同而调整更换。

通用可调夹具常见的结构有通用可调虎钳、通用可调三爪自定心卡盘、通用可调钻模等。

图 3-74（a）所示为采用机械增力机构的通用可调气动虎钳。当气源压力为 0.45MPa 时，夹紧力达 1270N。夹紧时活塞左移，使杠杆作逆时针方向摆动，并经活塞杆、螺杆、活动钳口夹紧工件。活动钳口可作小角度摆动，以补偿毛坯面的误差。钳口夹紧范围为 20～100mm，最大加工长度为 200mm。按照工件的不同形状可更换件 1、2。更换件部分为 T 形槽结构。图 3-74（b）、图 3-74（c）所示为两种更换调整件。

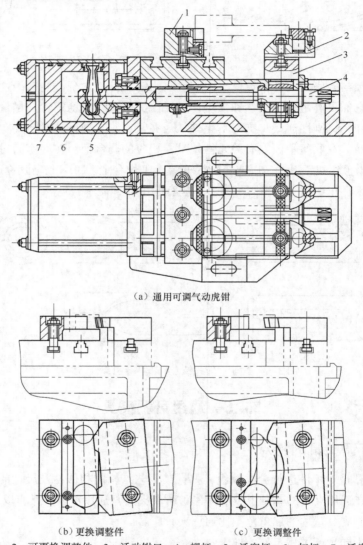

（a）通用可调气动虎钳

（b）更换调整件　　　　　　　（c）更换调整件

1、2—可更换调整件；3—活动钳口；4—螺杆；5—活塞杆；6—杠杆；7—活塞

图 3-74　通用可调气动虎钳

图 3-75（a）所示为通用可调三爪自定心卡盘，规格有 ϕ250mm、ϕ320mm、ϕ400mm 3 种。螺杆与气动装置连接，螺母中的弹簧制动销可防止螺杆在卡盘工作过程中松动。螺杆经套筒、杠杆、卡爪将工件定心夹紧。活塞回程时卡爪沿套筒的斜面退出，将工件松开。图 3-75（b）所示卡爪用于装夹小直径工件。图 3-75（c）所示卡爪用于装夹大直径工件。图 3-75（d）所示卡爪用于装夹台阶外圆。

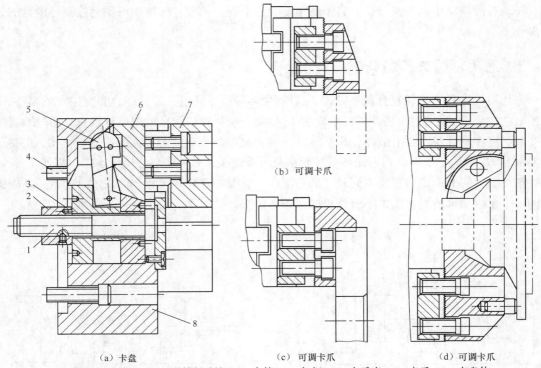

（b）可调卡爪

（a）卡盘　　　　　　　　（c）可调卡爪　　　　　　　（d）可调卡爪

1—螺杆；2—螺母；3—弹簧制动销；4—套筒；5—杠杆；6—卡爪座；7—卡爪；8—卡盘体

图 3-75　通用可调三爪自定心卡盘

图 3-76 所示为钻圆盘类零件圆周上等分孔的通用可调钻模。钻模板由移动操纵手柄控制移

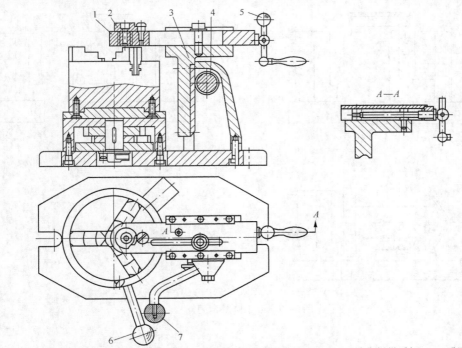

1—可移动钻模板；2—快换钻套；3—齿条；4—齿轮；5—移动操纵手柄；6—分度操纵手柄；7—升降操纵手柄

图 3-76　钻圆盘类零件圆周上等分孔的通用可调钻模

动。转动升降操纵手柄，经齿轮、齿条使钻模板上下升降调节。分度操纵手柄控制分度盘的分度操作。

3. 通用可调夹具的调整

通用可调夹具常采用复合调整方式。它是利用多种通用调整元件的组合和变位实现调整的。如图 3-77 所示，通用虎钳的调整件主要由 V 型块、定位钳口和夹紧钳口等组成。通过适当组合变位，工件便可获得 5 个工位。图 3-78 为一种典型的组合化复合可调螺旋压板机构，主要调整参数有 H_1、H_2、L 等。钩形螺杆由衬套 7 与压板连接，另一端与连接杆连接，将连接套 5、3 按箭头方向提升，即可更换不同尺寸的连接杆。支撑杆有几种尺寸，供调整时使用。基础板由两个半工字型键块组合成 T 形键与机床 T 形槽连接。

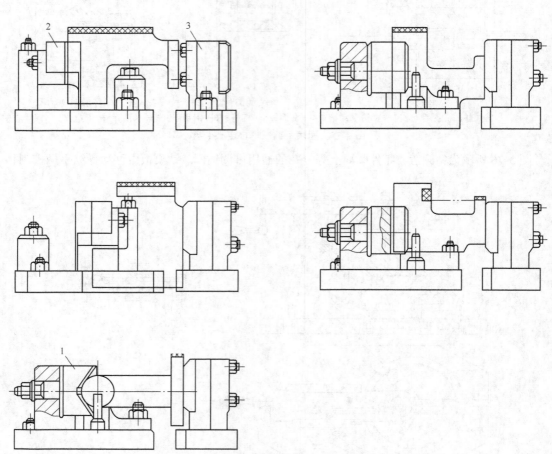

1—V 型块；2—定位钳口；3—夹紧钳口

图 3-77　五工位复合调整

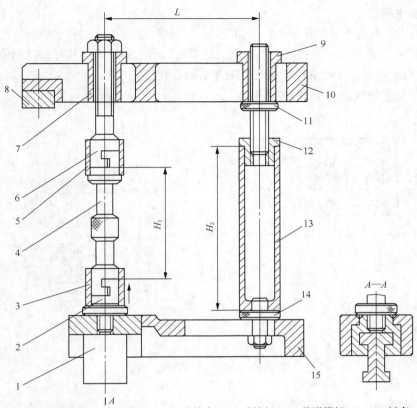

1—半工字型键块；2—钩形件；3、5—连接套；4—连接杆；6—钩形螺杆；7、9—衬套；
8—压块；10—压板；11—螺杆；12—螺套；13—支撑杆；14—螺钉；15—基础板

图 3-78　复合调整螺旋压板

3.4.6　数控机床夹具

数控机床夹具有高效化、柔性化和高精度等特点。设计时，除应遵循一般夹具设计的原则外，还应满足自身的一些特点。

1.　数控机床夹具的设计要求

（1）优先采用机动夹紧装置，使装夹快速省力。

（2）可采用通用可调夹具、组合夹具等，使夹具结构设计尽可能省时便捷，适应产品更新变化对夹具系统的柔性化需求。

（3）以多功能、标准化、系列化夹具结构代替单一功能夹具结构，使夹具实现可重复利用。

（4）在夹具上设置编程原点，满足数控机床编程要求。

每种数控机床都有自己的坐标系和坐标原点，设计数控机床夹具时，应按坐标图上规定的定位和夹紧表面及机床坐标的起始点，确定夹具坐标原点的位置。如图 3-79 所示中的 A 为机床原点，B 为工件在夹具上的原点。

（5）夹具及其各组成元件应具有较高的精度和刚度，以满足数控加工的精度要求。

（6）数控机床夹具的夹紧应牢固可靠、操作方便。夹紧元件的位置应固定不变，防止刀具运动时与夹具发生碰撞。

图 3-79 所示为用于数控车床的液动自定心三爪卡盘,在高速车削时平衡块所产生的离心力经杠杆给卡爪一个附加力,以补偿卡爪夹紧力的损失。卡爪由活塞经拉杆和楔槽轴的作用将工件夹紧。图 3-80 所示为数控铣镗床夹具的局部结构,要防止刀具(主轴端)进入夹紧装置所处的区域。通常应对该区域确定一个极限值。

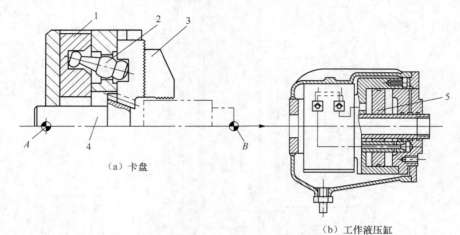

（a）卡盘 （b）工作液压缸

1—平衡块；2—杠杆；3—卡爪；4—楔槽轴；5—活塞

图 3-79　液动三爪自定心卡盘

2. 数控机床夹具的设计特点

（1）数控机床夹具应满足加工工序集中的要求。

（2）数控机床夹具常采用网格状的固定基础板。网格状的固定基础板预先调整好相对数控机床的坐标位置。利用基础板上的定位孔安装各种夹具。

（3）数控机床夹具是通用可调夹具和组合夹具的结合与发展。

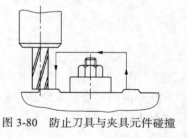

图 3-80　防止刀具与夹具元件碰撞

思考题

1. 什么是机床夹具？它在机械加工中有何作用？
2. 什么是辅助支撑？使用时应注意什么问题？举例说明辅助支撑的应用。
3. 试述基准不重合误差、基准位移误差和定位误差的概念及产生的原因。
4. 夹紧装置是哪些部分组成的？
5. 确定夹紧力的方向和作用点应遵循哪些原则？
6. 定位和夹紧有何区别？
7. 试比较斜楔、圆偏心、螺旋夹紧机构的特点及其应用范围。

8. 车床夹具可分为哪几类？各有何特点？

9. 钻床夹具有哪几种类型？各有什么特点？

10. 钻套的作用是什么？常用钻套有几种形式？如何选用？

11. 镗床夹具可分为几类？各有何特点？其应用场合是什么？

12. 镗套有几种形式？如何选用？

13. 怎样避免镗杆与镗套之间出现"卡死"现象？

14. 根据下述各题的定位方案，分析限制的自由度，是否属于重复定位或欠定位，如定位不合理应如何改进。

（1）连杆工件在夹具中的平面及 V 型块上定位，如图 3-81 所示。

（2）轴类工件在三爪卡盘及前后顶尖中定位，如图 3-82 所示。

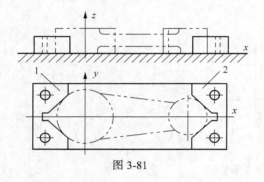

图 3-81

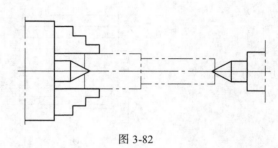

图 3-82

（3）齿坯工件在心轴上定位，如图 3-83 所示。

（4）T 型轴在 3 个短 V 型块中定位，如图 3-84 所示。

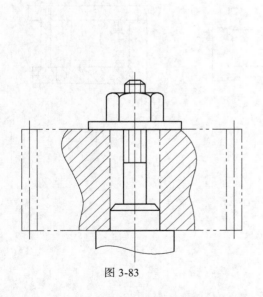

图 3-83

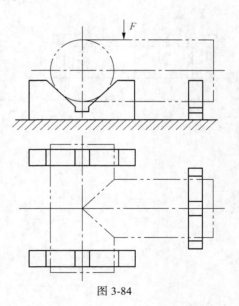

图 3-84

15. 图 3-85（a）所示为套类工件铣键槽，要求保证尺寸 $94_{-0.2}^{0}$ mm，分别采用图 3-85（b）所示的定位销定位方案和图 3-85（c）所示的 V 形槽定位方案，请分别计算定位误差。

16. 图 3-86 所示为轴类零件加工的几种装夹情况。试分析各属于何种定位？都限制了工件的哪些自由度，有无不合理之处？如何改进？

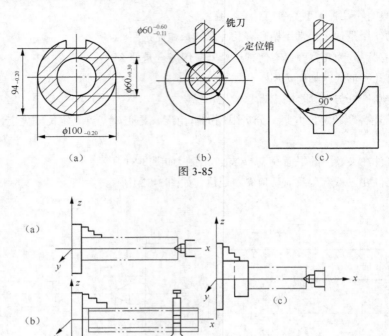

图 3-85

图 3-86　轴类零件装夹示意图

17. 试分析图 3-87 所示的夹紧方案是否合理？并说明理由。

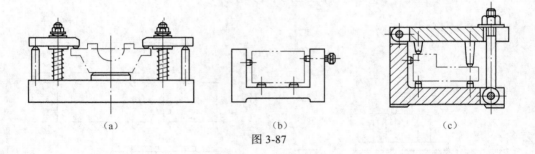

图 3-87

外圆表面加工及设备

【教学重点】

1. 外圆表面的加工方法。
2. 外圆表面车削、磨削加工及设备。

【教学难点】

1. CA6140 型车床的传动系统及其调整计算。
2. CA6140 型车床的主要部件结构、原理及其调整。
3. M1432A 型万能外圆磨床的运动与传动。
4. 外圆表面的磨削、精整、光整加工方法。

4.1 外圆表面的加工方法

外圆表面是构成机器零件的基本表面，如轴类、套类和盘类零件是具有外圆表面的典型零件。外圆表面的加工在机器零件制造中是很常见的，根据外圆表面的尺寸、材料及加工要求不同，可选择不同的加工方法。常见的外圆表面的加工方法及特点如下。

1. 外圆表面的车削加工

（1）粗车。外圆表面的粗车是最经济、最有效的方法，粗车在车床工艺系统允许的前提下，尽可能采用大的背吃刀量和进给量，以提高生产率。但为了保证刀具耐用度，切削速度通常选为低速，粗车所能达到的加工精度为 IT12～IT11，表面粗糙度为 50～12.5μm。

（2）精车。外圆表面的精车一般作为最终工序或光整加工的预加工工序。精车后工件尺寸精度可达 IT8～IT7，表面粗糙度为 1.6～0.8μm。

（3）高速细精车。高速细精车是采用硬质合金、立方氮化硼或金刚石刀具，用高切削速度（160m/min 以上）、小的背吃刀量（0.03～0.05mm）和小的进给量（0.02～0.2mm/r）对工件进行精细加工的方法。对于硬度较低的有色金属（如铜、铝），如果采用磨削加工，磨屑容易糊住砂轮，一般在高精度的车床上，采用金刚石刀具进行高速细精车，工件尺寸精度可达 IT6～IT5 级，表面粗糙度为 1.0～0.1μm，甚至可达镜面效果。

2. 外圆表面的磨削加工

外圆表面的磨削加工是主要精加工方法，能经济地获得高的加工精度和小的表面粗糙度值。加工精度通常可达 IT7～IT5 级，表面粗糙度可达 0.8～0.2μm。采用高精度的磨削方法，表面粗糙度可达 0.1～0.006μm。磨削加工不但可精加工，而且可进行粗磨、荒磨、重负荷磨削，特别适合于各种高硬度和淬火后的零件的精加工。

3. 外圆表面的精整、光整加工

外圆表面的精整、光整加工是精加工以后进行的超精密加工方法，适用于某些精度和表面质量要求很高的零件。

（1）研磨。用研磨工具和研磨剂，通过研具与工件在一定压力下作相对滑动，从工件表面上磨掉一层极薄的金属，以提高工件尺寸、形状精度和降低表面粗糙度的精整加工方法称为研磨。研磨精度可达 0.025μm、圆柱度可达 0.1μm，表面粗糙度可达 0.01μm。研磨主要用于加工精密的零件，如量规、精密配合件、光学零件等。

（2）抛光。抛光能降低表面粗糙度，但不能提高工件的尺寸精度和形状精度。普通抛光工件表面粗糙度可达 0.4μm。

由于各种加工方法所能达到的经济加工精度、表面粗糙度、生产率和生产成本各不相同，因此必须根据具体情况，选择合理的加工方法。外圆表面各种加工方案和经济加工精度见表 4-1。

表 4-1   外圆表面加工方案和经济加工精度

序号	加 工 方 法	经济精度（公差等级）	经济粗糙度 Ra 值（μm）	使 用 范 围
1	粗车	IT13～IT11	50～12.5	适用于淬火钢以外的各种金属
2	粗车—半精车	IT10～IT8	6.3～3.2	
3	粗车—半精车—精车	IT8～IT7	1.6～0.8	
4	粗车—半精车—精车—滚压	IT8～IT7	0.2～0.025	
5	粗车—半精车—精磨	IT8～IT7	0.8～0.4	主要用于淬火钢，也可用于未淬火钢，但不适用有色金属
6	粗车—半精车—粗磨—精磨	IT7～IT6	0.4～0.1	
7	粗车—半精车—粗磨—精磨—超精加工	IT5	0.1～0.012	
8	粗车—半精车—精车—精细车	IT7～IT6	0.4～0.025	主要用于要求较高的有色金属
9	粗车—半精车—粗磨—精磨—超精磨	IT5 以上	0.025～0.006	极高精度的外圆加工
10	粗车—半精车—粗磨—精磨—研磨	IT5 以上	0.1～0.012	

4.2 外圆表面车削加工及设备

外圆表面的车削加工是外圆表面的主要加工方法。根据工件的尺寸、精度要求不同，可选用不同的车床、辅具和刀具。

4.2.1　车床——CA6140 卧式车床简介

车床主要用于对工件进行车削加工，通常由工件旋转完成主运动，而由刀具沿平行或垂直于工件旋转轴线移动完成进给运动。与工件旋转轴线平行的进给运动称为纵向进给运动；垂直的称为横向进给运动。

车床的种类很多，按其用途和结构的不同，可分为卧式车床及落地车床、立式车床、回轮车床、转塔车床、多刀半自动车床、仿形车床及仿形半自动车床、单轴自动车床、多轴自动车床及多轴半自动车床、数控车床、车削加工中心等。此外，还有各种专门化车床，例如凸轮轴车床、曲轴车床、铲齿车床等。在大批量生产的工厂中还有各种专用车床。车床的主要类型、工作方法和应用范围见表 4-2。其中卧式车床的工艺范围很广，能进行多种表面的加工，如图 4-1 所示，能车削内外圆柱面、圆锥面、成型面、端面、各种螺纹、切槽、切断，也能进行钻孔、扩孔、铰孔和滚花等工作。如果再利用一些特殊附件，那么卧式车床的工艺范围还能进一步扩大。

表 4-2　　　　　　　　　　车床的主要类型、工作方法和应用范围

车床的主要类型	车床的工作方法和应用范围
卧式车床	主轴处于水平位置，主轴车速和进给量调整范围大，主要由工人手工操作，用于车削圆柱面、圆锥面、端面、螺纹、成型面和切断等。其使用范围广、生产效率低，适于单件小批生产和修配车间
立式车床	主轴垂直布置，工件装夹在水平面内旋转的工作台上，刀架在横梁或立柱上移动，适于加工回转直径较大、较重、难以在卧式车床上安装的工件
回轮车床	机床上有回转轴线与主轴线平行的多工位回轮刀架，刀架上可安装多把刀具，并能纵向移动。在工件一次装夹中，由工人依次用不同刀具完成多种车削工序，适用于成批生产中加工尺寸不大且形状较复杂的工件
转塔车床（六角车床）	机床上具有回转轴线与主轴轴线垂直或倾斜的转塔刀架，另外还带有横刀架。刀架上安装多把刀具，在工件一次装夹中，由工人依次使用不同刀具完成多种车削工序。它适用于成批生产中加工形状较复杂的工件
单轴自动车床	机床只有一根主轴，经调整和装料后，能按一定程序自动上下料、自动完成工件的多工序加工循环，重复加工一批同样的工件。它主要用于对棒料或盘状线材进行加工，适用于大批量生产
车削加工中心（自动换刀数控车床）	机床具有刀库。它对一次装夹的工件，能按加工要求预先编制的程序，由控制系统发出数字信息指令，自动选择更换刀具，自动改变车削切削用量和刀具相对工件的运动轨迹及其他辅助机能，依次完成多工序的车削加工。它适用于工件形状较复杂、精度要求高、工件品种更换频繁的中小批量生产

1.　CA6140 卧式车床的主要技术参数

床身上最大工件回转直径：400mm。

刀架上最大工件回转直径：210mm。

工件最大长度（4 种规格）：750mm、1 000mm、1 500mm、2 000mm。

主轴中心高度：205mm。

主轴内孔直径：48mm。

主轴前端锥孔的锥度：莫氏 6 号。

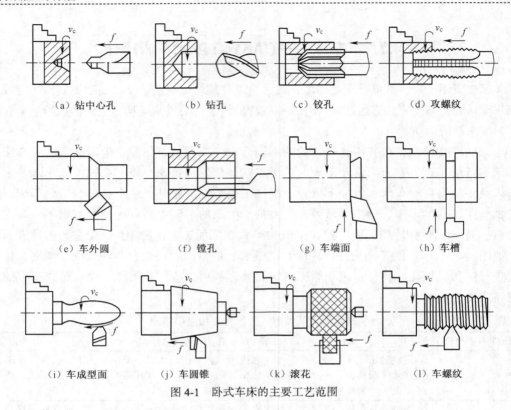

（a）钻中心孔　　　　（b）钻孔　　　　（c）铰孔　　　　（d）攻螺纹

（e）车外圆　　　　（f）镗孔　　　　（g）车端面　　　　（h）车槽

（i）车成型面　　　　（j）车圆锥　　　　（k）滚花　　　　（l）车螺纹

图 4-1　卧式车床的主要工艺范围

主轴转速：正转（24 级），10～1 400r/min；反转（12 级），14～1 580r/min。

车削螺纹范围：米制螺纹螺距（44 种标准螺距），1～192mm；英制螺纹螺距（20 种标准螺距），2～24 牙/英寸（1 英寸 2.54 厘米）；模数螺纹（39 种标准螺距），0.25～48mm；径节螺纹（37 种标准螺距），1～96 牙/英寸。

纵向进给量（64 级）：0.028～6.33mm/r。

横向进给量（64 级）：0.014～3.16mm/r。

主电动机功率/转速：7.5kW，1 450r/min。

快速电动机功率/转速：0.25kW，2 800r/min。

尾座顶尖套锥孔锥度：莫氏 5 号。

机床工件精度：圆度，0.002～0.005mm；精车端面平面度，0.005～0.01mm；表面粗糙度，3.2～0.8μm。

2．CA6140 卧式车床的主要部件及其功用

CA6140 卧式车床的外形如图 4-2 所示，其主要部件如下。

（1）床身。床身固定在左、右床腿上。床身是车床的基本支承件，在床身上安装着车床的各个主要部件并使它们在工作时保持准确的相对位置。

（2）主轴箱。主轴箱固定在床身的左侧，其功用是将电动机输出的旋转运动传递给主轴，再通过装在主轴上的夹具带动工件回转，实现主运动。主轴箱内有变速机构，通过变换箱外手柄的位置，可以改变主轴的转速，以满足不同车削工作的需要。

（3）进给箱。进给箱固定在床身的左前侧，将主轴通过挂轮箱传递来的旋转运动传给光杠

或丝杠。进给箱内有变速机构，可实现光杠或丝杠的转速变换，以调节机动进给的进给量或螺纹螺距。

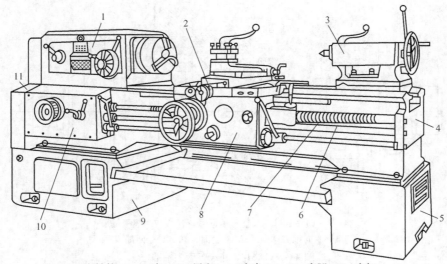

1—主轴箱；2—刀架；3—尾座；4—床身；5、9—床腿；6—光杠；
7—丝杠；8—溜板箱；10—进给箱；11—挂轮变速机构
图 4-2　CA6140 卧式车床的外形

（4）溜板箱。溜板箱固定在床鞍的前侧，其功用是将光杠或丝杠的回转运动变为床鞍或中滑板及刀具的进给运动。变换溜板箱外的手柄位置，可以控制刀具纵向或横向进给运动的方向和运动的启动或停止。

（5）刀架。刀架装在床身的床鞍导轨上，床鞍可沿导轨纵向移动。刀架部分由几层滑板组成，其功用是装夹车刀并使车刀作纵向、横向或斜向运动。

（6）尾座。尾座装在床身尾部的导轨上，并可沿此导轨纵向调整位置。其功能是用顶尖支承工件，还可安装钻头等孔加工刀具进行孔加工。

（7）挂轮箱。挂轮箱装在主轴箱的左边。它是把主轴的旋转运动传给进给箱的传动部件，挂轮箱内有挂轮装置，配换不同齿数的挂轮（齿轮），可改变进给量或车螺纹时的螺距（或导程）。

3. 主轴箱内主要机构的调整

（1）主轴轴承隙的调整。CA6140 卧式车床的主轴部件采用了 3 支承结构（见图 4-3），其前后支承处各装有一个双列短圆柱滚子轴承 7（NN3021K/P5）和 3（NN3015K/P6）；前轴承还装有 60° 接触角的双向推力角接触球轴承 6；在主轴的中间支承处，装有一圆柱滚子轴承（NN216），它作为辅助支承，配合较松，其间隙不能调整。如果车削工件外圆时发现表面上有混乱的波纹，圆度误差超差，精车端面时端面圆跳动误差超差，就必须调整主轴轴承的间隙。

① 主轴轴承的间隙调整步骤如下。

（a）检测主轴轴承的间隙。测量主轴的径向圆跳动误差是将百分表固定在中滑板上，使其测头触及主轴定心轴颈表面，如图 4-4 所示。旋转主轴进行检验。百分表读数的最大值不得超过 0.01mm。

测量主轴的轴向窜动是在主轴锥孔中插入一短检验棒，检验棒端部中心孔内放一钢球（用黄油黏住），使百分表的测头顶在钢球上，如图 4-5 所示。为消除推力轴承游隙的影响，在测量方向上沿主轴轴线加一力 F，然后慢速旋转主轴进行检验。百分表读数的最大值不得超过 0.01mm。

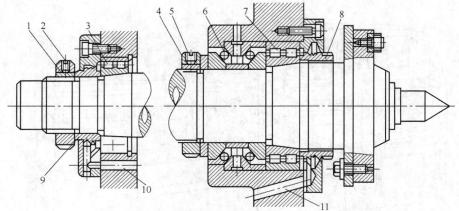

1、4、8—调整螺母；2、5—锁紧螺钉；3、7—滚子轴承；
6—双向推力球轴承；9—套筒；10、11—回油口

图 4-3　CA6140 卧式车床主轴部件

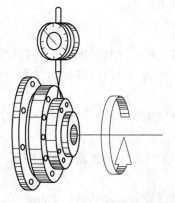

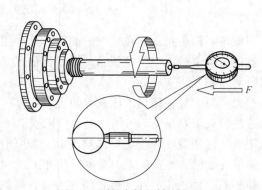

图 4-4　测量主轴的径向圆跳动误差　　　图 4-5　测量主轴的轴向窜动

　　如测量结果显示主轴的轴向窜动与径向圆跳动误差超差，则必须对主轴轴承的间隙进行调整。

　　（b）准备工作。准备一把钳形扳手（见图 4-6）、一把锤子、一把一字旋具，打开主轴箱盖板，并放置平稳。

　　（c）调整前轴承。用钳形扳手逆时针方向勾住主轴前端螺母，用力扳扳手，如图 4-7 所示。如扳不动，可用锤子轻击钳形扳手手柄拧松螺母。

图 4-6　钳形扳手

　　用一字旋具将调整螺母 4 上的锁紧螺钉 5 拧松，再用钳形扳手逆时针方向扳紧调节螺母 4，如图 4-3 所示，并用一字旋具拧紧锁紧螺钉 5。一般只需调整前轴承，如通过测量仍达不到要求，则可调整后轴承。

　　（d）调整后轴承。打开交换齿轮箱盖，用钳形扳手逆时针方向钩住螺母外槽，再用锤子向下轻击扳手手柄，拧紧螺母，如图 4-8 所示。

　　（e）检查主轴轴承间隙的大小。用手转动主轴，应感觉灵活，无阻滞现象，如图 4-9 所示。

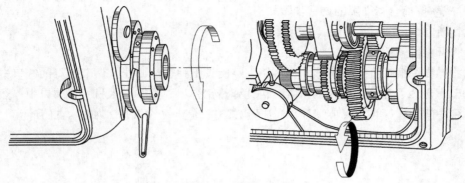

图 4-7　前轴承间隙调整

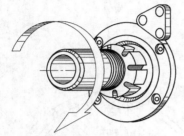

图 4-8　后轴承间隙调整

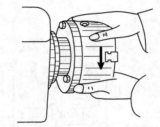

图 4-9　主轴轴承间隙检查

（f）再次测量主轴径向圆跳动误差和轴向窜动，应符合要求。

（g）关闭盖板、主轴箱及交换齿轮箱盖板。

（h）测量轴承温升，使主轴高速运转 1h，测量轴承温度，应不高于 60℃。

② 注意事项如下。

（a）主轴轴承应在无间隙（或少量过盈）条件下进行运转。

（b）主轴轴承的间隙须定期进行调整。

（c）一般只需调整前轴承，如间隙仍符合要求，再调整后轴承。中间支承无须调整。

（2）片式摩擦离合器间隙的调整。主轴箱内的片式摩擦离合器，由于内、外摩擦片间隙不当，车削工件时，会产生振动或突然闷车现象，使工件报废或车刀损坏，此时必须调整离合器间隙。双向片式摩擦离合器、制动器及其操纵机构如图 4-10 所示。

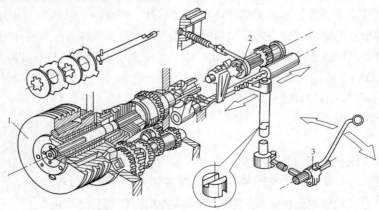

1—双向片式摩擦离合器；2—制动器；3—操纵机构

图 4-10　双向片式摩擦离合器、制动器及其操纵机构

① 片式摩擦离合器间隙的调整步骤如下。

（a）切断电源。

（b）打开主轴箱盖。

（c）将操纵手柄扳到正转位置上，再用一字旋具把弹簧销 1 压入调节螺母的缺口中；然后旋转左调节螺母 2，注意摩擦片的松紧，再让弹簧销弹出，重新卡入另一个缺口中；然后将操纵手柄扳到中间位置，再将调节螺母 2 向压紧方向拨动 4～7 个圆口，如图 4-11 所示。

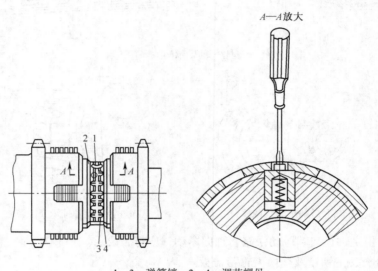

1、3—弹簧销；2、4—调节螺母

图 4-11　双向片式摩擦离合器的调整

（d）将操纵手柄扳到反转位置上，用一字旋具有把弹簧销 3 压入调节螺母的缺口中；然后旋转调节螺母 4，再让弹簧销弹出，卡入需要的缺口中，以防止调节螺母在工作过程中松脱。

② 注意事项如下。

（a）新的摩擦片磨损较快，要及时进行调整。

（b）离合器的内、外摩擦片在松开状态时，间隙要适当。如间隙过大，压紧时内、外摩擦片会打滑，不能传递足够的动力，容易产生闷车现象，并容易使摩擦片磨损；如间隙过小，压紧后内、外摩擦片不易脱开，容易损坏操纵机构的零件，严重时会使摩擦片烧坏。

（3）制动器松紧的调整。钢带式制动器的松紧应调节到当摩擦离合器脱开的时刻制动主轴，使主轴迅速地停止转动。钢带式制动器如图 4-12 所示。制动器的操纵与片式摩擦离合器的操纵机构是联动的（图 4-13）。

① 制动器制动带松紧的调整步骤如下。

（a）切断车床电源。

（b）打开主轴箱盖。

（c）将操纵杆放在中间位置，松开离合器，此时齿条轴上的凸起部分刚好对正杠杆，使杠杆顺时针方向摆动而拉紧钢带（见图 4-13），这时主轴便迅速停止转动。

（d）用活扳手适当拧紧螺母，将制动带的松紧程度调整到一定程度。

（e）盖好箱盖。

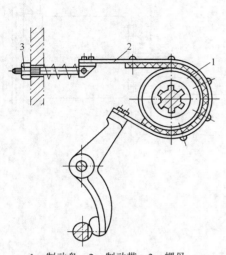

1—制动盘；2—制动带；3—螺母

图 4-12 钢带式制动器

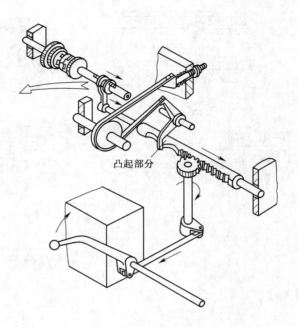

凸起部分

图 4-13 CA6140 主运动操纵机构

（f）开动车床使主轴正转，$n_\pm$=300r/min，然后放下手柄，处于中间状态停车，要求停车时主轴能在 2～3r 内制动，而开车时制动带完全松开。

② 调整制动带的注意事项如下。

（a）制动带的松紧程度应适当。制动带拉得不紧，不能起到制动作用，制动时主轴不能迅速停止。

（b）制动带拉得过紧，摩擦力太大，会使摩擦表面烧坏，制动带扭曲变形。

4. 溜板箱内主要机构的调整

（1）安全离合器的调整。安全离合器是一种过载保险机构，当发生过载情况时，能使进给运动自动停止。安全离合器（见图 4-14）由两个螺旋形端面齿爪及弹簧组成。安全离合器在正常工作时，其左、右两半部相互啮合［见图 4-14（a）］；当过载时，将使离合器的轴向分力增大而超过弹簧力，使离合器的右半部向右移［见图 4-14（b）］，于是两端面齿爪之间打滑［见图 4-14（c）］，因而断开了传动，从而保护机构不受损坏。过载排除后，离合器又恢复原状。

安全离合器的调整步骤如下。

① 用一字旋具将溜板箱左边的盖板打开，如图 4-15 所示。

② 如图 4-15 所示，先用开口扳手将螺母松开，然后拧紧螺母 2，最后拧紧螺母 1。调整后如遇过载，进给运动迅速停止即可。

注意事项如下。

① 调整后如遇过载，进给运动不能迅速停止，应立即检查原因。

② 调整弹簧弹力至松紧程度适当，必要时调换弹簧。

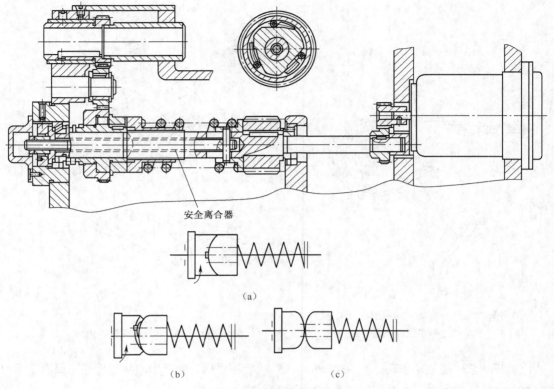

安全离合器

（a）

（b）　　　　　　　　　（c）

图 4-14　安全离合器

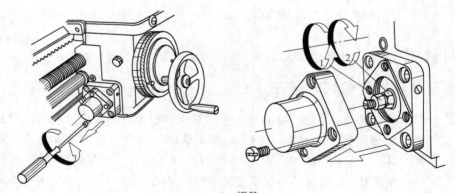

1、2—螺母

图 4-15　安全离合器的调整

（2）开合螺母和燕尾导轨间间隙的调整。当车螺纹时出现螺距不等或乱扣、开合螺母轴向窜动量大时，将影响螺纹的加工精度。开合螺母形状如图4-16所示。它由上、下两个半螺母1、2 组成，装在燕尾形导轨中，可上下移动。上、下半螺母的背面各装有一个圆柱销，分别嵌在槽盘的两曲线槽中，扳动手柄，可使上、下两个半螺母合拢或分开，发现间隙不当时应调整。

① 开合螺母与燕尾导轨间间隙的调整步骤如下。

（a）切断电源。

（b）卸下溜板箱盖板。

（c）用开口扳手拧松螺母，用一字旋具适当调节螺钉，如图 4-17 所示。

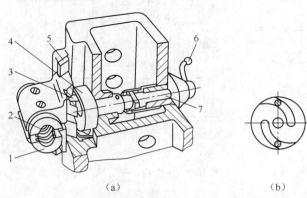

（a）　　　　　　　　　（b）

1、2—半螺母；3—圆柱销；4—槽盘；5—镶条；6—手柄；7—轴

图 4-16　开合螺母

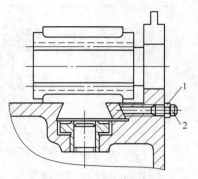

1—螺母；2—调节螺钉

图 4-17　开合螺母的调整

（d）用 0.03mm 塞尺检查镶条与燕尾槽之间的间隙，塞尺塞不进为符合要求。

（e）用手推动开合螺母，应在燕尾槽中滑动轻便。

（f）将紧固螺母拧紧。

（g）装上溜板箱盖板。

② 注意事项如下。

（a）开合螺母与燕尾导轨间的间隙不能大于 0.03mm，否则轴向窜动过大。

（b）当开合螺母与丝杠啮合时，其手柄位置要适当。

（c）打开或盖上溜板箱盖板时要注意安全。

5. 床鞍、中滑板及小滑板与导轨间间隙的调整

（1）床鞍与导轨间间隙的调整。床鞍安装在床身的 V 型块导轨与平导轨上，床鞍与导轨间间隙过大或导轨表面不平直时，直接影响零件的加工精度。

① 床鞍与导轨间间隙的调整步骤如下。

（a）切断车床电源。

（b）将床鞍移至导轨中间。

（c）拧动床鞍内侧和外侧螺钉，如图 4-18 所示。

（d）用塞尺检查床鞍与导轨间间隙，应小于 0.04mm。

（e）摇动床鞍感觉平稳、均匀、轻便即可。

② 注意事项如下。

（a）在导轨端面处必须装有用羊毛毡制成的刮板，以清除切屑、灰尘等杂物。

（b）如摇动床鞍感觉有阻滞，应先检查导轨面有无损伤，并请机修人员修理。

（2）中滑板与床鞍导轨、丝杠与螺母间隙的调整。

中滑板装在床鞍顶面上的燕尾导轨上，由中滑板丝杠经移动螺母沿导轨横向移动。在车外圆时如发现刻度不准、中滑板径向窜动、外圆上出现混乱波纹等，则是由以下原因造成的：中滑板丝杠与螺母间隙太大；中滑板与床鞍顶面燕尾导轨间的间隙太大；刻度圈太松，随中滑板手柄转动。

① 调整中滑板丝杠与螺母间的间隙，如图 4-19 所示。

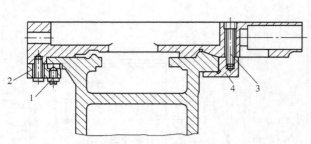
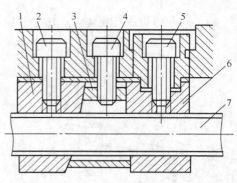

1—外侧螺钉；2、4—压板；3—内侧螺钉

图 4-18　床鞍与导轨间间隙的调整

1、6—螺母；2、4、5—螺钉；3—镶条；7—中滑板丝杠

图 4-19　中滑板丝杠与螺母间的间隙调整

（a）用扳手松开紧固螺钉 2。

（b）拧紧螺钉 4，使镶条向上移动，将螺母 1 向左挤开，使间隙减小。

② 调整中滑板与床鞍顶面的燕尾导轨之间的间隙，如图 4-20 所示。

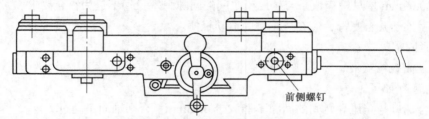

图 4-20　中滑板与床鞍顶面的燕尾导轨之间的间隙调整

（a）用一字旋具拧松前侧螺钉。

（b）再用一字旋具拧紧后侧螺钉（图中未示出）。

（c）再拧紧前侧螺钉。

（d）手摇中滑板，松紧应适当。

③ 调整中滑板刻度圈，如图 4-21 所示。

（a）先用一字旋具将螺钉拧出。

（b）将两个螺母拧松并退出螺杆。

（c）拉出圆盘，把弹簧片扭弯或更换弹簧片后再装上圆盘。

（d）用扳手拧紧调节螺母，再拧紧紧固螺母。

④ 注意事项如下。

（a）调整刻度圈时，拧调节螺母应留有间隙，要求转动灵活、均匀。

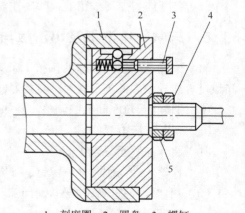

1—刻度圈；2—圆盘；3—螺钉；
4—紧固螺母；5—调节螺母

图 4-21　中滑板刻度圈调整

（b）中滑板间隙调整后，手柄转动应轻便，一般以摇动中滑板手柄使其正、反空转量在 1/20 转左右为合适。

（c）小滑板间隙的调整与中滑板间隙的调整大致相似。

6. CA6140 卧式车床的传动

CA6140 卧式车床的传动过程可用传动框图来表示，如图 4-22 所示。

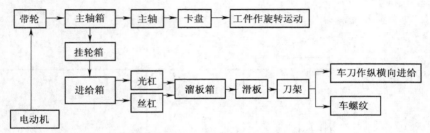

图 4-22　CA6140 卧式车床传动框图

主运动。电动机的旋转运动，经皮带轮传到主轴箱，在箱内经过变向和变速机构再传到主轴，使主轴获得 24 级正向和 12 级反向转速。

进给运动。主轴经过主轴箱，再经过挂轮箱、进给箱把旋转运动传给光杠或丝杠，最后通过溜板箱变成滑板、刀架的直线移动，使车刀作纵向或横向进给运动及车削螺纹。

刀架的快速移动。刀架快速移动使刀具作机动、快速地退离或接近加工部位，以减轻工人劳动强度及缩短辅助时间。

CA6140 卧式车床的传动系统（见图 4-23）由主运动传动链、车螺纹运动传动链、纵向进给传动链、横向进给传动链和刀架空行程传动链组成。

（1）主运动传动链。主运动由主电动机经 V 带轮传动副 $\phi130\text{mm}/\phi230\text{mm}$ 传至主轴箱中的轴 I，轴 I 上装有双向多片摩擦离合器 M_1，使主轴正转、反转或停止。主运动传动链的传动路线表达式为

$$\text{电动机}-\phi130\phi230-\text{I}-\begin{cases}\overline{M_1}=\begin{cases}\dfrac{56}{38}\\[4pt]\dfrac{51}{43}\end{cases}\\[10pt]\overline{M_1}\dfrac{50}{34}\times\dfrac{34}{30}\end{cases}-\text{II}\begin{cases}\dfrac{22}{58}\\[4pt]\dfrac{30}{50}\\[4pt]\dfrac{39}{41}\end{cases}-\text{III}-$$

$$\begin{cases}\overline{M_2}-\dfrac{63}{50}\\[10pt]\begin{cases}\dfrac{20}{80}\\[4pt]\dfrac{50}{50}\end{cases}-\text{IV}-\begin{cases}\dfrac{20}{80}\\[4pt]\dfrac{51}{50}\end{cases}-\text{V}-\dfrac{26}{58}-\overline{M_2}\end{cases}-\text{主轴 VI}$$

由传动路线表达式可以看出，主轴可获得 2×3×[（2×2）+1]=30 级正转转速，由于轴III至轴V间的两组双联滑移齿轮变速组的 4 种传动比为

$$\mu_1=\frac{20}{80}\times\frac{20}{80}=\frac{1}{16}，\quad\mu_2=\frac{20}{80}\times\frac{50}{50}\approx\frac{1}{4}$$

$$\mu_3=\frac{50}{50}\times\frac{20}{80}=\frac{1}{4}，\quad\mu_4=\frac{50}{50}\times\frac{50}{50}=1$$

其中，$\mu_2=\mu_3$，所以实际只有 3 种不同的传动比，因此主轴只能获得 2×3×[（2×2-1）+1]=24 级正转转速；同理，主轴可获得 3×[（2×2-1）+1]=12 级反转转速。

主轴VI上的滑移齿轮 Z50 移至左端，与轴III右端的 Z63 啮合，运动由轴III经齿轮副 63/50 直接传给主轴，使主轴获得 6 种高速。主轴VI上的滑移齿轮 Z50 移至右端，使主轴上的内齿式离合器 M_2 接合时，运动经轴III—IV—V，再经齿轮副 26/58 传给主轴，使主轴获得一组中、低转速。

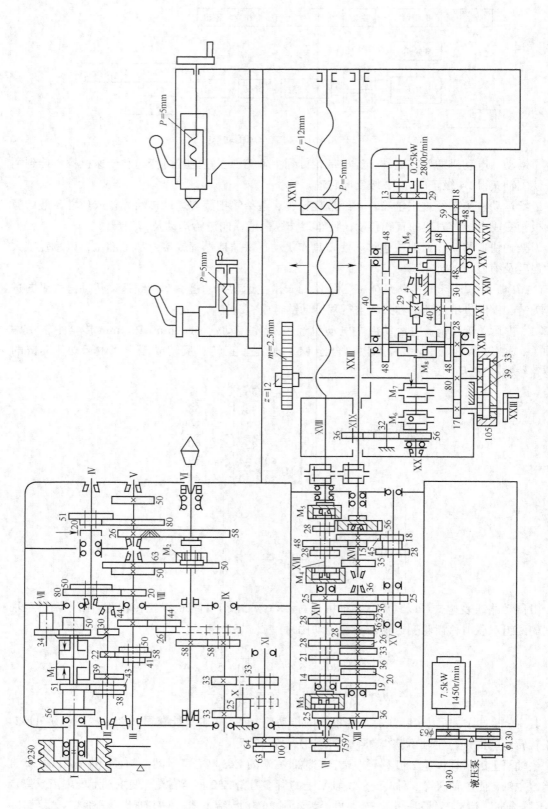

图 4-23 CA6140 卧式车床传动系统图

当轴 I 上摩擦离合器 M_1 右边结合时，主轴反转，此时轴 I—II 间传动比的值大于正转时传动比的值，所以反转转速大于正转转速。主轴反转一般不用于切削，而是用于车削螺纹时，切削完一刀后，使车刀沿螺旋线退回，以免下一次切削时"乱扣"。转速高，可节省辅助时间。

（2）车削螺纹传动链。CA6140 卧式车床能够车削米制、英制、模数制和径节制 4 种标准螺纹，还能够车削大导程、非标准和较精密的螺纹，这些螺纹可以是左旋的也可以是右旋的。车螺纹传动链的作用，就是要得到上述各种螺纹的导程。

不同标准的螺纹用不同的参数表示其螺距，米制、英制、模数制和径节制 4 种螺纹的螺距参数及其与螺距 P、导程 L 之间的换算关系见表 4-3。

表 4-3　　　　　　　　各种标准螺纹的螺距参数及其与螺距、导程的换算关系

螺 纹 种 类	螺 距 参 数	螺距（mm）	导程式（mm）
米制	螺距 P（mm）	$P = P$	$L=KP$
模数制	模数 m（mm）	$P_m=\pi m$	$L_m=KP_m=K\pi m$
英制	每英寸牙数 a（牙/in）	$P_a=25.4/a$	$L_a=KP_a=25.4K/a$
径节制	径节 DP（牙/in）	$P_{DP}=25.4\pi/DP$	$L_{DP}=KP_{DP}=25.4\pi K/（DP）$

车削螺纹时，必须保证主轴每转 1 转，刀具准确地移动被加工螺纹的一个导程 $L_工$，其运动平衡式为

$$l_{（主轴）}\mu L_丝 = L_工 \qquad\qquad (4\text{-}1)$$

式中　μ——从主轴到丝杠之间的总传动比；

$L_丝$——机床丝杠上的导程（CA6140 卧式车床 $L_丝=12mm$）；

$L_工$——被加工螺纹的导程（mm）。

在这个平衡式中，通过改变传动链中的传动比 μ，就可以得到要加工的螺纹导程。CA6140 卧式车床车削上述各种螺纹时传动路线表达式为。

其中，$\mu_基$是轴 XIII 和轴 XIV 之间变速机构的 8 种传动比，即

$$\mu_{\underset{1}{\text{基}}}=\frac{26}{28}=\frac{6.5}{7} \quad \mu_{\underset{2}{\text{基}}}=\frac{28}{28}=\frac{7}{7} \quad \mu_{\underset{3}{\text{基}}}=\frac{32}{28}=\frac{8}{7} \quad \mu_{\underset{4}{\text{基}}}=\frac{36}{28}=\frac{9}{7}$$

$$\mu_{\underset{5}{\text{基}}}=\frac{19}{14}=\frac{9.5}{7} \quad \mu_{\underset{6}{\text{基}}}=\frac{20}{14}=\frac{10}{7} \quad \mu_{\underset{7}{\text{基}}}=\frac{33}{21}=\frac{11}{7} \quad \mu_{\underset{8}{\text{基}}}=\frac{36}{21}=\frac{12}{7}$$

上述变速机构是获得各种螺纹的基本机构，称为基本螺距机构或称为基本组。$\mu_{\text{倍}}$是轴 XV 和轴 XVII 之间变速机构的 4 种传动比，即

$$\mu_{\underset{1}{\text{倍}}}=\frac{18}{45}\times\frac{15}{48}=\frac{1}{8} \quad \mu_{\underset{2}{\text{倍}}}=\frac{28}{35}\times\frac{15}{48}=\frac{1}{4}$$

$$\mu_{\underset{3}{\text{倍}}}=\frac{18}{45}\times\frac{35}{28}=\frac{1}{2} \quad \mu_{\underset{4}{\text{倍}}}=\frac{28}{35}\times\frac{35}{28}=1$$

上述 4 种传动比按倍数关系排列，用于扩大机床车削螺纹导程的种数，这个变速机构称为增倍机构或增倍组。

车削米制螺纹时，进给箱中的离合器 M_3、M_4 脱开，M_5 接合，移换机构轴 XII 上的齿轮 Z25 移至左位，轴 XV 上的齿轮 Z25 移至右位，挂轮采用 $\frac{63}{100}\times\frac{100}{75}$。车削模数螺纹时的传动路线与米制一样，只是挂轮换为 $\frac{64}{100}\times\frac{100}{97}$。车削英制螺纹时，进给箱中的离合器 M_3、M_5 接合，M_4 脱开，移换机构轴 XII 上的齿轮 Z25 移至右位，轴 XV 上的齿轮 Z25 移至左位，挂轮采用 $\frac{63}{100}\times\frac{100}{75}$。车削径节制螺纹时的传动路线与英制一样，只是挂轮换为 $\frac{64}{100}\times\frac{100}{97}$。

在加工正常螺纹导程时，主轴 VI 直接传动轴 IX，其传动比 $\mu_{\text{正常}}=\frac{58}{58}=1$，此时能加工的最大螺纹导程 L=12mm。如果需要车削导程更大的螺纹时，可将轴 IX 的滑移齿轮 Z58 向右移动，使之与轴 VIII 上的齿轮 Z26 啮合，从主轴 VI 至轴 IX 间的传动比为

$$\mu_{\underset{1}{\text{扩}}}=\frac{58}{26}\times\frac{80}{20}\times\frac{50}{50}\times\frac{44}{44}\times\frac{26}{58}=4$$

$$\mu_{\underset{2}{\text{扩}}}=\frac{58}{26}\times\frac{80}{20}\times\frac{80}{20}\times\frac{44}{44}\times\frac{26}{58}=16$$

这表明，当车削螺纹传动链其他部分不变时，只作上述调整，便可使螺纹导程比正常导程相应扩大 4 倍或 16 倍。通常把上述传动机构称为扩大螺距机构。在 CA6140 卧式车床上，通过扩大螺距机构所能车削的最大米制螺纹导程为 192mm。

必须指出，扩大螺距机构的传动比 $\mu_{\text{扩}}$ 是由主运动传动链中背轮机构齿轮的啮合位置确定的，而背轮机构一定的齿轮啮合位置，又对应一定的主轴转速，因此，主轴转速一定时，螺纹导程可能扩大的倍数是确定的。具体地说，主轴转速是 10～32r/min 时，导程可扩大 16 倍；主轴转速是 40～125r/min 时，导程可扩大 4 倍；主轴转速更高时，导程不能扩大。这正好符合大导程螺纹只能在低速时车削的实际需要。

当需要车削非标准螺纹和精密螺纹时，需将进给箱中的齿式离合器 M_3、M_4 和 M_5 全部接合上，此时，轴 XII、XIV、XVII 和丝杠 XVIII 连成一体，运动由挂轮直接传给丝杠，被加工螺纹的导程 $L_{\text{工}}$ 可通过选配挂轮来实现，因此可以车削任意导程的非标准螺纹。同时，由于传动链大大缩短，减小了传动件制造和装配误差对螺纹螺距精度的影响，如选用高精度的齿轮作为挂轮，则可加

工精密螺纹。挂轮换置计算式为

$$\mu_{挂}=\frac{a}{b}\frac{c}{b}=\frac{L_{工}}{12}$$

（3）纵向和横向机动进给传动链。纵向进给一般用于外圆车削，而横向进给用于端面车削。为了减少丝杠的磨损和便于操纵，机动进给是由光杠经溜板箱传动的，其传动路线表达式为

$$\cdots XVII—\frac{28}{56}—XIX—\frac{36}{32}\times\frac{32}{56}—M_6—M_7—XX—\frac{4}{29}—XXI$$

CA6140 卧式车床纵向机动进给量有 64 级。其中，当进给运动由主轴经正常螺距米制螺纹传动路线时，可获得 0.08～1.22mm/r 的 32 级正常进给量；当进给运动由主轴经正常螺距英制螺纹传动路线时，可获得 0.86～1.59mm/r 的 8 级较大进给量；如接通扩大螺距机构，选用米制螺纹传动路线，并使 $\mu_{倍}$=1/8，可获得 0.028～0.054mm/r 的 8 级用于高速精车的细进给量；而接通扩大螺距机构，采用英制螺纹传动路线，并适当调整增倍机构，可获得 1.71～6.33mm/r 的 16 级供强力切削或宽刃精车之用的加大进给量。

分析可知，当主轴箱及进给箱中的传动路线相同时，所得到的横向机动进给量级数与纵向相同，且横向进给量 $f_{横}$=1/2$f_{纵}$。这是因为横向切槽或切断，容易产生振动，切削条件差，所以使用较小进给量。

（4）刀架快速移动传动链。刀架的快速移动是由装在溜板箱内的快速电动机（0.25kW、2 800r/min）驱动的。按下快速移动按钮，启动快速电动机后，由溜板箱中的双向离合器 M_8 和 M_9 控制其纵、横双向快速移动。

刀架快速移动时，可不必脱开机动进给传动链，在齿轮 Z56 与轴XX之间装有超越离合器 M_6，可保证光杠和快速电机同时传给轴XX运动而不相互干涉。

7．车床附件

工件的装夹速度和精度，直接影响生产率和加工质量。工件的形状、尺寸大小和加工质量不同，采用的装夹方法也不相同。装夹时常用的车床附件有以下几种。

（1）三爪自定心卡盘。图 4-24 所示为三爪自定心卡盘的结构。它是通过连接盘（又称为法兰盘）安装在车床主轴上的。使用时将扳手方头插入小圆锥齿轮的方孔中转动，小圆锥齿轮就带动大圆锥齿轮转动，大圆锥齿轮背面的平面螺纹与 3 个卡爪背面的螺纹相啮合。当平面螺纹转动时，就带动 3 个卡爪作同步径向移动。三爪自定心卡盘的卡爪有正爪和反爪之分，也有一副卡爪可正反使用。反爪用来装夹较大直径的工件。安装卡爪时要注意每个卡爪要与卡盘上的槽相对应。三爪自定心卡盘能自定心，校正和安装工件简单迅速，也可用工件端面较大的孔装夹，但夹紧力小，不能装夹不规则形状和大型工件。

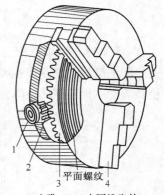

1—方孔；2—小圆锥齿轮；
3—大圆锥齿轮；4—卡爪

图 4-24　三爪自定心卡盘

（2）四爪单动卡盘。四爪单动卡盘的外形如图 4-25 所示。它有 4 个各不相关的卡爪，每个爪的后面有一半内螺纹与丝杠啮合，当扳手方头插入丝杠方孔转动丝杠时，与它啮合的卡爪就单独移动，以适应工件形状需要。卡盘也是通过连接盘安装在车床主轴上的。四爪单动卡盘可装成正爪和反爪两种。四爪单动卡盘夹

紧力较大，但校正工件比较麻烦，适用于单件或小批生产中安装较重或形状不规则的工件。

（3）两顶尖及鸡心夹头。车削轴类零件时，采用两顶尖及鸡心夹头来安装工件，如图 4-26 所示。安装工件时，由装在主轴和尾座锥孔的两顶尖顶入工件两端已钻好的中心孔内予以支承和定位。安装在主轴上的拨盘，通过夹在工件上的鸡心夹头可带动工件旋转进行车削工件。顶尖可分为死顶尖和活顶尖两种。

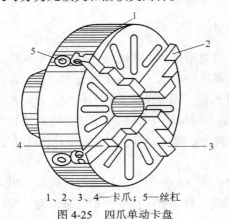

1、2、3、4—卡爪；5—丝杠

图 4-25　四爪单动卡盘

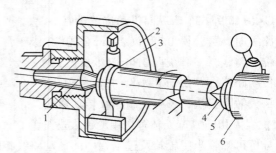

1—顶尖；2—拨盘；3—鸡心夹头；4—尾顶尖；5—尾座套筒；6—尾座

图 4-26　用两顶尖及鸡心夹头安装工件

① 死顶尖。图 4-27 所示为死顶尖。车削时，死顶尖和工件中心孔之间由滑动摩擦而产生高温，高速车削时钢料顶尖往往被退火、磨损或烧坏。因此，目前常采用镶硬质合金的顶尖，如图 4-27（b）所示。支承细小工件时可用反顶尖，如图 4-27（c）所示。

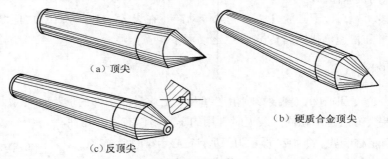

（a）顶尖

（b）硬质合金顶尖

（c）反顶尖

图 4-27　死顶尖

② 活顶尖。图 4-28 所示为活顶尖的结构。它的顶尖与工件一起转动可避免顶尖和工件中心孔之间的摩擦，能承受很高的旋转速度，但活顶尖存在装配累积误差，而且当轴承磨损后，会使顶尖产生径向摆动，降低加工精度。

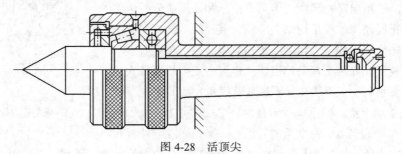

图 4-28　活顶尖

两顶尖及鸡心夹头适用于安装长度和直径之比较大（$L/D=4\sim10$）的轴类零件。其特点是：

能保证位置精度，在多工序加工条件下，均以中心孔定位，能保证各加工表面间的相互位置精度；安装刚性差，因工件长径比较大，工件的安装刚性差，所以不宜选用较大的切削用量，也不宜进行断续切削。

（4）中心架与跟刀架。当车削特别长的轴类工件（$L/D > 10$）时，要使用辅助支承——中心架或跟刀架，以防止工件的弯曲变形。另外较长轴类工件在端面、钻孔或车孔时，也要以中心架作为支承。

中心架和跟刀架的结构及使用情况分别如图 4-29 和图 4-30 所示。使用这两种附件时，在工件的支承部件都必须预先车出光滑的定位用圆柱面。

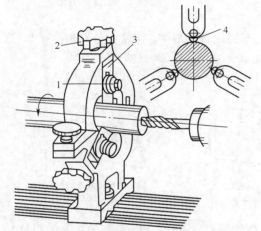

1—固定螺母；2—调节螺钉；3—支承爪；4—支承辊

图 4-29　中心架

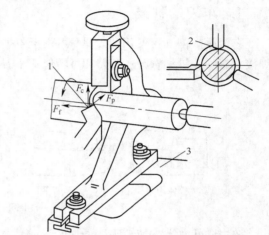

1—刀具对工件的作用力；2—硬质合金支承块；3—床鞍

图 4-30　跟刀架

中心架用压板固定在床身导轨上，3 个径向布置的支承柱可以单独调节，支承柱支承在工件已车好的光滑柱面上，调节支承柱时应使工件轴线与回转轴线重合，且使支承柱与工件接触松紧适当。

跟刀架固定在车床鞍上，并跟车刀一起移动。跟刀架一般只有两个支承柱，另一个支承柱由车刀来代替。跟刀架的支承柱在工件上的支承部位，一般是车刀刚车出的部位。因此每次走刀前必须重新调节支承柱，并保持松紧适当的接触。

（5）花盘。花盘及其使用如图 4-31 所示，花盘的工作平面上布置有若干条径向排列的直槽，

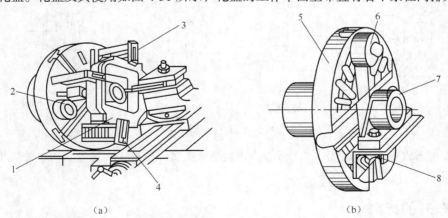

（a）　　　　　　　　　　　　　　（b）

1、7—工件；2、6—平衡块；3—螺栓；4—压板；5—花盘；8—弯板

图 4-31　用花盘装夹工件

以便用螺栓、压板等将工件压紧在花盘平面上。根据工件的结构特征和加工部位的需要，有时还使用弯板（有两个互相垂直平面的角铁），工件装夹在弯板上，弯板固定在花盘上（见图 4-31（b））。安装工件时，应根据工件上事先划好的基准线（内、外圆或十字线）进行找正，然后用螺栓、压板等压紧工件。如工件质量不均衡，必须在花盘上加装平衡铁予以平衡，以防振动和保证安全。花盘主要用于单件、小批生产中形状比较特殊的零件安装。

4.2.2 车刀

1. 车刀的种类

车刀是车削加工使用的刀具，可用于各类车床。车刀的种类很多，按结构分有整体式车刀、焊接式车刀、机夹重磨式车刀和可转位式车刀等，如图 4-32 所示。

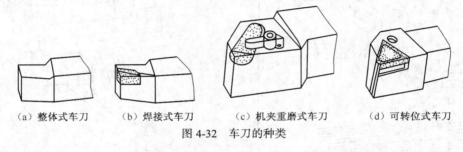

（a）整体式车刀　　（b）焊接式车刀　　（c）机夹重磨式车刀　　（d）可转位式车刀

图 4-32　车刀的种类

按用途可为分外圆车刀、镗孔车刀、端面车刀、螺纹车刀、切断刀和成型车刀等，如图 4-33 所示。

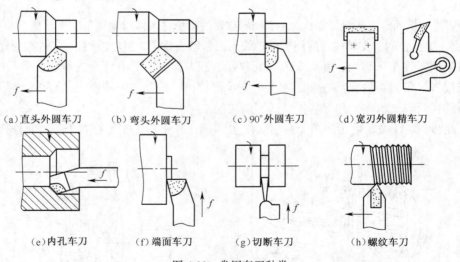

（a）直头外圆车刀　　（b）弯头外圆车刀　　（c）90°外圆车刀　　（d）宽刃外圆精车刀

（e）内孔车刀　　（f）端面车刀　　（g）切断车刀　　（h）螺纹车刀

图 4-33　常用车刀种类

外圆车刀有直头和弯头之分，常以主偏角的数值来命名，如 κ_r=90° 称为 90° 外圆车刀；κ_r=45° 称为 45° 外圆车刀。

2. 车刀的刃磨

常用的磨刀砂轮有氧化铝砂轮（呈白色）、碳化硅砂轮（呈绿色）和人造金刚石砂轮。氧化铝砂轮的磨粒韧性好，比较锋利，硬度稍低，用来刃磨高速钢刀具。碳化硅砂轮的磨粒硬度高，切削性能好，但较脆，用来刃磨硬质合金刀具。人造金刚石砂轮的磨粒硬度极高，强度较高，导热性好，自锐性好，除可刃磨硬质合金刀具外，还可磨削玻璃、陶瓷等高硬度材料。

车刀的刃磨有机械刃磨和手工刃磨两种。机械刃磨效率高、质量稳定、操作方便，主要用于刃磨标准刀具。手工刃磨比较灵活，对磨刀设备要求不高，因而，这种刃磨方法在一般工厂较为普遍。对于车工来说，手工刃磨是必须掌握的基本技能。

（1）刀磨的步骤和方法。现以主偏角为 90° 的焊接式硬质合金车刀为例，介绍其刃磨的步骤和方法。

① 先磨去车刀前面、后面和副后面等处的焊渣，并磨平车刀的底平面。磨削时应采用粗粒度的氧化铝砂轮。

② 粗磨后面和副后面的刀杆部分，其后角应比刀片处的后角大 2°～3°，以便刃磨刀片处的后角。用氧化铝砂轮磨削。

③ 粗磨刀片上的后面和副后面，粗磨出来的后角、副后角应比所要求的后角、副后角大 2° 左右。刃磨方法如图 4-34 所示。刃磨时应采用粗粒度的碳化硅砂轮。

④ 磨前面，磨出车刀的前角和刃倾角，磨削时应采用碳化硅砂轮。

⑤ 磨断屑槽。为了使断屑容易，通常要在车刀的前面上磨出断屑槽。断屑槽常用的形式有两种，即直线形和圆弧形。刃磨圆弧形断屑槽，必须先把砂轮的外圆与

图 4-34　粗磨后面、副后面

平面的相交处修整成相应的圆弧。刃磨直线形断屑槽，其砂轮的外圆与平面的相交处必须修整得比较尖锐。刃磨时，刀尖可向上或向下磨削，磨削方法如图 4-35 所示。磨削断屑槽时应注意，刃磨时的起点位置应和刀尖、主切削刃离开一小段距离，以防止将刀尖和切削刃磨塌；磨削时用力不能过大，应将车刀沿刀杆方向上下缓慢移动。

⑥ 精磨后面和副后面。将车刀底平面靠在调整好角度的台板上，并使刀刃轻轻靠住砂轮的端面进行刃磨（见图 4-36）。刃磨过程中，车刀应左右缓慢移动，使砂轮磨损均匀。砂轮粒度应选 180#～220# 的碳化硅砂轮或人造金刚石砂轮。

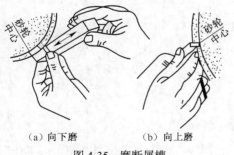

（a）向下磨　　　（b）向上磨

图 4-35　磨断屑槽

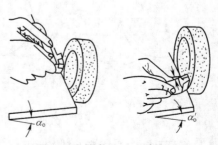

图 4-36　精磨后面、副后面

⑦ 磨负倒棱。加工钢料的硬质合金车刀一般要磨出负倒棱，其倒棱的宽度 $b=（0.5～0.8）$ f，倒棱前角 $\gamma_{o1}=-5°～-10°$。刃磨负倒棱时，用力要轻微，车刀沿主切削刃的后端向刀尖方向

摆动。刃磨时，应采用细磨粒的碳化硅砂轮或金刚石砂轮。

⑧ 磨过渡刃。过渡刃有直线形和圆弧形两种，刃磨方法与精磨后面时基本相同。对于车削较硬材料的车刀，也可以在过渡刃上磨出负倒棱。对于大进给量车削的车刀，可以用同样的方法在副切削刃上磨出修光刃。采用的砂轮与精磨后面时所用的砂轮相同。

⑨ 研磨。对精加工用车刀，为了保证工件表面加工质量，常对车刀进行研磨。研磨时，用油石加些机油，然后在刀刃附近的前面和后面及刀尖处贴平进行研磨，直到车刀表面光洁，看不出磨削痕迹为止。这样既可使刀刃锋利，又能增加刀具的耐用度。

（2）刃磨刀具时的注意事项。

① 握刀姿势要正确，手指要稳定，不能抖动。

② 磨碳素钢、合金钢及高速钢刀具时，要经常冷却，不能让刀头烧红，否则会失去其硬度。

③ 磨硬质合金刀具时，不要进行冷却，否则突然冷却会使刀片碎裂。

④ 在盘形砂轮上磨刀时，尽量避免使用砂轮的侧面；在杯形砂轮上磨刀时，不准使用砂轮的内圈。

⑤ 刃磨时，应将刀具往复移动，不要固定在砂轮的某一处，否则会使砂轮表面磨成凹槽，再刃磨其他刀具时造成困难。

3. 车刀的安装

车刀安装得正确与否，直接影响到切削能否顺利进行和工件的加工质量。如果车刀安装不正确，即使车刀的各个角度刃磨是合理的，但在切削时，其工作角度也会发生改变。所以在安装车刀时，一定要注意以下几点。

（1）车刀悬伸部分要尽量缩短。一般悬伸长度为车刀厚度的 1～1.5 倍。悬伸过长，车刀切削时刚性差，容易产生振动、弯曲甚至折断，影响加工质量。

（2）车刀一定要夹紧，否则车刀崩出将造成难以想象的后果。

（3）车刀刀尖一般应与工件旋转轴线等高，否则将使车刀工作时的前角和后角发生改变（见图 4-37）。车外圆时，如果车刀刀尖高于工件旋转轴线，则使前角增大、后角减小，从而加剧后面与工件之间的摩擦；如果车刀刀尖低于工件旋转轴线，则使后角增大、前角减小，从而使切削不顺利。在车削内孔时，其角度的变化情况正好与车外圆时相反。

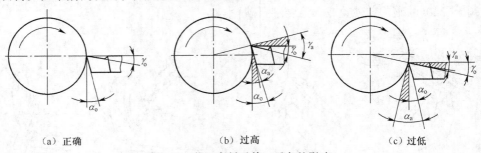

（a）正确　　　　　　　（b）过高　　　　　　　（c）过低

图 4-37　装刀高低对前、后角的影响

（4）车刀刀杆中心线应与进给运动方向垂直（见图 4-38（b）），否则将使车刀工作时的主偏角和副偏角发生改变。主偏角减小（见图 4-38（c）），进给力增大；副偏角减小（见图 4-38（a）），会加剧摩擦。

这些要求对各种车刀的安装是通用的，但对不同的切削情况，又有其特殊的要求。

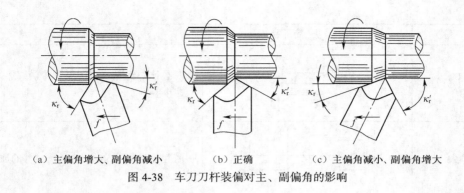

（a）主偏角增大、副偏角减小　　　（b）正确　　　（c）主偏角减小、副偏角增大

图 4-38　车刀刀杆装偏对主、副偏角的影响

4.2.3　车外圆

工件旋转作主运动，车刀作纵向进给运动，就能车出外圆柱表面。

车外圆可用如图 4-39 所示的几种车刀。其中，$\kappa_r=45°$ 的弯头刀能车外圆、端面和倒角，是一种多用途的车刀，但切削时径向分力大，如果车细长工件，工件容易被顶弯并引起振动，所以常用来车削刚性好的工件。90° 偏刀能车外圆、端面和阶台，其径向分力较小，不易引起工件的弯曲与振动，但因刀尖角 ε_r 较小，刀尖强度小，散热条件差，容易磨损。75° 的外圆车刀刀尖强度较高，散热情况好，径向分力也不大，工件刚性稍差时也能采用，适用于粗、精车外圆。

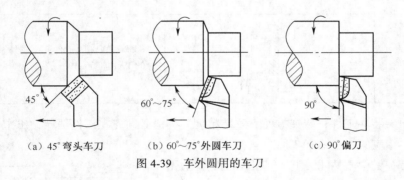

（a）45°弯头车刀　　　（b）60°~75°外圆车刀　　　（c）90°偏刀

图 4-39　车外圆用的车刀

为了保证加工质量，提高生产效率，一般将加工过程分为粗车、半精车和精车 3 个阶段。粗车时，应以尽快切除粗车余量为主，为此，背吃刀量和进给量可取较大值，而切削速度则应取较小值，以防车床过载，并且保证车刀耐用度。半精车和精车时，则应以保证加工质量为主，尽可能地减小由于切削力、切削热引起工艺系统（指机床—夹具—工件—刀具）的变形，以减小加工误差，所以背吃刀量和进给量应取较小值，而切削速度一般取较大值。

外圆车削时，最常见的工件装夹方式见表 4-4。

表 4-4　　　　　　　　　　　最常见的工件装夹方式

名　　称	装夹简图	适用范围
三爪卡盘		长径比小于 4，截面为圆形、六方体的中、小型工件加工

续表

名　称	装夹简图	适用范围
四爪卡盘		长径比小于 4，截面为方形、椭圆形的较大、较重的工件
双顶尖		长径比为 4～15 的实心轴类零件的加工
一夹一顶跟刀架		长径比大于 15 的细长轴工件的半精加工、精加工
双顶尖中心架		长径比大于 15 的细长轴工件的粗加工
心轴		以孔为定位基准的套类零件的加工
花盘		形状不规则的工件、孔或外圆与定位基准垂直的工件加工

采用两顶尖装夹工件，装夹方便、安装精度高，但必须先在工件两端钻出中心孔。根据中心孔的类型，相应的中心钻有 3 种。

（1）不带护锥中心钻（A 型）（见图 4-40），适用于加工 A 型中心孔。

（2）带护锥中心钻（B 型）（见图 4-41），适用于加工 B 型中心孔。

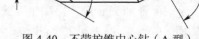

图 4-40　不带护锥中心钻（A 型）

（3）弧形中心钻（R 型）（见图 4-42），适用于加工 R 型中心孔。

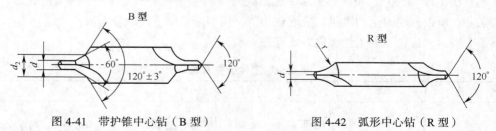

图 4-41　带护锥中心钻（B 型）　　　　　图 4-42　弧形中心钻（R 型）

钻 C 型中心孔时，先用两个不同直径的钻头钻螺纹底孔和短圆柱孔（见图 4-43（a）、（b）），内螺纹用丝锥攻出（见图 4-43（c）），60° 及 120° 锥面可用 60° 及 120° 锪钻锪出（见图 4-43（d）、 （e））或用改制的 B 型中心钻钻出（见图 4-43（f））。

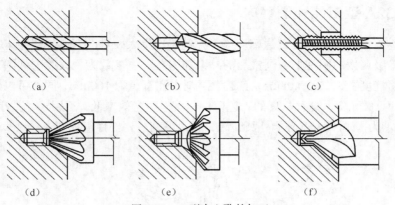

图 4-43　C 型中心孔的加工

中心孔的质量直接影响工件的加工质量。如中心孔钻得过深，会使顶尖跟中心孔不能锥面配合，接触不好；工件直径很小，但中心孔钻得很大，会使工件因没有端面而形成废品；中心孔钻偏，会使工件毛坯车不到规定尺寸而造成废品；两端中心线连线与工件轴线不重合，会造成工件余量不够而成为废品；中心钻磨损以后，圆柱部分修磨得太短，会造成顶尖与中心孔的底相碰，使 60° 锥面不接触而影响加工精度。

4.3
外圆表面的磨削加工及设备

4.3.1　磨床

1. 磨床的主要类型及应用范围

用磨料磨具（如砂轮、砂带、油石和研磨料等）作工具进行切削加工的机床称为磨床。用油石或磨料作磨具进行磨削加工的机床称为研磨机床或超精磨削机床，也可统称为磨床。

磨床可以加工各种表面。凡是车床、钻床、镗床、铣床、齿轮和螺纹加工机床等加工的零件表面，都能够在相应的磨床上进行磨削精加工。此外，磨床还可以刃磨刀具和进行切断等，工艺范围十分广泛，所以磨床的类型和品种比其他机床多。

（1）为适应磨削不同的零件表面的通用磨床有普通外圆磨床、万能外圆磨床、无心外圆磨床、普通内圆磨床、行星内圆磨床及各种平面磨床、齿轮磨床和螺纹磨床等。

（2）为适应提高生产率要求发展的高效磨床有高速磨床、高速深切快进给磨床、低速深切缓进给磨床、宽砂轮磨床、多砂轮磨床及各种砂带磨床。

（3）为适应磨削特殊零件发展的专门化磨床有曲轴磨床、凸轮轴磨床、轧辊磨床、花键磨床、导轨磨床及各种轴承滚道磨床等。

此外，还有各种超精加工磨床和工具磨床等。

2. M1432A 型万能外圆磨床

M1432A 型万能外圆磨床是普通精度级，并经一次重大改进的万能外圆磨床。它主要用于磨削 IT7～IT6 级精度的圆柱形或圆锥形的外圆和内孔，主参数为最大磨削外圆直径，其值为320mm。表面粗糙度在 1.25～0.05μm，且最大磨削内孔直径为 100mm，同时可以用于磨削阶梯轴的轴肩、端面、圆角等。这种机床的工艺范围广，但生产效率低，适用于单件小批生产车间。

图 4-44 所示为 M1432A 型万能外圆磨床，它由下列主要部件组成。

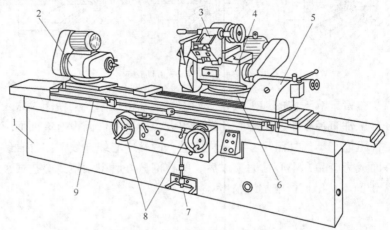

1—床身；2—头架；3—内磨装置；4—砂轮架；5—尾座；
6—滑鞍；7—脚踏操纵板；8—手轮；9—工作台

图 4-44 M1432A 型万能外圆磨床

（1）床身。床身是磨床的基础支承部件，在其上装有头架、砂轮架、尾座及工作台等部件，工作时保证它们之间有准确的相对位置。床身内部装有液压缸及其他液压元件，用来驱动工作台和滑鞍的移动。

（2）头架。头架用于装夹工件，并带动其旋转，可在水平面内逆时针方向移动 90°。图 4-45所示为头架的结构。头架主轴通过顶尖或卡盘装夹工件，它的回转精度和刚度直接影响工件的加工精度。头架主轴支承在 4 个 P_5 级精度的角接触球轴承上。通过仔细修磨主轴前端的台阶厚度和垫圈的厚度，压紧两端轴承盖对主轴轴承进行预紧，可以提高主轴的回转精度和刚度。

（3）内磨装置。内磨装置用于支承磨内孔的砂轮主轴部件，由单独的电动机驱动。它作成独立部件，安装在支架的孔中，可以方便更换。

（4）砂轮架。砂轮架用于支承并传动砂轮主轴高速旋转。砂轮架装在滑鞍上，当需磨削短圆锥时，砂轮架可在±30° 内调整位置。

（5）尾座。尾座的功能是利用安装在尾座套筒上的顶尖（后顶尖）与头架主轴上的前顶尖一起支承工件，使工件实现准确定位。尾座利用弹簧力顶紧工件，以实现磨削过程中工件因热膨胀而伸长时的自动补偿，避免引起工件的弯曲变形和顶尖孔的过度磨损。尾座套筒的退回可以手动，也可以液压驱动。

（6）滑鞍及横向进给机构。转动横向进给手轮，通过横向进给机构带动滑鞍及砂轮架作横向运动；也可利用液压装置使砂轮架作快速进退或周期性自动切入进给。

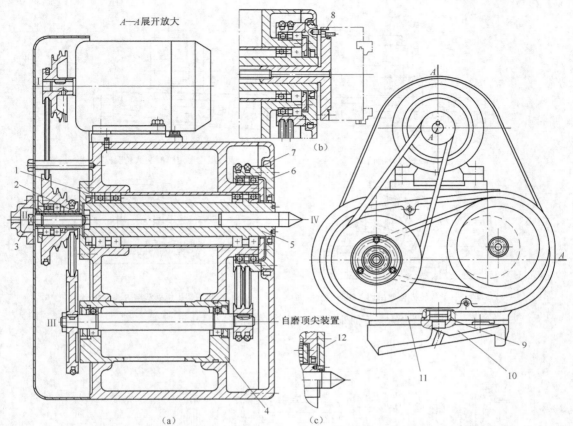

1—垫圈；2—摩擦环；3—螺杆；4—偏心套；5—头架主轴；6—拨盘；7—带轮；
8—法兰盘；9—柱销；10—底座；11—壳体；12—连接板

图 4-45　M1432A 型万能外圆磨床头架

（7）工作台。工作台由上下两层组成，上工作台可相对于下工作台在水平面内转动很小的角度（±10°），用以磨削锥度不大的长圆锥面。上工作台顶面装有头架和尾座，它们随工作台一起沿床身导轨作纵向往复运动。

3. 磨床的运动与传动

磨削加工以砂轮的高速旋转作为主运动，进给运动则取决于加工的工件表面形状及采用的磨削方法，可由工件或砂轮来完成，也可由两者共同完成。

图 4-46 所示为在万能外圆磨床上采用的几种典型磨削加工方法，其中图 4-46（a）、图 4-46（b）与图 4-46（d）是采用纵磨法磨削外圆柱面和内、外圆锥面，这时机床需要 3 个表面成型运动：砂轮的旋转运动 n_0、工件纵向进给运动 f_a 及工件的圆周进给运动 n_w。图 4-46（c）所示为切入法磨削短圆锥面，这时除砂轮的旋转运动和工件的圆周进给运动外，为满足一定尺寸要求，还需要有砂轮的横向进给运动 f_p（往复纵磨时，为周期性间歇进给；切入磨削时，为连续进给）。此外，机床还有两个辅助运动，即砂轮横向快速进退和尾座套筒退回，以便装卸工件。

M1432A 型万能外圆磨床的机械传动系统如图 4-47 所示。该磨床的运动是由机械和液压联合传动，除工作台的纵向往复、砂轮架的快速进退和周期性自动切入进给、尾座顶尖套筒的退回是液压传动外，其他均为机械传动。传统系统的具体情况如下：

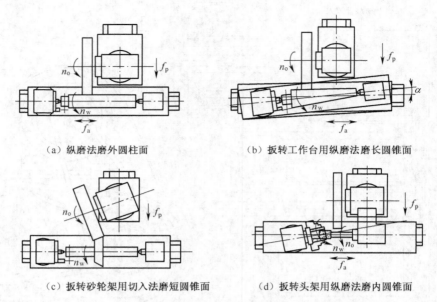

（a）纵磨法磨外圆柱面　　　　　　　　（b）扳转工作台用纵磨法磨长圆锥面

（c）扳转砂轮架用切入法磨短圆锥面　　　　（d）扳转头架用纵磨法磨内圆锥面

图 4-46　万能外圆磨床上的典型磨削加工方法示意图

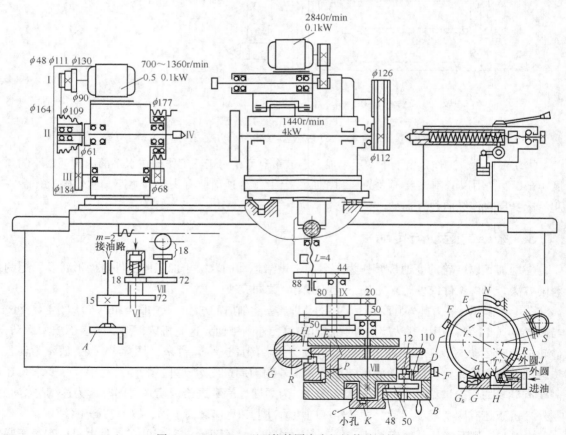

图 4-47　M1432A 型万能外圆磨床机械传动系统图

（1）砂轮主轴的旋转运动。磨削外圆时，砂轮的旋转运动由电动机（转速为 1 440r/min、功率为 4kW）经 V 形带直接传动，转速为 1 620r/min。磨削内圆时，砂轮主轴的旋转运动由另一台电动机（转速为 2 840r/min、功率为 1.1kW）经平带直接传动。更换带轮，可使砂轮主轴获得两种高速转速，分别为 10 000r/min 和 15 000r/min。

（2）工件的圆周进给运动。工件的旋转运动是由双速电动机（转速为 700～1 360r/min、功率为 0.5～1.1kW）驱动，经 3 阶塔轮及 2 级带轮传动，用头架的拨盘或卡盘带动工件，实现圆周进给。由于电动机为双速，因而可使工件获得 6 种转速。

（3）工件的纵向进给运动。采用液压传动，以保证运动的平稳性，并便于实现无级调速和往复运动循环的自动化。此外，在调整机床时，还可由手轮 A 驱动工作台。手轮 A 转 1 转，工作台纵向移动量为

$$L_a = \left(1 \times \frac{15}{72} \times \frac{18}{72} \times 18 \times 2 \times \pi\right) mm = 5.89mm \approx 6mm$$

为了防止液压传动和手轮 A 之间的干涉，设置了连锁装置。当轴Ⅵ上的小液压缸与液压系统相通，驱动工作台纵向往复运动时，压力油推动轴Ⅵ上的双连齿轮移动，使齿轮 18 与 72 脱开。因此，液压驱动工作台纵向运动时，手轮 A 不起驱动作用。

（4）砂轮架的横向进给运动。砂轮架的横向进给运动可手摇手轮 B 实现，或者由自动进给液压缸的柱塞 G 驱动，实现砂轮架的横向进给。手轮 B 转 1 转，粗进给时砂轮架的横向进给量为 2mm。手轮 B 的刻度盘为 200 格，每格的进给量为 0.01mm。细进给时每格进给量为 0.0025mm。

4. 无心外圆磨床

图 4-48 所示为无心外圆磨床，无心外圆磨床所磨削的工件，尺寸精度和几何精度都较高，且有很高的生产率。如果配备自动上、下料机构，很容易实现单机自动化，适用于大批量生产。

无心外圆磨床进行磨削时，工件不是支承在顶尖上或夹持在卡盘中，而是直接置于砂轮和导轮之间的托板上，以工件自身外圆为定位基准，其中心略高于砂轮和导轮的中心连线。磨削时，导轮转速 n_t 与砂轮转速 n_o 相比较低，由

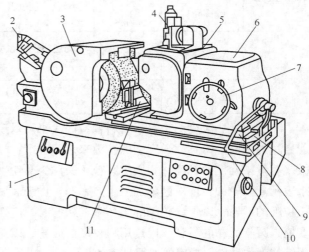

1—床身；2—砂轮修整器；3—砂轮架；4—导轮修整器；
5—转动体；6—座架；7—微量进给手柄；8—回转底座；
9—滑板；10—快速进给手柄；11—支座
图 4-48 无心外圆磨床

于工件与导轮（通常用橡胶结合剂做成，磨粒较粗）之间的摩擦较大，所以工件以接近于导轮转速（n_w）回转，从而在砂轮与工件间形成很大的速度差，据此产生磨削作用。改变导轮的转速，便可以调整工件的圆周进给速度。

4.3.2 砂轮

砂轮是磨削加工的主要工具，它是由磨料和结合剂构成的疏松多孔物体，如图 4-49 所示。

磨粒、结合剂和空隙是构成砂轮的三要素。由于磨料、结合剂及砂轮制造工艺的不同,砂轮的特性差别很大,对磨削加工的精度及生产率等有着重要的影响,必须根据具体情况选用。

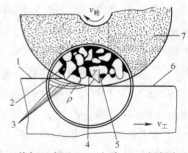

1—待加工表面;2—空隙;3—切削表面;
4—结合剂;5—磨粒;6—已加工表面;7—砂轮

图 4-49　砂轮结构

1. 砂轮的特性

砂轮的特性由磨料、粒度、结合剂、硬度及组织等 5 个方面的因素决定。

（1）磨料。磨料是制造砂轮的主要原料,在磨削中担负主要的切削工作。磨料必须具备高硬度、高耐热性、耐磨性和一定的韧性,见表 4-5。

表 4-5　　　　　　　　　　常用磨料的性能与用途

系　列	磨料名称	代　号	特　　性	适于磨削的材料
氧化物系	棕刚玉	GZ	棕褐色,硬度高、韧性大,价格便宜	碳钢、合金钢
	白刚玉	GB	白色,硬度比 GZ 高,韧性比 GZ 差	淬火钢、高速钢
碳化物系	黑碳化硅	TH	黑色,硬度比 GB 高,性脆而锋利,导热性较好	铸铁、黄铜
	绿碳化硅	TL	绿色,硬度及脆性比 TH 高,有良好的导热性	硬质合金、宝石、陶瓷
	人造金刚石	JR	无色透明或淡黄色、黄绿色、黑色,硬度高	硬质合金、宝石、光学玻璃、半导体材料等
	立方氮化硼	CBN	黑色或淡白色,硬度仅次于 JR,耐磨性高、发热小	高钒高速钢、不锈钢等难加工材料

（2）粒度。粒度用来表示磨料颗粒的大小。对于用筛分法来确定粒度号的较大磨粒,以其能通过的筛网上每英寸长度上的孔数来表示粒度,粒度号越大,则磨粒的颗粒越细。对于用显微镜测量来确定的粒度称为微细磨粒（又称为微粉）,是以实测到的最大尺寸,前面冠以"W"来表示。砂轮的粒度对磨削加工生产率和工件表面质量影响较大。一般来说,粗磨时,应选用粗粒度的砂轮,以保证较高的生产率;精磨时,应选用细粒度的砂轮,以减小磨削表面的粗糙度值;磨软而黏的材料,应选用粗粒度的砂轮,以防工作表面堵塞;磨削脆而硬材料,则应选用细粒度的砂轮。粒度的选用见表 4-6。

表 4-6　　　　　　　　　　粒度的选用

粒　度　号	颗粒尺寸（μm）	使　用　范　围
12#、14#、16#	2 000～1 000	粗磨、荒磨、打磨毛刺
20#、24#、30#、36#	1 000～400	磨钢锭、打磨铸件毛刺、切断钢坯等
46#、60#	400～250	内圆、外圆、平面、无心磨、工具磨等
70#、80#	250～160	内圆、外圆、平面、无心磨、工具磨等半精磨、精磨
100#、120#、150#、180#、240#	160～50	半精磨、精磨、珩磨、成型磨、工具磨等
W40、W28、W20	50～14	精磨、超精磨、珩磨、螺纹磨、镜面磨等
W14～更细	14～2.5	精磨、超精磨、镜面磨、研磨、抛光等

（3）结合剂。结合剂用于黏合磨粒,以制成各种不同形状和尺寸的砂轮。结合剂的性能决定了

砂轮的强度、耐冲击性、耐腐蚀性、耐热性和使用寿命。常用的结合剂有陶瓷结合剂、树脂结合剂、橡胶结合剂和金属结合剂等，其中以陶瓷结合剂应用最广。结合剂的性能与用途见表4-7。

表4-7　　　　　　　　　　　　　　　　　结合剂的性能与用途

名　　称	代　号	性　　能	应　用　范　围
陶瓷结合剂	V	耐热、耐水、耐油、耐酸碱，气孔率大，强度高，但韧性弹性差	能制成各种磨具，适用于成型磨削和磨螺纹、齿轮、曲轴等
树脂结合剂	B	强度高、弹性好、耐冲击、有抛光作用，但耐热性差，抗腐蚀性差	制造高速砂轮、薄砂轮
橡胶结合剂	R	强度和弹性更好，有极好的抛光作用，但耐热性更差，不耐酸，气隙堵塞	抛光砂轮、薄砂轮、无心磨导轮
金属结合剂	J	强度高，成型性好，有一定韧性，但自锐性差	制造各种金刚石磨具，使用寿命长

（4）硬度。砂轮的硬度是指在磨削力作用下磨粒脱落的难易程度。如磨粒容易脱落，表明砂轮硬度低；反之则表明砂轮硬度高。砂轮的硬度与磨粒的硬度是两个不同的概念，硬度相同的磨粒，可以制成不同硬度的砂轮。

砂轮硬度的选择，对磨削质量、磨削效率和砂轮损耗都有很大影响。一般来说，磨削较硬的材料，应选用较软的砂轮；磨削较软的材料，应选用较硬的砂轮。磨削有色金属时，应选用较软的砂轮，以免切屑堵塞砂轮；在精磨和成型磨削时，应选用较硬的砂轮。砂轮硬度代号见表4-8。

表4-8　　　　　　　　　　　　　　　　　　砂轮硬度代号

名称	超软	软1	软2	软3	中软1	中软2	中1	中2	中硬1	中硬2	中硬3	硬1	硬2	超硬
代号	D、E、F	G	H	J	K	L	M	N	P	Q	R	S	T	Y

（5）组织。砂轮的总体积是由磨粒、结合剂和气孔构成的，这3部分体积的比例关系，在工程中常称为砂轮的组织。砂轮的组织与用途见表4-9。

表4-9　　　　　　　　　　　　　　　　　砂轮的组织与用途

组　织　号	0	1	2	3	4	5	6	7	8	9	10	11	12	13	14
磨粒率/%	62	60	58	56	54	52	50	48	46	44	42	40	38	36	34
用途	成型磨削和精密磨削					磨淬火工件、刀具					磨韧性好、硬度低的材料				

2. 砂轮的形状

常用砂轮的形状、代号及主要用途见表4-10。

表4-10　　　　　　　　　　　　常用砂轮的形状、代号及主要用途

砂轮种类	断面形状	代　号	主　要　用　途
平形砂轮		P	磨外圆、内孔、平面及刃磨刀具
双斜边砂轮		PSX	磨齿轮及螺纹
双面凹砂轮		PSA	磨外圆、刃磨刀具、无心磨的磨轮和导轮
双面凹带锥砂轮		PSZA	磨外圆及台肩
薄片砂轮		PB	切断、磨槽
筒形砂轮		N	主轴端磨平面

续表

砂轮种类	断面形状	代号	主要用途
碗形砂轮		BW	磨机床导轨、刃磨刀具
碟形 1 号砂轮		D_1	刃磨刀具
碟形 3 号砂轮		D_2	磨齿轮及插齿刀

3. 砂轮的安装、平衡与修整

（1）砂轮的安装。由于砂轮工作时的转速很高，而砂轮的质地又较脆，因此必须正确地安装砂轮，以免砂轮碎裂飞出，造成严重的设备事故和人身伤害。安装砂轮时，应根据砂轮形状、尺寸的不同而采用不同的安装方法。常用的安装方法如图 4-50 所示。其中，图 4-50（a）、（b）所示为用台阶法兰盘安装砂轮；图 4-50（c）所示为用平面法兰盘安装砂轮；图 4-50（d）所示为用螺母垫圈安装砂轮；图 4-50（e）、（f）所示为内圆磨削用砂轮的安装；图 4-50（g）所示为内圆磨削用粘接法安装砂轮；图 4-50（h）所示为筒形砂轮的安装。

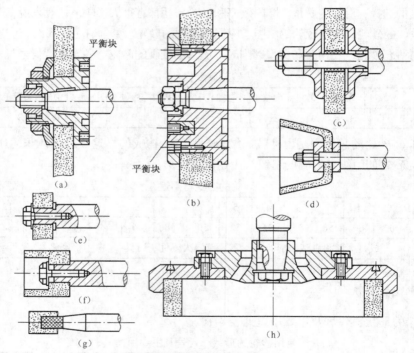

图 4-50　砂轮的安装方法

砂轮安装前必须仔细检查砂轮的外形，不允许砂轮有裂纹和损伤。装拆砂轮时必须注意压紧螺母的螺旋方向。在磨床上，为了防止砂轮工作时压紧螺母在磨削力的作用下自动松开，对砂轮轴端的螺旋方向作如下规定：逆着砂轮旋转方向转动螺母是旋紧，顺着砂轮旋转方向转动螺母为松开。

（2）砂轮的平衡。砂轮的重心与旋转中心不重合称为砂轮的不平衡。在高速旋转时，砂轮的不平衡会使主轴振动，从而影响加工质量，严重时甚至使砂轮碎裂，造成事故。所以砂轮安装后，首先需对砂轮进行平衡调整。平衡砂轮是通过调整砂轮法兰盘上环形槽内平衡块的位置来实现的，如图 4-51 所示。

（3）砂轮的修整。新砂轮或使用过一段时间的砂轮，磨粒逐渐变钝，砂轮工作表面空隙被磨屑堵塞，最后使砂轮丧失切削能力。所以，砂轮工作一段时间后必须进行修整，以便磨钝的磨粒脱落，恢复砂轮的切削能力和外形精度。修整砂轮的常用工具是金刚笔。修整砂轮时，金刚笔相对砂轮的位置如图 4-52 所示，以避免笔尖扎入砂轮，同时也可保持笔尖的锋利。

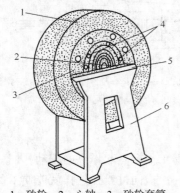

1—砂轮；2—心轴；3—砂轮套筒；
4—平衡块；5—平衡轮道；6—平衡架
图 4-51　砂轮平衡

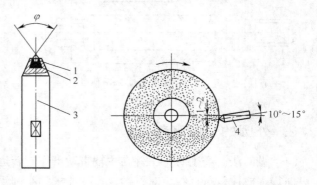

1—金刚钻；2—焊料；3—笔杆；4—金钢笔
图 4-52　砂轮的修整

4.3.3　外圆磨削加工方法

外圆磨削可以在普通外圆磨床、万能外圆磨床或无心磨床上进行。一般的磨削方法有纵向磨削法、横向磨削法、阶段磨削法和无心外圆磨削等 4 种。磨削对象主要是各种圆柱体、圆锥体、带肩台阶轴、环形工件及旋转曲面。经外圆磨削后的工件表面粗糙度一般能达到 0.2～0.8μm，尺寸精度可达 IT6～IT7 级。

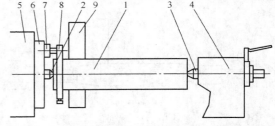

1—工件；2—头架顶尖；3—尾顶尖；4—尾座；5—头架；
6—拨盘；7—拨杆；8—夹头；9—砂轮
图 4-53　前、后顶尖装夹工件

1. 工件的装夹

（1）用前、后顶尖装夹工件。图 4-53 所示为外圆磨削中最常用的装夹方法。装夹时，利用工件两端的顶尖孔将工件支承在磨床的头架及尾座顶尖间，这种装夹方法的特点是装夹迅速方便、加工精度高。

（2）用三爪卡盘或四爪卡盘装夹工件。三爪卡盘适用于装夹没有中心孔的工件，而四爪卡盘特别适用于夹持表面不规则的工件。

（3）利用心轴装夹工件。心轴装夹适用于磨削套类零件的外圆，常用心轴有以下几种：

① 小锥度心轴，如图 4-54 所示。

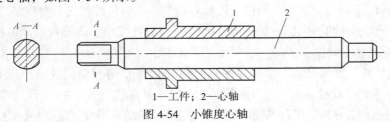

1—工件；2—心轴
图 4-54　小锥度心轴

② 台肩心轴，如图 4-55 所示。

③ 可胀心轴，如图 4-56 所示。

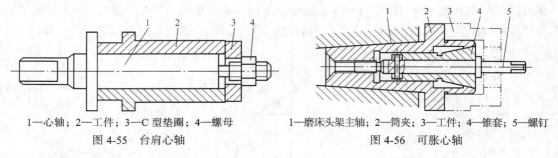

1—心轴；2—工件；3—C 型垫圈；4—螺母
图 4-55　台肩心轴

1—磨床头架主轴；2—筒夹；3—工件；4—锥套；5—螺钉
图 4-56　可胀心轴

2. 外圆的一般磨削方法

（1）纵向法。磨削时，工件在主轴带动下作旋转运动，并随工作台一起作纵向移动，当一次纵向行程或往复行程结束时，砂轮需按要求的磨削深度再作一次横向进给，这样就能使工件上的磨削余量不断被切除，如图 4-57 所示。磨削特点是精度高、表面粗糙度小、生产效率低，适用于单件小批量生产及零件的精磨。

（2）横向法（切入磨法）。磨削时，工件只需与砂轮作同向转动（圆周进给），而砂轮除高速旋转外，还需根据工件加工余量作缓慢连续的横向切入，直到加工余量全部被切除为止。磨削的特点是磨削效率高，磨削长度较短，磨削较困难，如图 4-58 所示。横向法适用于批量生产，磨削刚性好的工件上较短的外圆表面。

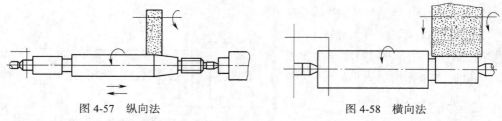

图 4-57　纵向法　　　　　　　　　　　　图 4-58　横向法

（3）阶段磨削法。阶段磨削法又称为综合磨削法，是横向法和纵向法的综合应用，即先用横向法将工件分段粗磨，相邻两段间有一定量的重叠，各段留精磨余量，然后用纵向法进行精磨，如图 4-59 所示。这种磨削方法既保证了精度和表面粗糙度，又提高了磨削效率。

（4）无心外圆磨削。无心外圆磨削是在无心外圆磨床上进行的一种外圆磨削。无心外圆磨削时，工件不定中心，自由地置于磨削轮和导轮之间，由托板和导轮支承，工件被磨削外圆表面本身就是定位基准面，其中起磨削作用的砂轮称为磨削轮，起传动作用的砂轮称为导轮（见图 4-60）。导轮由橡胶结合剂制成，其轴线在垂直方向上与磨削轮成θ角，带动工件旋转和纵向进给运动。

无心外圆磨削时，磨削轮以大于导轮 75 倍左右的圆周速度旋转，由于工件与导轮间的摩擦力大于工件与磨削轮间的摩擦力，所以工件被导轮带动并与它成相反方向旋转，而磨削轮则对工件进行磨削。无心外圆磨削后，工件的精度可达 IT6～IT7 级，表面粗糙度可达 0.8～0.2μm。

在无心外圆磨床上磨削工件的方法主要有贯穿法和切入法。

① 贯穿磨削法。磨削时，工件一面旋转一面纵向进给，穿过磨削区域，工件的加工余量需要在几次贯穿中切除，此种方法适用于磨削无阶台的外圆表面，如图 4-61 所示。工件的纵向进给速度等于导轮的纵向分速度，工件的圆周速度等于导轮切线方向的分速度。导轮的倾斜角增大时，

工件纵向进给速度增大，生产率提高而工件的表面粗糙度变粗，通常精磨时取$\theta=1°\ 30'\sim2°\ 30'$，粗磨时取$\theta=2°\ 30'\sim4°$。每次贯穿的吃刀量粗磨时取 $0.02\sim0.06$mm，精磨时取 $0.005\sim0.01$mm。

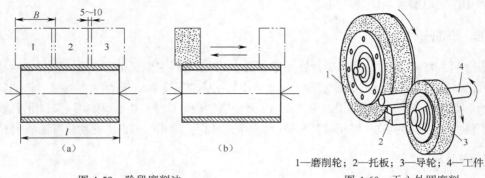

图 4-59　阶段磨削法

1—磨削轮；2—托板；3—导轮；4—工件

图 4-60　无心外圆磨削

② 切入磨削法。图 4-62 所示为切入磨削法。磨削时，工件不作纵向进给运动，通常将导轮架回转较小的倾斜角，使工件在磨削过程中有一微小轴向力，使工件紧靠挡销，因而能获得理想的加工质量。切入磨削法适用于加工带肩台的圆柱形零件或锥销、锥形滚柱等成型旋转体零件。采用切入法时需精细修整磨削轮，砂轮表面要平整，当工件表面粗糙度值超出要求时，要及时修整磨削轮，磨削时，导轮横向切入要慢而且均匀。

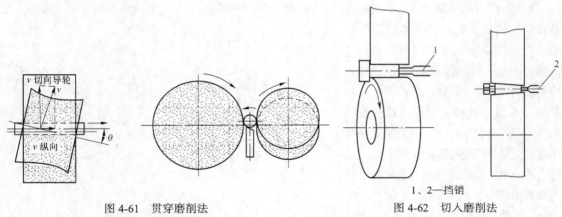

图 4-61　贯穿磨削法

1、2—挡销

图 4-62　切入磨削法

4.4 外圆表面的精整、光整加工

1. 研磨的分类和适用范围

（1）湿研磨。湿研磨是将稀糊状或液状研磨剂涂敷或连续注入研具表面，磨粒在工件与研具之间不停地滑动或滚动，形成对工件的切削运动，加工表面呈无光泽的麻点状，一般用于粗研磨。

（2）干研磨。干研磨是在一定的压力下，将磨料均匀地压嵌在研具的表层中，研磨时只需在研具表面涂以少量的润滑剂。干研磨可获得很高的加工精度和低表面粗糙度，但研磨效率较低，一般用于精研磨。

（3）半干研磨。半干研磨是采用糊状的研磨膏作研磨剂，其研磨性能介于湿研磨与干研磨之间，用于粗研磨和精研磨均可。

2. 研磨剂

研磨剂由磨料、研磨液和表面活性物质等混合而成。磨料主要起切削作用，应具有较高的硬度，常用的磨料有刚玉、碳化硅、金刚石、软磨料（氧化铁和氧化铬）。研磨液有煤油、汽油、机油、植物油、酒精等，其主要起润滑、冷却作用，并使磨料均匀地分布在研具表面上。表面活性物质附着在工件表面，使其生成一层相当薄的易于切除的软化膜，常用的表面活性物质有油酸、硬脂酸等。

3. 研具

研具是用于涂敷或嵌入磨料并使其磨粒发挥切削作用的工具。研具材料硬度一般比工件硬度低，而且硬度一致性好，组织均匀，无杂质、异物、裂纹和缺陷。其结构要合理，并具有较高的几何精度、耐磨性好、散热性好。最常用的研具材料是硬度为120～160HBS的铸铁，也有使用10、20低碳钢，黄铜，青铜，木材等。

4. 外圆柱表面的研磨方法

研磨分为手工研磨和机械研磨。手工研磨是在工件的外圆涂一层薄而均匀的研磨剂，然后装入已固定好的研具孔中，调整好研磨间隙，使工件既作正反方向的转动，又作轴向往复移动，保证整个研磨面得到均匀的研磨。手工研磨也可将工件夹在车床的卡盘上或顶尖上作低速的旋转运动，研具套在工件上，用手推动研具作往复运动。机械研磨是在研磨机上进行，图 4-63 所示为研磨机上研磨外圆的装置简图，上、下研磨盘之间有一隔离盘，工件放在隔离盘的槽中，研磨时上研磨盘不动，下研磨盘转动。隔离盘

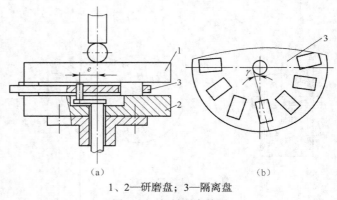

1、2—研磨盘；3—隔离盘

图 4-63　机械研磨外圆

由偏心轴带动与下研磨盘同向转动。工作时，工件一面滚动，一面在隔离盘槽中轴向滑动，磨粒在工件表面磨出复杂的痕迹。上研磨盘的位置可轴向调整，从而使工件获得所要求的研磨压力。工件轴线与隔离盘半径方向偏斜一角度 γ（$\gamma = 6° \sim 15°$），使工件产生轴向运动。

4.5 外圆表面加工案例

现以内圆磨床主轴加工为例介绍轴类零件的加工工艺与方法。

图 4-64 所示为内圆磨床主轴零件图，数量 5 件。

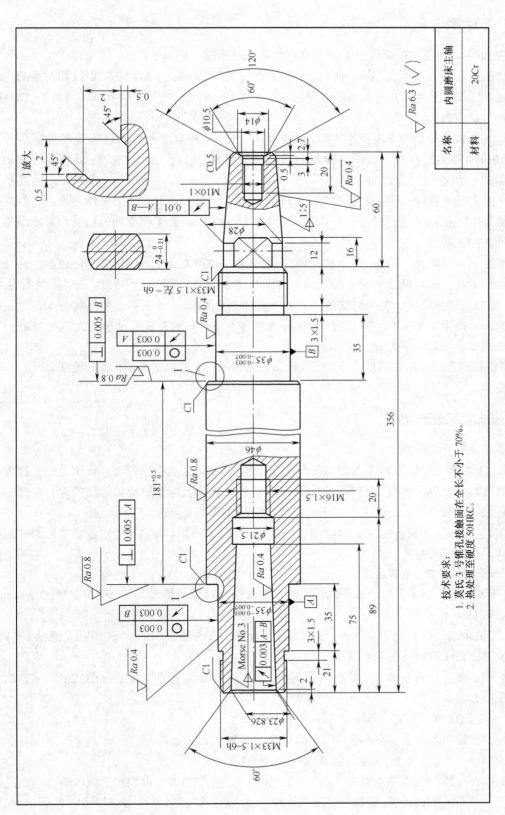

图 4-64　内圆磨床主轴

技术要求:
1. 莫氏 3 号锥孔接触面在全长不小于 70%。
2. 热处理至硬度 50HRC。

名称	内圆磨床主轴
材料	20Cr

1. 零件图分析

加工如图 4-64 所示内圆磨床主轴，数量 5 件，现分析如下。

（1）该主轴的主要构成部分。轴承支承轴颈 $2 \times \phi 35_{-0.007}^{-0.003}$ mm；左端的右旋螺纹和右端的左旋螺纹构成一组锁紧纹对；左端的莫氏 3 号圆锥孔为工件（或工具）的定位孔，右端的 1∶5 外圆锥为连接传动带盘的定位轴。

（2）该主轴的辅助部分及作用。两处 3mm×1.1mm 的外沟槽和两处外圆端面沟槽是为了保证外圆表面与端面垂直和装配时使轴向端面接触可靠；$24_{-0.21}^{0}$ mm 处的扁面是用 M33×1.5 螺母锁紧时，能够用扳手定向锁紧。

（3）主要尺寸精度。该主轴的两个支承轴颈 $\phi 35_{-0.007}^{-0.003}$ mm 是主轴部件的装配基准，它的制造精度直接影响主轴部件的旋转精度。当支承轴颈不同轴时，将会引起主轴的径向圆跳动误差，影响零件的加工质量。

（4）主要形位精度。该主轴左端的圆锥孔是用来安装顶尖或工具锥柄的定心表面，它对支承轴颈轴线的径向圆跳动公差为 0.003mm，否则会使工件产生圆度、同轴度等误差。主轴右端的 1∶5 外圆锥表面对支承轴颈轴线的径向圆跳动公差为 0.01mm，否则会使连接传动带盘在动态高速运转时产生不平衡。主轴长度 181mm 两端面对支承轴颈的垂直度公差为 0.005mm，否则会使工件端面与轴线不垂直。

（5）主要表面的表面粗糙度。两个支承轴颈表面和内、外圆锥表面的表面粗糙度 Ra=0.4μm，要求最高。

2. 加工工艺分析

（1）定位基准的选择。

① 由于两个支承轴颈是该主轴的装配基准，因此应选择支承轴颈的轴心线作为加工过程中的定位基准。而该轴的各外圆表面、锥孔、锥体、螺纹表面及端面对旋转轴线的垂直度公差等的设计基准都是轴的中心线，因此用两中心孔定位符合基准重合的原则。

② 粗加工时为了提高零件的刚度，可采用轴的外圆表面作为定位基准，或是以外圆表面和中心孔共同作为定位基准。

（2）车削加工中的余量分配。

① 主轴坯料为自由锻件，各外圆尺寸由车削余量与锻造余量确定，一般车削余量为 6mm，锻造余量为 10mm。

② 主轴采用低碳合金钢渗碳—淬火工艺，因此不需要渗碳的表面（如中心孔、螺纹、外圆）应留足余量，在渗碳后再去除渗碳层。

（3）中心孔的质量与修研。作为内圆磨床主轴加工的定位基准，中心孔的质量对主轴加工精度有直接影响。

① 中心孔对加工质量的影响如下。

（a）中心孔的多角形、圆度误差等会直接反映到加工表面上去。

（b）中心孔与顶尖接触不良，会降低工艺系统刚度。

（c）中心孔因承受工件重量和切削力，磨损不均，在使用中也可能拉毛或因热处理的内应力而变形，表面产生氧化层，因此在各加工阶段，特别是热处理之后，必须修研中心孔。

② 常用的中心孔修研方法如下。

（a）用油石或橡胶结合剂砂轮修研。先将圆柱形油石或橡胶结合剂砂轮夹在车床卡盘上，用装在刀架上的金刚石将其前端修整成顶尖形状（60°圆锥体）。然后把工件顶在油石（或橡胶结合剂砂轮）和尾座顶尖之间，如图 4-65 所示。修研时，先加入少量润滑油（柴油或轻机油），然后开动车床带动油石转动进行修研，中心孔的质量好，但油石（或橡胶结合剂砂轮）易磨损，消耗量大。

（b）用硬质合金顶尖修研中心孔。硬质合金顶尖的结构如图 4-66 所示，它是在 60°圆锥面上磨成六角形，并留有 0.2～0.5mm 的等宽刃带。刃带有微小的切削作用，除能对孔的几何形状进行微量修整外，还能起到挤光作用。这种修研方法效率高、工具寿命长，但修整质量稍差，适用于一般精度轴中心孔的修研。

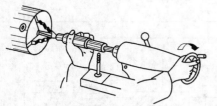

图 4-65　用油石或橡胶结合剂砂轮修研中心孔

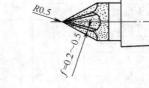

图 4-66　用硬质合金顶尖修研中心孔

3. 加工工艺路线的拟定

本例参考工艺路线见表 4-11。

表 4-11　　　　　　　　　　　　　内圆磨床主轴的加工工艺路线

序号	工序	工步	工序内容	工序简图	设备
1	锻		锻造 $\phi58$mm×372mm		
2	热处理		正火		
3	车		夹毛坯外圆		CA6140
			钻 $\phi2.5$mmA 型中心孔，用尾座顶尖顶住		
			车外圆 $\phi48$mm，控制长度大于 55mm		
4	车		调头夹外圆		CA6140
		（1）	车端面		
		（2）	钻 $\phi2.5$mmA 型中心孔，用尾座顶尖顶住		
		（3）	车外圆 $\phi46_{0}^{+0.2}$mm×310mm		
		（4）	车外圆 $\phi46$mm×122mm		
		（5）	车外圆 $\phi28_{+0.5}^{+0.6}$mm×60mm		
		（6）	车沟槽 $\phi35_{+0.5}^{+0.6}$mm×35mm		
		（7）	车外圆锥		

续表

序号	工序	工步	工 序 内 容	工 序 简 图	设 备
5	车		一端夹ϕ40mm 外圆,一端搭中心架		CA6140
			车端面,控制长度 240mm（即 181+59=240）		
			车外圆ϕ40mm,控制长度 $181^{+0.7}_{+0.5}$ mm		
			车沟槽 $\phi35^{+0.6}_{+0.5}$ mm,控制长度 35mm（即 59−24=35）		
			钻孔ϕ19.5mm,控制孔深 89mm		
			车莫氏 3 号圆锥孔		
6	热处理		渗碳深度 0.9mm,并校直		
7	车		一端夹外圆,一端搭中心架		CA6140
		（1）	车去端面 3mm		
		（2）	车外圆ϕ34mm×21mm		
		（3）	车外沟槽 3mm×1.5mm 及外圆端面沟槽		
		（4）	钻孔ϕ19.5mm×89mm		
		（5）	车内沟槽ϕ21.5mm		
		（6）	锪 60° 中心孔		
		（7）	倒角		
8	车		调头夹外圆,一端搭中心架		
			车端面,控制总长 356mm		
			修整中心孔,用顶尖顶住		
			车长度至 60mm		
			车外圆ϕ34mm,控制长度 35mm		
			车外沟槽 3mm×1.5mm 及外圆、端面槽,倒角		
9	铣		铣两平面 $24^{0}_{-0.21}$ mm 至尺寸		X6132
10	钳		去毛刺		
11	热处理		淬硬至 59HRC		
12	研		研磨两端中心孔		
13	外磨	（1）	粗磨ϕ46mm 外圆,留余量 0.1~0.15mm		M1432A
		（2）	粗磨 2 个支承轴颈至 $\phi35^{+0.23}_{+0.20}$ mm		
14	内磨		将工件置于 V 形夹具中粗磨莫氏 3 号圆锥孔,留精磨余量 0.2~0.35mm		MG1432A
15	热处理		低温时效		
16	车	（1）	一端夹外圆,一端搭中心架修整 60° 中心孔		CA6140
		（2）	钻孔ϕ14.5mm×25mm		

续表

序号	工序	工步	工序内容	工序简图	设备
17	车	（1）	一端夹外圆，一端搭中心架钻孔 $\phi9$mm×25mm ，攻 M10×1 内螺纹		CA6140
		（2）	孔口倒角 60°、120°		
18	车		用四爪单动卡盘一夹一顶车两端 M33×1.5-6h 螺纹		CA6140
19	钳		在圆锥孔内塞入攻螺纹套攻 M16×1.5 内螺纹至尺寸		
20	研		研磨两端中心孔		
21	外磨		精磨外圆 $\phi46$mm、$\phi28$mm 至尺寸		
			半精磨 2× $\phi35^{+0.06}_{+0.04}$ mm，并精磨两端面		M1432A
			精磨 1：5 圆锥体至尺寸		
22	外磨		精磨 2× $\phi35^{-0.003}_{-0.007}$ mm		M1432A
23	内磨		将工件装在 V 形夹具中，以 2× $\phi35$mm 外圆为基准，磨莫氏 3 号圆锥孔		MG1432A
24	检		检验		
25	钳		清洗、涂油		

思考题

1. 外圆表面常用加工方法有哪些？如何选用？

2. 卧式车床上能加工哪些表面？

3. 车削加工时，常用的装夹工件方式有哪些？

4. 车刀安装的基本要求有哪些？

5. CA6140 卧式车床能车削哪几种类型的螺纹？

6. CA6140 卧式车床主轴正转，光杠 XIII 转动，但是只能接通快速纵横移动，不能接通自动走刀，试分析产生的原因并指出解决办法。

7. CA6140 卧式车床用于粗加工，刀具切入工件时，主轴转速明显降低，甚至不转，是什么原因？怎样解决？

8. CA6140 卧式车床横向溜板与燕尾导轨、横向丝杠与螺母之间产生间隙时，如何进行调整？

9. 在 CA6140 卧式车床上车削大导程的螺纹时，如要把正常螺距扩大 16 倍，对主轴转速有要求吗？有何要求？

10. 车床的附件有哪些？各有何用途？

11. 常见中心钻的类型有几种？

12. 外圆磨削有哪几种方式？各有何特点？各适用于什么场合？

13. 砂轮特性由哪几个因素组成？

14. 简述无心外圆磨床的特点。

15. 无心磨床有哪几种磨削方式？

16. 砂轮磨损后，如何进行修整？

第5章 内圆表面加工及设备

【教学重点】

1. 内圆表面的加工方法。
2. 内圆表面的钻削、镗削、磨削、拉削加工及设备。
3. 内圆表面的精整、光整加工。

【教学难点】

1. 孔加工刀具结构、孔加工刀具几何参数的选用。
2. 孔加工设备的运动和结构调整。

5.1 内圆表面的加工方法

内圆表面也是组成零件的基本表面，与外圆表面的加工相比，内圆表面的加工条件要差得多，因为孔加工刀具或磨具的尺寸受被加工孔本身尺寸的限制，刀具的刚性差，容易产生弯曲变形和振动；切削过程中，孔内排屑、散热、冷却、润滑条件差。因此，孔的加工精度和表面粗糙度都不容易控制。此外，大部分孔加工刀具为定尺寸刀具，刀具直径的制造误差和磨损，将直接影响孔的加工精度。所以在一般情况下，加工孔比加工同样尺寸精度的外圆表面要困难些。内圆表面可以在车床、钻床、镗床、拉床、磨床上进行加工，常用的方法如下。

1. 内圆表面的钻削加工

用钻头在实体材料上加工孔的方法称为钻孔；用扩孔钻或钻头对已有孔进行扩大的加工方法称为扩孔；用铰刀在扩孔的基础上使孔的精度和表面质量提高的加工方法称为铰孔。

以上统称为钻削加工。钻削加工主要在钻床上进行。

2. 内圆表面的镗削加工

镗孔是用镗刀在已加工孔的工件上使孔径扩大并使孔的精度和表面质量提高的加工方法。

镗孔能修正孔轴线的偏移，保证孔的位置精度。镗削加工适合于箱体、支架等外形复杂的大型零件上孔径较大、尺寸精度要求较高、有位置要求的孔和孔系。镗孔加工根据工件不同，可以在镗床、车床、铣床、组合机床和数控机床上进行。

3. 内圆表面的磨削加工

内圆表面的磨削加工是在内圆磨床或万能外圆磨床上进行的一种精加工孔的方法。内圆磨削的尺寸精度可达到 IT6～IT7 级，表面粗糙度可达 0.8～0.2μm；采用高精度内圆磨削工艺，尺寸精度可以控制在 0.005mm 以内，表面粗糙度可达 0.1～0.025μm。

4. 内圆表面的拉削加工

拉削加工是利用拉刀在拉床上切削出内圆表面的一种加工方法。拉削加工生产率较高，可获得较高的加工精度，精度可达 IT8～IT7 级，表面粗糙度可达 1.6～0.1μm。但拉刀结构复杂、制造困难、成本高，所以适合于成批、大量生产的场合。

5. 内圆表面的精整、光整加工

内圆表面精度要求较高的孔，最后还需进行珩磨或研磨及滚压等精密加工。内圆表面的各种加工方案及其所能达到的经济加工精度和表面粗糙度见表 5-1。

表 5-1　　　　　　　　　　　　　内圆表面的加工方案

序 号	加 工 方 案	经济精度	表面粗糙度 Ra 值（μm）	适 用 范 围
1	钻	IT12～IT11	12.5	加工未淬火钢及铸铁实心毛坯，也可加工有色金属（但表面稍粗糙，孔径小于15mm）
2	钻—铰	IT9	3.2～1.6	
3	钻—铰—精铰	IT8～IT7	1.6～0.8	
4	钻—扩	IT11～IT10	12.5～6.3	同上，但孔径大于 20mm
5	钻—扩—铰	IT9～IT8	3.2～1.6	
6	钻—扩—粗铰—精铰	IT7	1.6～1.8	
7	钻—扩—机铰—手铰	IT7～IT6	0.6～0.8	
8	钻—扩—拉	IT9～IT7	1.6～0.1	大批大量生产（精度由拉刀槽度决定）
9	粗镗（或扩孔）	IT12～IT11	12.5～6.3	除淬火钢外各种材料，毛坯有铸出孔或锻出孔
10	粗镗（粗扩）—半精镗（精扩）	IT9～IT8	3.2～1.6	
11	粗镗（扩）—半精镗（精扩）—精镗（铰）	IT8～IT7	1.6～0.8	
12	精镗（扩）—半精镗（精扩）—精镗—浮动镗刀精镗	IT7～IT6	0.8～0.4	
13	粗镗（扩）—半精镗—磨孔	IT8～IT7	0.8～0.2	主要用于淬火钢，也可用于未淬火钢，但不宜用于有色金属
14	粗镗（扩）—半精镗—粗磨—粗磨	IT7～IT6	0.2～0.1	
15	粗镗—半精镗—精镗—金刚镗	IT7～IT6	0.4～0.05	主要用于精度要求高的有色金属加工
16	钻—（扩）—精铰—粗铰—珩磨 钻—（扩）—拉—珩磨 粗镗—半精镗—精镗—珩磨	IT7～IT6	0.2～0.025	精度要求很高的孔
17	以研磨代替上述方案中珩磨	IT6 级以上		

5.2 内圆表面的钻削加工及设备

内圆表面的钻削加工，主要是在钻床上利用钻头、扩孔钻、铰刀对工件进行孔的加工，根据工件尺寸大小、精度要求不同，选用不同的钻床及刀具。

5.2.1 钻床

1. 钻床的类型及加工范围

钻床的主要类型有台式钻床、立式钻床、摇臂钻床、铣钻床和中心孔钻床。钻床是在主轴孔中安装钻头、扩孔钻或铰刀等，由主轴旋转带动刀具作旋转主运动，同时作轴向进给运动的孔加工机床。

由于受钻头结构和切削条件的限制，钻孔加工质量不高，常用于孔的粗加工，精度等级一般在 IT11 以下，表面粗糙度为 50～12.5μm。扩孔常用于扩大孔的直径或提高孔的精度，作为孔的最终加工或铰孔、磨孔前的预加工，它所达到的精度等级为 IT9～IT10，表面粗糙度为 3.2～6.3μm。铰孔是用铰刀对中小尺寸的孔进行半精加工和精加工，铰孔所能达到的精度等级为 IT6～IT8，表面粗糙度为 0.4～1.6μm。钻削加工范围如图 5-1 所示。

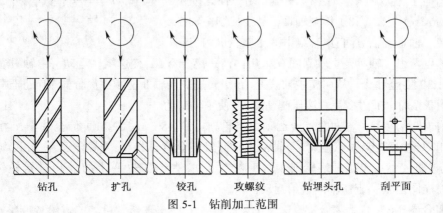

| 钻孔 | 扩孔 | 铰孔 | 攻螺纹 | 钻埋头孔 | 刮平面 |

图 5-1　钻削加工范围

2. Z3040 型摇臂钻床

Z3040 型摇臂钻床适用于单件和中小批生产中大、中型零件的加工。

（1）主要技术参数。

主参数为最大钻孔直径：40mm。

第 2 主参数为主轴中心线至立柱中心线的距离：最大 1 600mm，最小 350mm。

主轴箱水平移动距离：1 250mm。

主轴端面至底座工作面距离：最大 1 250mm，最小 350mm。

摇臂升降距离：600mm。

摇臂回转速度：1.2m/min。

摇臂回转角度：360°。

主轴的前锥孔：莫氏4号。

主轴转速范围（16级）：25～2 000r/min。

主轴进给量范围（16级）：0.04～3.2mm/min。

主轴行程：315mm。

主电动机功率：1.1kW。

（2）主要部件及其功能。图 5-2 所示为 Z3040×16 型摇臂钻床，它由底座、立柱、摇臂和主轴箱等部件组成。主轴箱装在可绕垂直轴线回转的摇臂的水平导轨上，通过主轴箱摇臂上的横向移动及摇臂的回转，可以很方便地将主轴调整到机床尺寸范围内的任意位置。为适应加工不同高度的需要，摇臂可沿立柱上下移动以便调整位置。工件应根据其大小装夹在工作台或底座上。

（3）传动系统。图 5-3 所示为 Z3040×16 型摇臂钻床的传动系统图。由于钻床的轴向进给量是以主轴每转 1 转时，主轴轴向移动量来表示的，所以钻床的主传动系统和进给传动系统由同一电动机驱动，主变速机构及进给变速机构均装在主轴箱内。

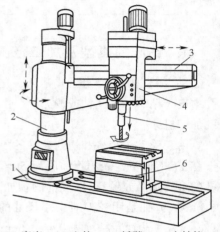

1—底座；2—立柱；3—摇臂；4—主轴箱；
5—主轴；6—工作台
图 5-2　摇臂钻床

① 主运动。主电动机由轴 I 经齿轮副 35/55 传至轴 II，并通过轴 II 上双向多片摩擦离合器 M_1，使运动由 37/42 或（36/36）×（36/38）传至轴 III，从而控制主轴作正转或反转。轴 III 至轴 VI 间有 3 组由液压操纵机构控制的双连滑移齿轮组，轴 VI 至主轴 VII 间有 1 组内齿式离合器 M_3 变速组，运动可由轴 VI 通过齿轮副 20/80 或 61/39 传至轴 VII，从而使主轴获得 16 级转速。当轴 II 上摩擦离合器 M_1 处于中间位置，断开主传动联系时，通过多片式液压制动器 M_2 使主轴制动。

② 轴向进给运动。主轴的旋转运动由齿轮副（37/48）×（22/41）传至轴 VIII，再经轴 VIII 至轴 XII 间 4 组双连滑移齿轮变速组传至轴 XII，轴 XII 经安全离合器 M_5（常合）、内齿式离合器 M_4，将运动传至 XIII，然后经蜗杆蜗轮副 2/77、离合器 M_6 使空心轴 XIV 上的 $z=13$ 小齿轮传动齿条，使主轴套筒连同主轴一起作轴向进给运动。

脱开离合器 M_4，合上离合器 M_6，可操纵手轮 A 使主轴作微量轴向进给或调整；将 M_4、M_6 都脱开，可用手柄 B 操纵，使主轴作手动粗进给，或使主轴作快速上下移动。

③ 辅助调整运动。

（a）主轴箱的水平移动。由手轮 C 通过装在空心轴 XIV 内的轴 XV 及齿轮副 20/35，使 $z=35$ 的齿轮在固定于摇臂上的齿条（$m=2mm$）上滚动，从而带动主轴箱沿摇臂导轨水平移动。

（b）摇臂的升降运动。由装在立柱顶部的升降电动机驱动，经减速传给升降丝杠螺母机构，使摇臂实现升降。

（c）外立柱回转。当松开内外立柱夹紧机构后，用手摇臂可使外立柱绕内立柱回转，回转角度范围为 0°～360°。

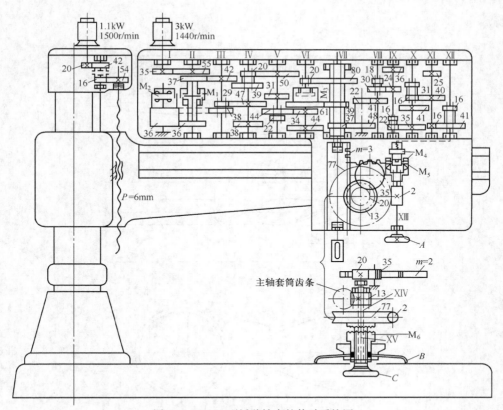

图 5-3 Z3040 型摇臂钻床的传动系统图

5.2.2 麻花钻、深孔钻、扩孔钻、铰刀和孔加工复合刀具

1. 麻花钻

麻花钻用于在实体材料上加工低精度的孔,也可用于扩孔。

(1)麻花钻的结构组成。麻花钻由 3 部分组成,如图 5-4(a)、(b)所示。

① 工作部分。工作部分包括切削部分和导向部分。切削部分承担切削工作,导向部分的作用在于切削部分切入孔后起导向作用,也是切削部分的备磨部分。为了减小与孔壁的摩擦,一方面在导向圆柱面上只保留两个窄棱面,另一方面沿轴向作出每 100mm 长度上有 0.03~0.12mm 的倒锥。为了提高钻头的刚度,工作部分两刃瓣间的钻心直径 d_c($d_c \approx 0.125d_0$)沿轴向作出每 100mm 长度上有 1.4~1.8mm 的正锥,如图 5-4(d)所示。

② 柄部。柄部是钻头的夹持部分,用于与机床主轴孔配合并传递扭矩。柄部有直柄(小于 ϕ20mm 的小直径钻头)和锥柄之分。柄部末端还作有扁尾。

③ 颈部。颈部位于工作部分与柄部之间,可供砂轮磨锥柄时退刀,也是做标记之处。为了制造上的方便,直柄钻头无颈部。

(2)麻花钻切削部分的组成。麻花钻切削部分(见图 5-4(c))由两个前刀面、两个后刀面、两个副后刀面、一条主切削刃、一条副切削刃和一条横刃组成。

① 前刀面。前刀面即螺旋沟表面,是切屑流经的表面,起容屑、排屑作用,需抛光以使排

屑流畅。

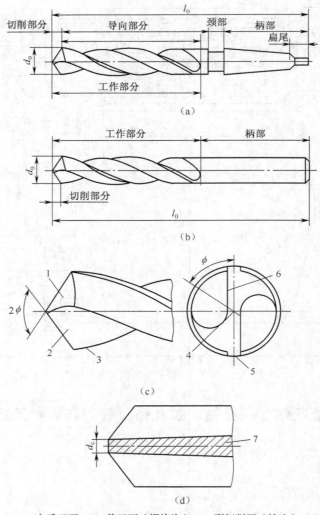

1—主后刀面；2—前刀面（螺旋沟）；3—副切削刃（棱边）；
4—棱刃；5—副后刀面（窄棱面）；6—主切削刃；7—钻心
图 5-4　麻花钻结构

② 后刀面。后刀面与加工表面相对，位于钻头前端，形状由刃磨方法决定，可为螺旋面、圆锥面、平面或手工刃磨的任意曲面。

③ 副后刀面。副后刀面是与已加工表面（孔壁）相对的钻头外圆柱面上的窄棱面。

④ 主切削刃。主切削刃是前刀面（螺旋沟表面）与后刀面的交线，标准麻花钻主切削刃为直线（或近似直线）。

⑤ 副切削刃。副切削刃是前刀面（螺旋沟表面）与副后刀面（窄棱面）的交线，即棱边。

⑥ 横刃。横刃是两个（主）后刀面的交线，位于钻头的最前端，也称为钻尖。

（3）麻花钻切削部分的几何角度（见图 5-5）。

① 螺旋角 β。钻头螺旋槽表面与外圆柱表面的交线为螺旋线，该螺旋线与钻头轴线的夹角称为钻头螺旋角，记为 β。

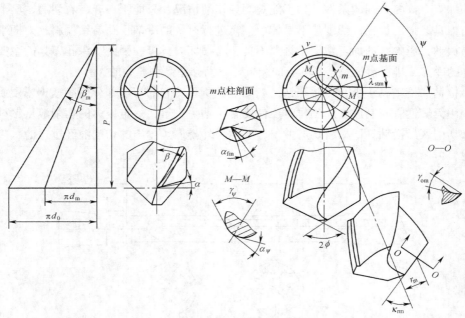

图 5-5　麻花钻的主要几何角度

钻头不同直径处的螺旋角不同，外径处螺旋角最大，越接近中心螺旋角越小。增大螺旋角则前角增大，有利于排屑，但钻头刚度下降。标准麻花钻的螺旋角为 18°～38°。对于直径较小的钻头，螺旋角应取较小值，以保证钻头的刚度。

② 前角 γ_{om}。由于麻花钻的前面是螺旋面，主切削刃上各点的前角是不同的。从外圆到中心，前角逐渐减小。刀尖处前角约为 30°，靠近横刃处则为-30° 左右。横刃上的前角为-50°～-60°。

③ 后角 α_{fm}。麻花钻主切削刃上选定点的后角是以通过该点柱剖面中的进给后角 α_{fm} 来表示的。后角沿主切削刃也是变化的，越接近中心后角越大。麻花钻外圆处的后角通常取 8°～10°，横刃处后角取 20°～25°。

④ 主偏角 κ_{rm}。主偏角是主切削刃选定点 m 的切线在基面投影与进给方向的夹角。麻花钻的基面是过主切削刃选定点包含钻头轴线的平面。由于钻头主切削刃不通过轴心线，所以主切削刃上各点基面不同，各点的主偏角也不同。当锋角磨出后，各点主偏角也随之确定。主偏角和锋角是两个不同的概念。

⑤ 锋角（顶角）2ϕ。锋角是两主切削刃在与其平行的平面上投影的夹角。较小的锋角容易切入工件，轴向抗力较小，且使切削刃工作长度增加，切削层公称厚度减小，有利于散热和提高刀具耐用度；如锋角过小，则钻头强度减弱，变形增加，转矩增大，钻头易折断。因此，应根据工件材料的强度和硬度来刃磨合理的锋角，标准麻花钻的锋角为 118°。

⑥ 横刃斜角 ψ。横刃斜角是主切削刃与横刃在垂直于钻头轴线的平面上投影的夹角。当麻花钻后刀面磨出后，横刃斜角自然形成。横刃斜角增大，则横刃长度和轴向抗力减小。标准麻花钻的横刃斜角为 50°～55°。

2. 深孔钻

深孔是指孔的深度与直径比 $L/D > 5$ 的孔。一般深孔 $L/D = 5～10$ 还可用深孔麻花钻加工，但 $L/D > 20$ 的深孔则必须用深孔刀具才能加工。

深孔加工有许多不利的条件。如不能观测到切削情况，只能听声音、看切屑、测油压来判断排屑与刀具磨损的情况；切削热不易传散，需进行有效的冷却；孔易钻偏斜；刀柄细长，刚性差，易振动，影响孔的加工精度，排屑不良，易损坏刀具等。因此，深孔刀具的主要特点是需有较好的冷却、排屑措施及合理的导向装置。下面介绍几种典型的深孔刀具。

（1）枪钻。枪钻属于小直径深孔钻，如图 5-6 所示。它的切削部分用高速钢或硬质合金，工作部分用无缝钢管压制成型。工作时工件旋转，钻头进给，一定压力的切削液从钻杆尾端注入，冷却切削区后沿钻杆凹槽将切屑冲出，又称为外排屑。排出的切削液经过过滤、冷却后再流回液池，可循环使用。

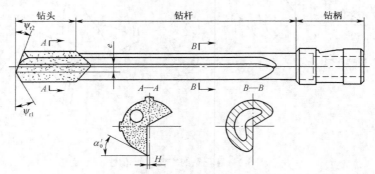

图 5-6　单刃外排屑小深孔枪钻

枪钻对加工直径为 2～20mm、长径比达 100 的中等精度的小深孔甚为有效。常选用 v_c=40m/min、f=0.01～0.02mm/r，浇注乳化切削液以压力为 6.3MPa、流量为 20L/min 为宜。

枪钻切削部分重要的特点是仅在轴线一侧有切削刃，没有横刃。使用时重磨内、外刃后面，形成的外刃余偏角 ψ_{r1}=25°～30°，内刃余偏角 ψ_{r2}=20°～25°，钻尖偏距 $e=d/4$。由于内刃切出的孔底有锥形凸台，可帮助钻头定心导向。钻尖偏距合理时，内、外刃背向合力 F_p 与孔壁支撑反力平衡，可维持钻头的工作稳定。

为使钻心处切削刃工作后角大于零，内切削刃前面不能高于轴心线，一般需控制其低于轴心线 H，以保证切削时形成直径约为 $2H$ 的导向心柱，也起附加定心导向作用。H 值常取（0.01～0.015）d。由于导向心柱直径很小，因此能自行折断随切屑排出。

（2）喷吸钻。喷吸钻采用了深孔钻的内排屑结构，再加上具有喷吸效应的排屑装置。

喷吸排屑的原理是将压力切削液从刀体外压入切削区并用喷吸法进行内排屑，如图 5-7 所示，刀齿交错排列有利于分屑。切削液从进液口流入连接套，其中 1/3 从内管四周月牙形喷嘴喷入内管。由于牙槽隙缝很窄，切削液喷出时产生的喷射效应能使内管里形成负压区。另 2/3 切削液经内管与外管之间流入切削区，汇同切屑被负压吸入内管中，迅速向后排出，增强了排屑效果。

喷吸钻附加一套液压系统与连接套，可在车床、钻床、镗床上使用。喷吸钻适用于中等直径的深孔加工，钻孔的效率较高。

3. 扩孔钻

扩孔钻按结构可分为带柄和套式两类，如图 5-8 所示。带柄的扩孔钻由工作部分及柄部组成；套式扩孔钻由工作部分及 1∶30 锥孔组成。扩孔钻与麻花钻相比，容屑槽浅窄，可在刀体上做出 3～4 个切削刃，所以可提高生产率，同时切削刃增多，棱带也增多，使扩孔钻的导向作用提高了，切削较平稳。此外，扩孔钻没有横刃，钻芯粗大，轴向力小，刚性较好，可采用较大进给量。

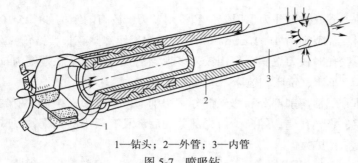

1—钻头；2—外管；3—内管

图 5-7 喷吸钻

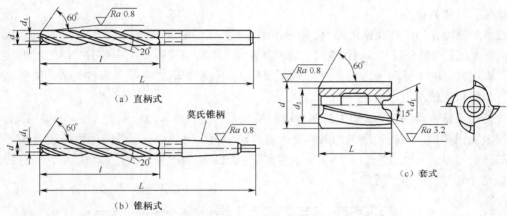

（a）直柄式

莫氏锥柄

（b）锥柄式

（c）套式

图 5-8 扩孔钻的类型

直柄扩孔钻适用范围为 $d=3\sim20\text{mm}$；锥柄扩孔钻适用范围为 $d=7.5\sim50\text{mm}$；套式扩孔钻适用于大直径及较深孔的加工，尺寸范围 $d=20\sim100\text{mm}$，扩孔余量直径为 $0.5\sim4\text{mm}$。

4. 铰刀

铰刀常见种类如图 5-9 所示。

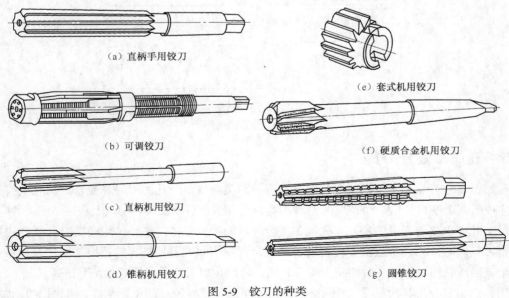

（a）直柄手用铰刀

（e）套式机用铰刀

（b）可调铰刀

（f）硬质合金机用铰刀

（c）直柄机用铰刀

（d）锥柄机用铰刀

（g）圆锥铰刀

图 5-9 铰刀的种类

按使用方法的不同,铰刀分为手用铰刀和机用铰刀。铰刀的结构如图 5-10 所示。手用铰刀多为直柄式,铰削直径范围为 1~50mm。手用铰刀的工作部分较长,锥角 2ϕ 较小,导向作用好,可以防止手工铰孔时铰刀歪斜。机用铰刀多为锥柄式,铰削直径范围为 10~80mm。机用铰刀可安装在钻床、车床、铣床和镗床上铰孔。

铰刀的工作部分包括切削部分和修光部分。切削部分呈锥形,担负主要的切削工作。修光部分用于矫正孔径、修光孔壁和导向。修光部分的后部具有很小的倒锥,以减少与孔壁之间的摩擦,防止铰削后孔径扩大。

铰刀有 6~12 个刀齿,刃带与刀齿数相同。切削槽浅,刀芯粗壮。因此,铰刀的刚度和导向性比扩孔钻要好得多。

铰刀的锥角相当于麻花钻的锋角。半锥角 ϕ 过大,则切削层公称宽度较小,轴向力较大,刀具定位精度低;半锥角过小,则切削层公称宽度较大,不利于排屑。手用铰刀的半锥角为 $0.5°\sim1.5°$,机用铰刀的半锥角为 $5°\sim15°$。铰削塑性、韧性材料时,半锥角取较大值;铰削脆性材料时,半锥角取较小值。

铰刀的前角一般为 $0°$,加工韧性材料的粗铰刀,前角可取 $5°\sim15°$。后角大小影响刀齿强度和表面粗糙度。在保证质量的条件下,应选较小的后角。切削部分的后角一般为 $5°\sim8°$,修光部分的后角为 $0°$。图 5-10(b)所示左局部视图是切削部分刀齿的前、后角,而右局部视图是修光部分刀齿的前、后角。

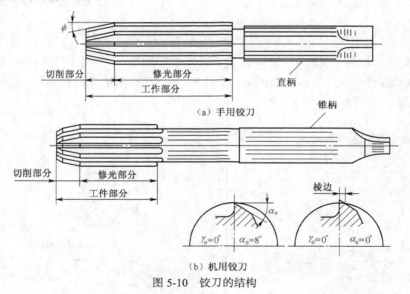

图 5-10 铰刀的结构

5. 孔加工复合刀具

孔加工复合刀具是由两把以上的同类型或不同类型的单个孔加工刀具复合后同时或按先后顺序完成不同工序(或工步)的刀具。这种刀具目前在组合机床及其自动线上获得了广泛的应用。

(1)孔加工复合刀具的特点。孔加工复合刀具的特点是生产率高。用同类刀具复合的孔加工复合刀具同时加工几个表面能使机动时间重合;用不同类刀具复合的孔加工复合刀具对一个或几个表面按顺序进行加工时能减少换刀时间,因此孔加工复合刀具的生产率很高。

用孔加工复合刀具加工时,可保证各加工表面之间获得较高的位置精度,例如孔的同轴度、端面与孔轴线的垂直度等。此外，采用孔加工复合刀具能减少工件安装次数或夹具的转位次数，减小工件的定位误差，提高加工精度。

采用孔加工复合刀具可以集中工序，从而减少了机床台数或工位数，对于自动线则可大大减少投资，降低加工成本。

（2）孔加工复合刀具的类型。

① 同类刀具复合的孔加工复合刀具。图 5-11（a）所示为复合钻，图 5-11（b）所示为复合扩孔钻，图 5-11（c）所示为复合铰刀，图 5-11（d）所示为复合镗刀。

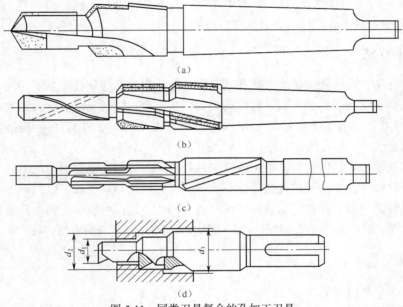

（a）

（b）

（c）

（d）

图 5-11　同类刀具复合的孔加工刀具

② 不同类刀具复合的孔加工复合刀具。图 5-12（a）所示为钻—扩复合刀具，图 5-12（b）所示为钻—铰复合孔加工刀具，图 5-12（c）所示为扩—铰复合孔加工刀具，图 5-12（d）所示为钻—扩—铰复合孔加工刀具。

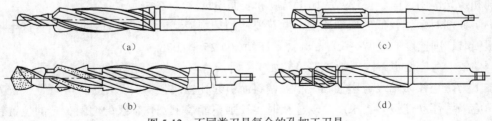

（a）　　　　　　　　　　　　　　　　（c）

（b）　　　　　　　　　　　　　　　　（d）

图 5-12　不同类刀具复合的孔加工刀具

5.2.3　内圆表面的钻削加工方法

1. 常用钻孔方法及注意事项

（1）钻削通孔时，当孔快要钻通时，应变自动进刀为手动进刀，以避免钻通孔的瞬间因进给量剧增而发生啃刀现象，影响加工质量，损坏钻头。

（2）钻不通孔时，应按钻孔深度调整好钻床上的挡块、深度标尺等，或采用其他控制方法，以免钻得过深或过浅，并应注意退屑。

（3）一般钻削深孔时钻削深度达到钻头直径3倍时，钻头就应退出排屑。此后，每钻进一定深度，钻头就再退出排屑一次，并注意冷却、润滑，防止切屑堵塞、钻头过热退火或扭断。

（4）钻削直径超过30mm的大孔时，一般应分两次钻削，第1次用0.6～0.8倍孔径的钻头，第2次用所需直径的钻头扩孔。扩孔钻头应使两条主切削刃长度相等、对称，否则会使孔径扩大。

（5）钻削直径小于1mm的小孔时，开始进给力要轻，防止钻头弯曲和滑移，以保证钻孔试切的正确位置。钻削过程中要经常退出钻头排屑和加注切削液。切削速度可选在2 000～3 000r/min，进给力应小且平稳，不易过大、过快。

2. 扩孔方法

（1）用麻花钻扩孔。在预钻孔上扩孔的麻花钻，几何尺寸与钻孔的基本相同，由于扩孔时避免了麻花钻横刃切削的不良影响，可适当提高切削用量。同时，由于吃刀深度减小，使切削容易排出，因此扩孔后孔的表面粗糙度有一定的降低。扩孔前的钻孔直径为孔径的0.5～0.7倍，扩孔时的切削速度约为钻孔的1/2，进给量为钻孔的1.5～2倍。

（2）用扩孔钻扩孔。钻孔后，在不改变工件和机床主轴相互位置的情况下，立即换上扩孔钻进行扩孔，这样可使钻头与扩孔钻的中心重合，使切削均匀、平稳，以保证加工精度。扩孔前可先用镗刀镗出一段直径与扩孔钻直径相同的导向孔，这样可使扩孔钻一开始就有较好的导向孔，而不致随原有不正确的孔偏斜。这种方法多用于对铸孔、锻孔进行扩孔。

3. 铰孔

铰孔时的注意事项如下。

（1）铰削余量要适中。余量过大，会因切削热多而导致铰刀直径增大，孔径扩大；余量过小，会留下底孔的刀痕，使表面粗糙度达不到要求。粗铰余量一般为0.15～0.35mm，精铰余量一般为0.05～0.15mm。

（2）铰削精度较高，铰刀齿数较多，芯部直径大，导向性及刚性好。铰削余量小，且综合了切削和挤光作用，能获得较高的加工精度和表面质量。

（3）铰削时采用较低的切削速度，并且要使用切削液，以免积屑瘤对加工质量产生不良影响。粗铰时切削速度取0.07～0.17m/s，精铰时取0.025～0.08m/s。

（4）铰刀适应性很差。一把铰刀只能加工一种尺寸、一种精度要求的孔。

（5）为防止铰刀轴线与主轴轴线相互偏斜而引起孔轴线歪斜、孔径扩大等现象，铰刀与主轴之间应采用浮动连接。当采用浮动连接时，铰削不能校正底孔轴线的偏斜，孔的位置精度应由前道工序来保证。

（6）机用铰刀不可倒转，以免崩刃。

（7）手工铰孔过程中，如果铰刀被切屑卡住，不能用力扳转铰刀，以防损坏铰刀。应想办法将铰刀退出，清除切屑后，再加切削液，继续铰削。

4. 钻孔质量分析

钻孔时在加工质量方面所遇到的主要问题有孔径扩大和孔线偏移、钻头崩刃和折断。

（1）孔径扩大和孔轴线偏移的原因如下。

① 钻头左、右两条切削刃刃磨得不对称，是孔轴线偏斜及孔径扩大的最重要原因之一。

② 工件待钻孔处的平面不平整，工件安装时位置不正确，导致工件表面与钻头轴线不垂直。

③ 钻头的横刃太长，导致进给力很大。

④ 夹具上钻套内孔与钻头的配合间隙过大。

⑤ 工件结构设计或加工顺序安排不合理也会导致钻头的引偏。如工件上要钻两个相互垂直的孔，该工件为铸件，如两孔直径较小，铸造时可以不下型芯，麻花钻直接在实体材料上钻孔。但是，必须先钻垂直孔，然后钻水平孔，否则在钻垂直孔时，会因两条切削刃负荷不均衡而产生钻头偏移现象。如果两孔直径较大，需要制成铸孔，然后用麻花钻或扩孔钻钻出，但是水平方向的铸孔必须是盲孔，而不应制成通孔，且在钻削时同样先钻垂直孔，后钻水平孔。

（2）钻头崩刃和折断的主要原因如下。

① 在钻削的全过程中，实际进给量是变化的，尤其是刚切入工件和孔即将钻通时，其进给量与选定的进给量相差较大。当横刃与工件表面接触时，进给力骤增，由于工艺系统内各有关部分之间的间隙和接触变形的影响，钻头的实际进给量减小。在孔钻通时则由于进给量的突然减小，而使实际进给量剧增，同时钻头的总扭矩也随之剧增。进给量和钻削力的大起大落，极容易导致钻头的崩刃或折断。

② 切屑对钻头的缠绕和在容屑槽中的堵塞都可能导致钻头的崩刃或折断。

③ 对硬质合金钻头，在切削时施加切削液要连续、均匀，否则会由于冷却不均匀而导致钻头的崩刃或炸裂。

④ 钻头磨损超过磨损极限，导致切削力急剧增大。

⑤ 工件或夹具刚性不足。

5.3 内圆表面的镗削加工及设备

5.3.1　TP619 型卧式铣镗床

镗床种类很多，常用的有立式镗床、卧式铣镗床、坐标镗床及精镗床。卧式铣镗床是镗床类机床中应用最普遍的一种类型，适合于加工尺寸较大、形状复杂、具有孔系的箱体和机架类零件。其工艺范围非常广泛，典型的加工方法如图 5-13 所示。

1. 主要技术参数

镗轴直径：90mm。

工作台面积：1 100mm×950mm。

镗轴最大行程：630mm。

平旋盘径向刀架最大行程：163mm。

镗轴转速（23级）：8～1 250r/min。

平旋盘转速（18 级）：4～200r/min。

主电动机：功率为 7.5kW，转速为 1 450r/min。

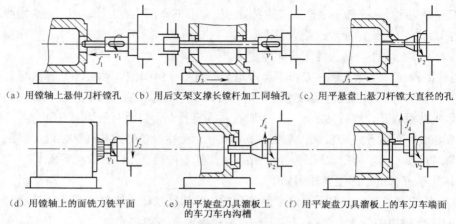

（a）用镗轴上悬伸刀杆镗孔 （b）用后支架支撑长镗杆加工同轴孔 （c）用平悬盘上悬刀杆镗大直径的孔

（d）用镗轴上的面铣刀铣平面 （e）用平旋盘刀具溜板上 （f）用平旋盘刀具溜板上的车刀车端面
的车刀车内沟槽

图 5-13 卧式铣镗床的典型加工方法

2. 主要部件及其功能

TP619 型卧式铣镗床是具有固定平旋盘的铣镗床，如图 5-14 所示。主轴箱安装在前立柱的垂向导轨上，可沿导轨上下移动。主轴箱装有镗轴、平旋盘、主运动和进给运动的变速机构及操纵机构等。机床的主运动为镗轴或平旋盘的旋转运动。根据加工要求，镗轴可作轴向进给运动，或平旋盘上径向刀具溜板在随平旋盘旋转的同时作径向进给运动。工作台由下滑座、上滑座和工作台组成。工作台可随下滑座沿床身导轨作纵向移动，也可随上滑座沿下滑座顶部导轨作横向移动。工作台还可沿上滑座 4 的环形导轨绕垂向轴线转位，以便加工分布在不同面上的孔。后立柱的垂向导轨上有支承较长的镗杆，以增加镗杆的刚性。支承架可沿后立柱的垂向导轨上下移动，以保持与镗轴同轴；后立柱可根据镗杆长度作纵向位置调整。

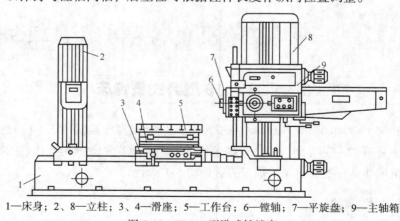

1—床身；2、8—立柱；3、4—滑座；5—工作台；6—镗轴；7—平旋盘；9—主轴箱

图 5-14 TP619 型卧式铣镗床

3. 传动系统

（1）主运动。TP619 型卧式铣镗床的主运动包括镗轴的旋转运动及平旋盘的旋转运动，其传动系统如图 5-15 所示。主电动机的运动经轴Ⅰ至轴Ⅴ间的几组变速组传至轴Ⅴ后，可分别

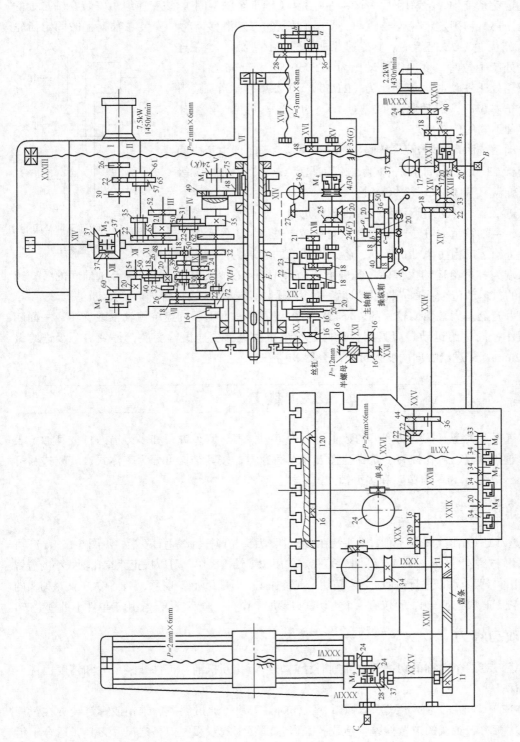

图 5-15　TP619 型卧式铣镗床传动系统

由轴Ⅴ上的单连滑移齿轮 K（z=24）或单连滑移齿轮 H（z=17）将运动传向镗轴或平旋盘。

在主运动系统中，还采用了一个多轴变速组（轴Ⅲ至轴Ⅴ间），该变速组由安装在轴Ⅲ上的固定齿轮 z=52 和固定齿轮 z=21、安装在轴Ⅳ上的三连滑移齿轮、安装在轴Ⅴ上的固定齿轮 z=62 及固定齿轮 z=35 等组成。其变速原理如图 5-16 所示。当三连滑移齿轮处于中位时，变速组传动比为（21/50）×（50/35）；当三连滑移齿轮处于左位时，传动比为（21/50）×（22/62）；当三连滑移齿轮处于右位时，传动比为（52/31）×（50/35）。可见，该变速组共有 3 种不同的传动比。

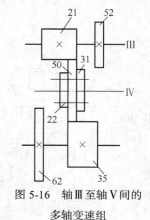

图 5-16   轴Ⅲ至轴Ⅴ间的
多轴变速组

由传动系统图可以看出，镗轴名义上有 36 级转速，但由于中间转速部分有 13 级重复，因此，实际上镗轴只有 3×2×3×2−13=23 级转速。平旋盘只有 3×2×3=18 级转速。

（2）进给运动。进给运动包括镗轴轴向进给、平旋盘刀具溜板径向进给、主轴箱垂向进给、工作台纵向和横向进给及工作台圆周进给等。进给运动由主电动机驱动，各进给传动的起端为镗轴或平旋盘，末端为各进给运动执行件。各进给传动采用公用变速机构，从轴Ⅷ至轴Ⅻ间的各变速组是公用的，运动传至垂直光杠ⅪⅤ以后，再由不同的传动路线实现各种进给运动。

利用平旋盘车大端面或较大的外环槽时，需要刀具一面随平旋盘绕镗轴轴线旋转，一面随刀具溜板作径向进给运动。刀具溜板径向进给量可由进给变速机构变换，得到 18 级进给量（0.08～12mm/r），进给方向的变换可由离合器 M_2 控制。

5.3.2   镗刀

镗刀有很多类型，按其切削刃的数量可分为单刃镗刀、双刃镗刀和多刃镗刀；按其加工表面可分为通孔镗刀、盲孔镗刀、阶梯孔镗刀和端面镗刀；按其结构可分为整体式、装配式和可调式。图 5-17 所示为单刃镗刀和多刃镗刀的结构。

1. 单刃镗刀

单刃镗刀刀头结构与车刀类似，刀头装在刀杆中。刀头与镗杆轴线垂直安装［见图 5-17（a）］可镗通孔，倾斜安装［见图 5-17（b）］可镗盲孔。单刃镗刀结构简单，可以校正原有孔轴线小的位置偏差，实用性较强，可以进行粗加工、半精加工或精加工。但是，所镗孔径大小要靠人工调整刀头的悬伸长度来保证，较为麻烦，且仅有一个主切削刃参加工作，生产率较低，多用于单件小批量生产。

2. 双刃镗刀

双刃镗刀有两个对称的切削刃，切削时径向力可以相互抵消，工件孔径尺寸和精度由镗刀径向尺寸保证。

图 5-17（c）所示为固定式双刃镗刀，工作时镗刀块可通过斜楔、锥销或螺钉装夹在镗杆上，镗刀块相对于轴线的位置偏差会造成孔径误差。固定式双刃镗刀是定尺寸刀具，适合于粗镗或半精镗直径较大的孔。

图 5-17（d）所示为可调节浮动镗刀块，调节时，先松开螺钉，改变刀片的径向位置至两

切削刃之间的尺寸等于所加工孔径尺寸，最后拧紧螺钉。工作时镗刀块在镗杆的径向槽中不紧固，能在径向自由滑动，镗刀块在切削力的作用下保持平衡对中，可以减少镗刀块安装误差及镗杆径向圆跳动所引起的加工误差，而获得较高的加工精度。但它不能校正原有孔径轴线偏斜或位置误差，其使用应在单刃镗削之后进行。浮动镗削适用于精加工批量较大、孔径较大的孔。

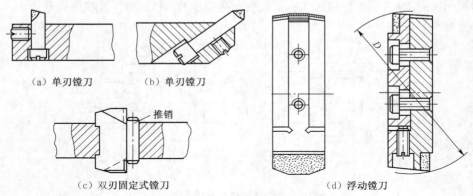

（a）单刃镗刀　　　（b）单刃镗刀

（c）双刃固定式镗刀　　　　　　　　（d）浮动镗刀

图 5-17　单刃镗刀和双刃镗刀的结构

5.3.3　内圆表面的镗削加工方法

镗孔加工应用极为广泛，提高镗孔质量，除靠机床、夹具外，能有效控制镗孔尺寸，也起到决定作用。镗孔直径尺寸的控制方式有调刀试切、借用微动调刀装置和采用定径刀具。

在镗孔加工中，孔系的加工很常见，孔系是指垂直孔系、平行孔系和同轴孔系。垂直孔系、平行孔系和多孔槽块孔系的加工方法如下。（同轴孔系的加工方法相对简单，在前面图 5-13（b）有一图例，此处不再详细介绍）。

1. 垂直孔系的镗削方法

（1）回转法镗削垂直孔系。利用回转工作台的定位精度来镗削如图 5-18 所示工件的 A、B 孔。首先将工件安装在镗床工作台上，并按侧面或基面找正、校直，使要镗削的 A 孔轴线平行于镗床主轴，开始镗削 A 孔。镗好 A 孔后，将工作台逆时针回转 90°，然后镗削 B 孔。回转法镗削主要依靠镗床工作台的回转精度来保证孔系的垂直度误差符合要求。

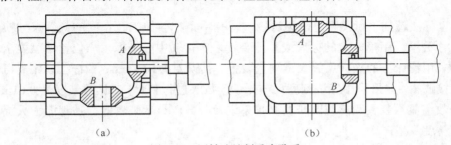

（a）　　　　　　　　　　　　　　　（b）

图 5-18　回转法镗削垂直孔系

（2）心轴校正法镗削垂直孔系。镗床工作台回转精度不够理想时，不能保证垂直度误差符合要求，此时，可利用已加工好的 B 孔，选配同样直径的检验心轴插入 B 孔中，用百分表校对心轴两端对零，如图 5-19 所示，即可镗削 C 孔。

2. 平行孔系的镗削方法

平行孔系的主要技术要求是各平行孔系轴线之间、孔轴线与基本面之间的距离精度和平行度误差。单件小批量生产中的中小型箱体及大型箱体或机架上的平行孔系，一般在卧式镗床或落地镗床上用试切法和坐标法来加工；批量较大的中小型箱体经常用镗模法镗孔。

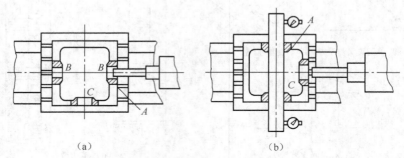

（a）　　　　　　　　　　　（b）

图 5-19　心轴校正法镗削垂直孔系

（1）试切法镗削平行孔系。首先将第 1 个孔按图样尺寸镗到直径 D_1，然后根据划线将镗杆主轴调整到第二个孔的中心处并把此孔镗到直径 D_2'（小于 D_2），如图 5-20 所示。量出孔间距 $A_1=D_1/2+ D_2'/2+L_1$，根据 A_1 与图样要求的孔中心距 A 之差进一步调整主轴位置，进行第二次试切，通过多次试切，逐渐接近中心距 A 的尺寸，直至中心距符合图样要求时，再将第二个孔镗到图样规定的直径，这样依次镗削其他孔。应用试切法镗孔，其精度和生产率较低，适用于单件小批量生产。

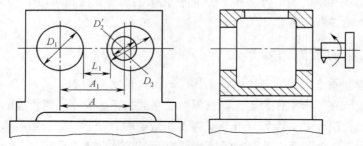

图 5-20　试切法镗平行孔系

（2）坐标法镗削平行孔系。坐标法镗平行孔系是把被加工孔系间的位置尺寸换算成直角坐标的尺寸关系，用镗床上的标尺或其他装置来定镗轴中心坐标。当位置精度要求不高时，一般直接采用镗床上的坐标尺放大镜测量装置，其误差为±0.1mm，镗杆移动距离可以在读数装置中直接取得。如果采用经济刻度尺与光学读数头进行测量，其读数精度为 0.01mm。另外，还有光栅数字显示装置和感应同步器测量系统及其数码显示装置等。这都能大大提高加工平行孔系的精度及生产率。

（3）镗模法镗削平行孔系。在成批生产或大批量生产中，普遍应用镗模来加工中小型工件的孔系，能较好地保证孔系的精度，生产率较高。用镗模加工孔系时，镗模和镗杆都要有足够的刚度，镗杆与机床主轴为浮动连接，镗杆两端由镗模套支撑，被加工孔的位置精度完全由镗模的精度来保证。

3. 多孔槽块的镗削方法

图 5-21 所示为多孔槽块的零件图，表 5-2 所示为多孔槽块的工艺路线。

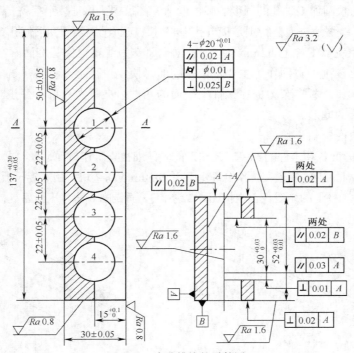

图 5-21 多孔槽块的零件图

表 5-2 多孔槽块的工艺路线

零件名称	多孔槽块	材 料	40Cr2MoV
序 号	工 序 名 称	加 工 内 容	技 术 要 求
1	锻	锻造成型	
2	热处理	退火	
3	划线	划出 6 面加工轮廓线	
4	粗铣	按所划加工轮廓线铣削 6 面	每面留 2mm 余量
5	热处理	调质	调质硬度 30HRC
6	精铣	按图铣准 6 面尺寸	高度上两面各留 0.15mm 余量
7	划线	划镗加工 4 孔及凹槽尺寸线	
8	钻孔	钻 4 孔至 ϕ16mm	
9	铣凹槽	铣宽 30mm、深 15mm 的凹槽	粗铣和精铣分开进行，直至加工面达到图样技术要求
10	镗	半精镗及精镗 ϕ20mm 孔至尺寸公差	达到图样上的形位公差要求
11	磨平面	磨削高度方向上 0.15mm 的加工余量	

（1）镗削路线的选择。本工件加工如批量生产可按表 5-2 的分散工序的加工路线；单件加工应采用集中工序的加工路线，平面的铣削和孔的钻削均由镗床加工完成。

由于在镗削 ϕ20mm 孔凹槽部位时，缺圆孔使刀具往上偏，造成孔精度变坏，甚至无法加工，所以在工艺上常采用以下两种加工方法。

① 粗、精铣 6 面后，钻 4 孔至 ϕ16mm，然后铣 30mm 宽凹槽，最后镗 4 孔至 ϕ20mm。这

样安排工艺路线，铣削槽面时刚性较好，但镗孔时，在孔后端应增设墙板，以加强镗缺圆孔时的工艺系统刚性。但墙板的校正及在镗削中背吃刀量的调整等都比较复杂。

② 粗、精铣 6 面后，钻、半精镗、精镗 ϕ20mm 4 孔，然后铣削 30mm 宽槽面。这样在工艺路线上不存在孔的缺圆加工，孔的圆度、圆柱度精度都可得到保证。最后铣槽面时，因工艺刚性较差，必须细心，缓缓地进刀，特别是接近孔中心时，应防止铣削面变形使孔精度下降。

镗削加工中粗铣以工件上 52mm×137mm 宽平面作为毛坯定位基准面。在铣削第 3 面时安装导向挡块，用已铣削的宽面作为主要定位基准面，使定位稳定。将另一铣削面作导向定位面紧靠导向挡块。螺旋压板夹紧力加在工件上平面的两端。夹紧力应可靠并正对垫块，不影响加工面，不产生严重的变形。

（2）多孔槽块的镗削步骤。

① 镗削加工的准备和工件的安装。镗加工前应仔细检查工作台面，如有凸点，应研平，并对导轨、丝杠揩清涂油。工件放置在工作台面上，下垫 50mm 高垫块，用螺旋压板轻压，着力点应通过垫块，用划针对工件上的划线找正，按图 5-22 找正 3 面铣削 6 面。压紧后复校一次。

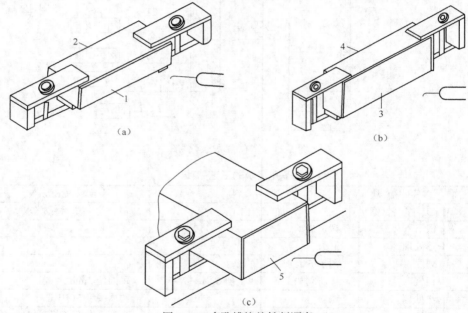

图 5-22　多孔槽块的铣削顺序

② 粗铣、精铣多孔槽块的 6 面。先以毛坯宽平面定位，首先铣高度面"1"［见图 5-22（a）］，铣完后工作台上装两个挡块，并校正与滑座的横向导轨平行，将已铣削的"1"面紧靠挡块，然后夹紧工件，铣削"2"面。接着以铣削好的"1"面或"2"面作为定位面，校正与滑座横向导轨平行后铣"3"面［见图 5-22（b）］。然后按铣"2"面的同样方法铣"4"面。再用上述同样的方法铣多孔槽块的两个端面，但要注意铣端面"5"时必须用百分表校正"1"面或"2"面与主轴轴线平行［见图 5-22（c）］。

粗铣时，各面需留 2mm 余量，按上述同样的顺序和方法精铣多孔槽块的 6 个面。铣削中注意锁紧工作台、主轴、滑座，用玉米齿铣刀，刀片材料为 YT5。

铣削用量：粗铣，切削速度 v_c=60～80m/min，进给量 f=300～600mm/min，背吃刀量 a_p=0.5～4mm；精铣，切削速度大于 80m/min，进给量、背吃刀量按粗铣的选用范围取小值。在高度上两面各留 0.20mm 磨削余量。

③ 镗孔前的定位。以 A 面（见图 5-21）作为主要基准面，以 B 面作为导向基准面，应紧靠导向块，压紧两端，导向块要避开 ϕ20mm 孔。用定心轴测出镗轴中心到工作台面的距离，在定心轴下垫量块，母线同量块面接触，由量块高及心轴半径可知镗轴到加工位置应升降的尺寸。镗轴在水平面位置，应测出镗轴轴线到工件基准面的精确距离，从而确定工作台应该移动的距离。如第 1 孔轴线距端面（基准面）50mm，如心轴直径为 ϕ30mm，则工作台移动 65mm，即为第 1 孔的位置。工作台精确移位用百分表垫量块法测量。注意移位后锁紧工作台。

④ 钻、镗孔加工。镗轴上装钻夹头，再装上中心钻钻出中心孔位置，注意进给量不能太大。用麻花钻钻 ϕ16mm 通孔，麻花钻修磨参数：顶角 $2\phi=120°$，修短横刃到原长的 1/2，修磨出内直径斜角 $\tau=20°$，内直刃前角 $\gamma_\tau=-15°$，单侧后面上磨出分屑槽。钻削用量：$n=350$r/min，$f=0.30$mm/r。拆下麻花钻，装上镗刀，镗第 1 孔。镗削用量：切削速度 $v_{半精}=95$m/min、$v_{精}=120$m/min；进给量 $f_{半精}=0.5$mm/r、$f_{精}=0.3$mm/r；背吃刀量 $a_{p1}=1.5$mm，$a_{p2}=1$mm，$a_{p3}=0.3$mm。镗刀参数：YW1 刀头；主偏角 $\kappa_r=75°$ 或 90°；副偏角 $\kappa_r'=8°$；$a_o=6°$；$\gamma_o=14°$；断屑槽 $R=2.5$mm，切削屑深 2mm；刃倾角 $\lambda_a=-4°$；负倒棱倾角为 $-5°$，宽 0.1～0.3mm；镗刀头截面不小于 6mm×6mm。

第 2 孔及以后数孔用链式移位法定位。

⑤ 铣削凹槽。用立铣刀铣凹槽，铣刀中心调整到工作台上方 26mm。工件以宽面作导向基准面，导向挡块面必须精确地与横向导轨平行，并在工件端面加止推挡块。

夹紧工件时，注意夹紧力位置不能加到凹槽上方，夹紧力应垂直于工作台面。

用 ϕ28mm 立铣刀，将槽铣深到 13mm。粗铣每齿进给量为 0.08mm，切削速度为 50m/min。精铣每齿进给量为 0.06mm，切削速度为 35m/min。

铣通凹槽后，镗床主轴上升一定距离，精铣槽的一个内侧面及槽底面，注意控制槽深为 $15^{+0.1}_{0}$mm 这一尺寸。铣通后，下降主轴，精铣另一内侧面及底面，达槽宽尺寸要求 $30^{+0.08}_{0}$mm。

注意在铣削槽深及槽宽时，一般均用试切法逐渐逼近尺寸要求，并注意控制槽深及槽宽的尺寸偏差，在切削过程中应加注切削液。

5.4 内圆表面的磨削加工

内圆磨削可以在内圆磨床或万能外圆磨床上进行。常用的磨削方法有纵向磨削法与径向磨削法。磨削对象主要是各种圆柱孔、圆锥孔、圆柱孔或圆锥孔端面及成型内表面。内圆磨削的尺寸精度可以达到 IT6～IT7 级，表面粗糙度为 0.8～0.2μm。采用高精度内圆磨削工艺，尺寸精度可以控制在 0.005mm 以内，表面粗糙度为 0.1～0.025μm。

5.4.1 内圆磨削具有的特点

（1）由于受到内圆直径的限制，内圆磨削的砂轮直径小，转速又受内圆磨床主轴转速的限制（一般为 10 000～20 000r/min），砂轮的圆周速度一般达不到 35m/s，因此磨削表面质量比外圆磨削差。

（2）内圆磨削时，直径越小，安装砂轮的接长轴直径也越小，而悬伸却较长、刚性差，容易产生弯曲变形和振动，影响了尺寸精度和形状精度，降低了表面质量，同时也限制了磨削用量，不利于提高生产率。

（3）内圆磨削时，砂轮直径小，转速却比外圆磨削高得多，因此单位时间内每一磨粒参加磨削的次数比外圆磨削高，而且与工件成内切圆接触，接触弧比外圆磨削长，再加上内圆磨削处于半封闭状态，冷却条件差，磨削热量较大，磨粒易磨钝，砂轮易堵塞，工件易发热和烧伤，影响表面质量。

为了保证磨孔的质量，提高生产率，必须根据磨孔的特点，合理使用砂轮和接长轴，正确选择磨削用量，改进工艺。

5.4.2　砂轮的选择

1．砂轮的尺寸选择

（1）砂轮直径的选择。砂轮直径的选择要考虑两个方面：一方面，磨削某一内圆时，砂轮直径选大值，其圆周速度得到提高，砂轮接长轴也可选择较粗些的，刚性好，因而对提高工件的加工精度，降低表面粗糙度有利；另一方面，砂轮直径加大，它与工件内圆表面的接触弧面积也随之增大，致使磨削热量增加，冷却和排屑条件变差，砂轮易堵塞、变钝，这是不利的一面。为了获得良好的磨削效果，砂轮直径与工件孔径应有一个适当的比值，这个比值通常在 0.5～0.9。当内径较小时，可取较大比值；当内径较大时，应取较小比值。

（2）砂轮宽度的选择。在砂轮接长轴的刚性和机床功率允许的范围内，砂轮宽度可以按工件长度选择，见表 5-3。

表 5-3　　　　　　　　　　　　内圆砂轮宽度选择　　　　　　　　　　　　mm

磨 削 长 度	14	30	45	> 50
砂 轮 宽 度	10	25	32	40

2．砂轮特性的选择

（1）硬度选择。根据内圆磨削的特点，砂轮具有良好的自锐性，才能减小磨削力，减少工件发热，降低磨削区域的温度。通常磨内孔的砂轮要比磨外圆的砂轮硬度要软 1～2 级，但内孔直径小时，硬度要适当硬一些。磨削长度较长时，为避免工件产生锥度，砂轮的硬度不可太低，一般选择 J～L 级。

（2）粒度选择。为了提高磨粒的切削能力，同时避免工件烧伤，应选择较粗的粒度。

（3）组织选择。因内孔排屑困难，为了有较大的空隙来容纳磨屑，改善磨削区域的冷却条件，避免砂轮过早堵塞，砂轮组织要较疏松一些。

3．砂轮的安装

砂轮与接长轴的紧固有螺纹紧固和黏结剂紧固两种方法。

（1）螺纹紧固。螺纹紧固法是常用的机械紧固砂轮的方法，如图 5-23 所示。由于螺纹有较大的夹紧力，因此可以使砂轮安装得比较牢固，并且可以保证砂轮有正确的定位。

（2）黏结剂紧固。磨削小孔时（ϕ15mm 以下），砂轮常用黏结剂紧固在接长轴上，如图 5-24 所示。

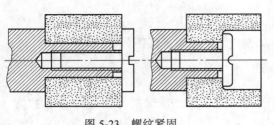

图 5-23　螺纹紧固

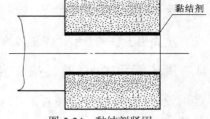

黏结剂

图 5-24　黏结剂紧固

（3）砂轮接长轴。为了扩大内圆磨具的适用范围，砂轮不是直接装在内圆磨具的主轴上，而是将砂轮紧固在接长轴上，如图 5-25 所示。在内圆磨床或万能外圆磨床上使用的接长轴，可以按经常磨削孔的类型配制一套不同规格的接长轴。当要磨削不同孔径和长度的工件时，只需更换不同尺寸的接长轴即可，这样做既经济又方便。

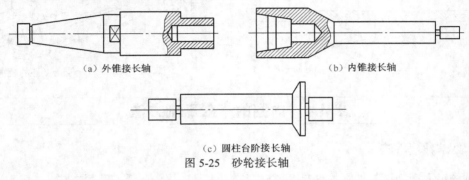

（a）外锥接长轴　　　　　　　　　（b）内锥接长轴

（c）圆柱台阶接长轴

图 5-25　砂轮接长轴

5.4.3　工件的安装

1．用三爪卡盘装夹工件

三爪卡盘能自动定心，但定心精度较低，工件夹紧后的径向圆跳动在 0.08mm 左右。

（1）较短工件的装夹。

①　工件端面与内孔对夹持外圆没有位置精度要求，或内孔磨好后再磨外圆，这种情形可以不用百分表找正，直接装夹。

②　工件端面与内孔对夹持外圆有位置精度要求，则要用百分表找正，可以用铜棒轻轻敲击工件右端面，如图 5-26（a）所示。

（2）较长工件的装夹。工件较长时，装夹容易偏斜，其右端的径向圆跳动量往往也大，需要进行找正。左端夹持 10～15mm［见图 5-26（b）］，先找正 a 点，用铜棒轻轻敲击最高点，待 a 点基本符合要求后，复调 b 点（b 点的跳动量由卡盘本身的精度保证）。待再次夹紧后，复调几次方能加工。

（3）盘形工件的装夹。装盘形工件时，端面容易倾斜。工件夹持部位要短些，找正时用铜棒轻轻敲击，如图 5-26（c）所示。如果端面为精基准，则端面圆跳动要控制在 0.01mm 左右；如果端面与内圆同时磨出，则端面圆跳动控制在 0.03mm 左右。待再次夹紧后，复调一次方能加工。

2．用四爪卡盘装夹工件

四爪卡盘主要用于装夹尺寸较大的工件，或外形为正方形、矩形和其他不规则形状的工件。四爪卡盘不能自动定心，装夹工件时必须进行找正。粗找正时可用划针盘，精找正时再用百分表。

3. 用花盘装夹工件

花盘主要用于装夹外形比较复杂的工件，如铣刀、支架、连杆等。

4. 用卡盘和中心架装夹工件

磨削较长的套类零件内圆时，可以采用卡盘和中心架组合安装的方法（见图 5-27），以提高工件的装夹稳定性。

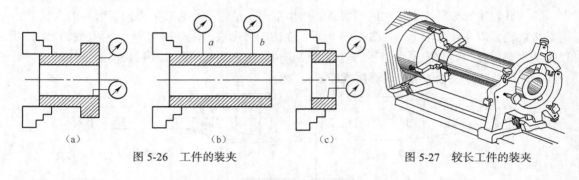

（a）	（b）	（c）

图 5-26　工件的装夹　　　　　　　　　　　图 5-27　较长工件的装夹

5.4.4　内圆的一般磨削方法

1. 纵向磨削法

内圆的纵向磨削法与外圆的纵向磨削法相同，也是应用最广泛的磨削方法。

（1）光滑通孔磨削。

① 砂轮直径、接长轴长度选择。根据孔径和孔长，选择合适的砂轮直径和接长轴长度，接长轴的刚度要好，接长轴太长，磨削时易产生振动，影响磨削效率和加工质量。

② 调整工作台行程。内圆磨削要调整工作台行程。行程长度 T 应根据［见图 5-28（a）］工件长度 L' 和砂轮在孔端的越程 l 计算。长度 l 一般取砂轮宽度 B 的 1/3～1/2。

越程如过小，则孔的两端磨削时间太短，磨去的金属会比孔中间的少，易形成孔中间凹的缺陷［见图 5-28（b）］；越程如过大，砂轮宽度大部分已超过孔端，此时磨削力明显减弱，接长轴弹性变形得到恢复，孔两端的金属就会被多磨去一部分，形成"喇叭口"［见图 5-28（c）］，孔径小时更明显。

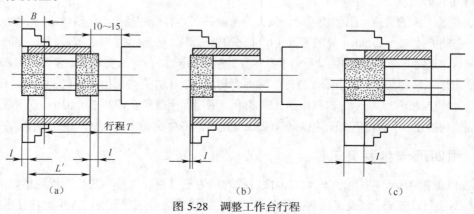

（a）	（b）	（c）

图 5-28　调整工作台行程

（2）光滑不通孔的磨削。光滑不通孔的磨削与通孔磨削相似，但需注意以下几点：

① 左挡铁必须调整正确，防止砂轮端面与孔底相撞。可先按孔深在外壁上做记号，在砂轮和工件均不转动时，移动工作台纵向行程到位置后紧好挡铁。

② 为防止产生顺锥，可以在孔底附近作几次短距离的往复行程，砂轮在孔口的越程要小一些。

③ 及时清除孔内的磨屑。

（3）间断表面孔的磨削。内孔表面如有沟槽（见图 5-29（a））、键槽（见图 5-29（b））或径向通孔［见图 5-29（c）］，则砂轮与孔壁接触有间断现象，内孔容易产生形状误差，磨削时要采取相应的措施。

磨削如图 5-29（a）所示内孔时，在表面 1 和 2 的地方容易产生喇叭口。应采取的对策是适当加大砂轮宽度，尽量选直径较大的接长轴，并用金刚石及时修整砂轮。磨削如图 5-29（b）所示

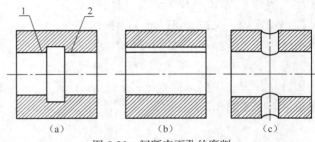

图 5-29　间断表面孔的磨削

内孔时，在键槽边口容易产生"塌角"，可适当增大砂轮直径，减小砂轮宽度，提高接长轴的刚性。对于精度较高的内孔，则可在键槽内镶嵌硬木或胶木。磨削如图 5-29（c）所示内孔时，孔壁容易产生多角形，可适当增大砂轮直径，采用刚性好的材料作接长轴，并及时修整砂轮。上述 3 种类型的零件在精磨时都应减小背吃刀量，增加光磨次数，方能保证工件的加工精度和表面粗糙度。

2. 径向磨削法

与外圆径向磨削法相同。适用于工件长度不大的内孔磨削，生产效率高，如图 5-30 所示。

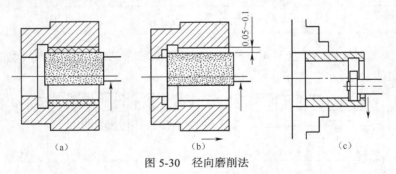

图 5-30　径向磨削法

5.5 内圆表面的拉削加工及设备

5.5.1　卧式内拉床

拉床按其加工表面所处位置，可分为内表面拉床和外表面拉床。按拉床的结构和布局形式，又可分为立式拉床、卧式拉床、连续式拉床等。

拉床的主参数为机床的最大额定拉力。如 L6120 型卧式内拉床最大额定拉力为 200kN。图 5-31 所示为卧式内拉床的外形图，在床身的内部有水平安装的液压缸，通过活塞杆带动拉刀作水平移动，实现拉削的主运动。拉床拉削时，工件可直接以其端面在支承座上定位 [见图 5-32（a）]，也可以采用球面垫圈定位 [见图 5-32（b）]。护送夹头及滚柱用于支承拉刀。开始拉削前，护送夹头和滚柱向左移动，使拉刀通过工件预制孔，并将拉刀左端柄部插入拉刀夹头。加工时滚柱下降不起作用。

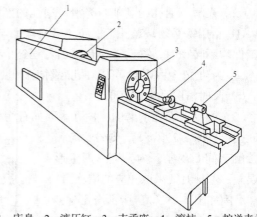

1—床身；2—液压缸；3—支承座；4—滚柱；5—护送夹头

图 5-31 卧式内拉床的外形图

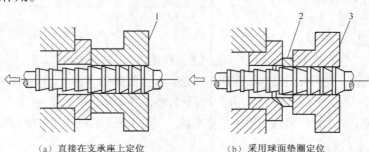

（a）直接在支承座上定位　　　　（b）采用球面垫圈定位

1、3—工件；2—球面垫圈

图 5-32 工件的定位

5.5.2 拉刀

根据工件加工面及截面形状不同，拉刀有多种形式。常见的圆孔拉刀结构如图 5-33 所示，其组成部分如下。

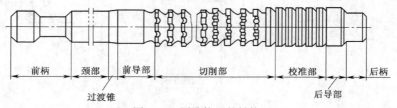

图 5-33 圆孔拉刀的结构

（1）前柄。前柄用于拉床夹头夹持拉刀，带动拉刀进行拉削。

（2）颈部。颈部是前柄与过渡锥的连接部分，可在此处做标记。

（3）过渡锥。过渡锥起对准中心的作用，使拉刀顺利进入工件预制孔中。

（4）前导部。前导部起导向和定心作用，防止拉孔歪斜，并可检查拉削前的孔径尺寸是否过小，以免拉刀第 1 个切削齿载荷太重而损坏。

（5）切削部。切削部承担全部余量的切削工作，由粗切齿、过渡齿和精切齿组成。

（6）校准部。校准部用于校正孔径、修光孔壁，并作为精切齿的后备齿。

（7）后导部。后导部用于保持拉刀最后正确位置，防止拉刀在即将离开工件时，工件下垂而损坏已加工表面或刀齿。

（8）后柄。后柄用于直径大于 60mm、既长又重拉刀的后支承，防止拉刀下垂。直径较小的拉刀可不设后柄。

5.5.3　拉孔的工艺特点

拉刀是一种高精度的多齿刀具，由于拉刀从头部向尾部方向起刀齿高度逐齿递增，拉削过程中，通过拉刀与工件之间的相对运动，分别逐层从工件孔壁上切除金属（见图 5-34），从而形成与拉刀的最后刀齿同形状的孔。拉削时，拉刀同时工作的刀齿很多，在一次工作行程中就能完成粗、半精及精加工，机动时间短，因此生产率很高。由于拉刀为定尺寸的刀具，有校正齿对孔进行校准、修光；且拉刀切削速度低（2～8m/min），拉削过程平稳，因此可获得较高的加工精度。一般拉孔精度可达 IT8～IT7 级，表面粗糙度可达 1.6～0.1μm。拉削的主运动是拉刀的轴向移动，无进给运动，拉床结构

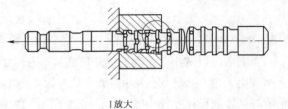

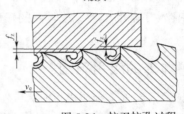

图 5-34　拉刀拉孔过程

简单，操作方便，但拉刀结构复杂、制造成本高，拉削加工多用于大批量或成批生产中。

5.6

内圆表面的精整、光整加工

5.6.1　珩磨加工

对于产品零件质量要求很高、尺寸精度达 IT6～IT7、形状公差达 0.01mm、表面粗糙度 $Ra <$ 0.25μm 的内孔，生产批量较大时，通常采用珩磨加工方法。

珩磨能获得很高的尺寸精度和形状精度，珩磨孔的尺寸精度可达到 IT6，圆度和圆柱度可达 0.003～0.005mm，珩磨后孔的表面粗糙度 Ra 值通常为 0.63～0.04μm，有时也可达到 $Ra=0.01～$ 0.02μm 的镜面。

1．珩磨加工的特点

（1）珩磨运动。珩磨是一种低速磨削，将珩磨油石用黏结剂黏结或用机械方法装夹在特制的珩磨头上，由珩磨机床（见图 5-35）主轴带动珩磨头作旋转和上下往复运动，通过珩磨头中的进给胀锥使油石胀出，并向孔壁施加一定的压力以作进给运动，实现珩磨加工。

（2）珩磨头。珩磨头（见图 5-36）与珩磨机主轴一般采用浮动连接，或采用刚性连接但配以浮动夹具，这样可以减少珩磨机主轴回转中心与被加工孔的同轴度误差对珩磨质量的影响。

因此，珩磨加工只能提高内孔的尺寸精度和表面粗糙度，纠正不了内孔的位置精度。

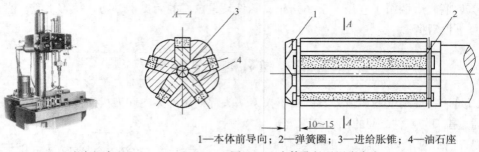

1—本体前导向；2—弹簧圈；3—进给胀锥；4—油石座

图 5-35　MJ4220A 珩磨机床　　　　　图 5-36　中等孔径通用珩磨头

珩磨头可以选用多条油石或超硬磨料油石（如人造金刚石油石），提高珩磨头的往复速度以增大网纹交叉角，能较快地去除珩磨余量与误差。也可以采用强力珩磨工艺，以有效地提高珩磨效率。精珩时可以选择粒度较小的油石，实现平顶珩磨，使相对运动的摩擦副获得较理想的表面质量。

薄壁孔和刚性不足的工件，或较硬的工件表面，用珩磨进行光整加工不需复杂的设备与工装，操作方便。

2．珩磨加工的应用范围

（1）广泛应用于汽车、拖拉机和轴承制造业中的大批量生产，也适用于各类机械制造中的批量生产，如珩磨缸套、连杆孔、液压泵油嘴与液压阀体孔、轴套、齿轮孔、汽车制动分泵、总泵缸孔等。

（2）大量应用于各种形状的孔的光整或精加工，孔径为 5～1 200mm，长度可达 12 000mm。国内珩磨机工作范围为孔径 5～250mm，孔长 3 000mm。

（3）用于外圆、球面及内、外环形曲面加工，如镀铬活塞环，顶杆球面与滚珠轴承的内、外圈等。

（4）适用于金属与非金属材料的加工，如铸铁、淬火钢与未淬火钢、硬铝、青铜、硬铬与硬质合金、玻璃、陶瓷、晶体与烧结材料等。

5.6.2　孔的挤光和滚压

1．孔的挤光

挤光加工是小孔精加工高效率的工艺方法之一，它可得到精度为 IT5～IT6 级，表面粗糙度为 0.025～0.4μm 的孔，所使用的工具简单，制造容易，对设备除要求刚性较好外，无其他特殊要求。但挤压加工时径向力较大，对形状不对称、壁厚不均匀的工件，挤压时易伴生畸变。挤光工艺适用于加工孔径为 2～30mm（最大不超过 50mm）、壁厚较大的孔。

凡在常温下可产生塑性变形的金属，如碳钢、合金钢、铜合金、铝合金和铸铁等金属的工件，都可采用挤光加工，并可获得良好的效果。

挤光加工分为推挤和拉挤两种方式，一般加工短孔时采用推挤，加工较长的孔（深径比 $L/D>8$）时采用拉挤。各种挤光方式如图 5-37 所示。

挤光工具可采用滚珠（淬硬钢球或硬质合金球）、挤压刀（单环或多环）等，以实现工件的精整（尺寸）、挤光（表面）和强化（表层）等目的。在挤光工具中，滚珠可采用轴承上的标准滚珠，便宜易得，但它的导向性不好，只适用于工件长度较短、材料强度较低（如低碳钢和有色金属）的挤光。挤压刀的挤压环有圆弧面和锥形挤压（有双锥、单锥）等几种，如图 5-38 所示，应用较广的是有前、后锥面（双锥）的圆柱棱带挤压刀（简称锥面挤压刀）。

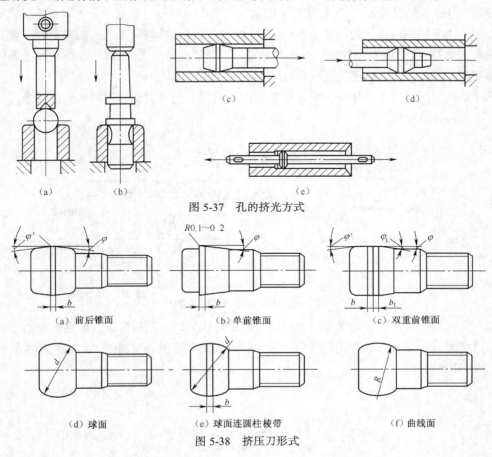

（a）　　　（b）　　　　　　（c）　　　　　　　　（d）

（e）

图 5-37　孔的挤光方式

（a）前后锥面　　　（b）单前锥面　　　（c）双重前锥面

（d）球面　　　（e）球面连圆柱棱带　　　（f）曲线面

图 5-38　挤压刀形式

一般情况下，经过精镗或铰等预加工，精度为 IT8～IT10 级的孔，挤光后可达 IT6～IT8 级精度。经预加工表面粗糙度为 1.6～6.3μm 的孔，挤光后铸铁零件表面粗糙度可达 0.4～1.6μm，钢件零件表面粗糙度可达 0.2～0.8μm，青铜零件表面粗糙度可达 0.1～0.4μm。

对具有一定公差范围的铰削孔，用大小不同的钢球挤光加工时所取得的孔有一定的误差范围。钢球直径对应于待挤光孔有一最合适的尺寸，否则难以获得符合公差要求的孔。待挤光孔的公差大，成品的公差也必然大，所以待挤光孔应有一定的精度要求。

挤光孔加工在孔末端要产生喇叭口。实验表明，试件壁薄时几乎没有喇叭口，随着壁厚增大喇叭口也增大。钢球与孔径尺寸也影响喇叭口，尺寸差小几乎没有喇叭口，尺寸差大喇叭口也增大。

2. 孔的滚压

孔的滚压加工可应用于直径为 6～500mm、长为 30～500mm 的钢、铸铁和有色金属的工件。内孔滚压加工原理与外圆滚压相同。

内孔滚压工具可分为可调的和不可调的、刚性的和弱性的、滚柱（圆柱和圆锥）式的和滚珠式的等。根据工件的尺寸和结构、具体用途、对孔要求的精度和表面粗糙度的不同，可采用不同的滚压方式和不同结构的内孔滚压工具来滚压。

圆锥滚柱工作接触面积较大，能承受较大的滚压力，可选用较大的进给量，以提高生产效率。当圆锥滚柱的锥角大于心轴的斜角时（见图 5-39），滚柱沿进给方向宽头在前（图中滚柱截面图），接触逐渐向后减窄，这种情况下能防止材料向后流动，有利于改善表面质量，降低表面粗糙度，这是锥形滚柱式的一个重要优点。此外，滚柱轴线与工件孔的轴线旋转速度方向 v 有一偏角 η，可形成滚压头"自行"进给的趋势，即为"自旋性"，可减小滚柱在加工表面上的滑移和摩擦力，大大降低滚压的扭矩和轴向力。

圆柱滚柱式制造简单、便宜，但由于没有滚压后角，金属层塑性变形的条件较恶劣。它一般用于不可调式滚压头。

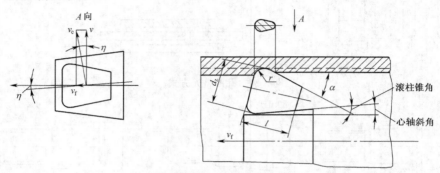

图 5-39　圆锥滚柱的滚压示意图

滚珠式在较小负荷下，能产生对工件较大的单位压力，且结构简单，可利用轴承上的标准滚珠，适用于以压光表面、强化表层为主的弹性滚压头和滚压刚性弱的工件；但其承受滚压力较小，效率较低。

思考题

1. 内圆表面常见的加工方法有哪几种？
2. 钻削加工范围有哪些？
3. 标准麻花钻由哪几部分组成？切削部分包括哪些几何参数？
4. 钻孔、扩孔、铰孔有什么区别？
5. 孔加工复合刀具有何特点？
6. 钻孔时遇到的质量问题主要表现在哪些方面？
7. 铰孔时应注意哪些问题？
8. 卧式镗床有哪些成型运动？能完成哪些加工工作？
9. 如何进行垂直孔的镗削加工？
10. 内圆磨削有何特点？
11. 磨内孔时工件有哪几种装夹方式？
12. 磨内孔有哪几种磨削方式？
13. 孔的拉削加工有何特点？
14. 内圆表面常见的精整加工方法有哪些？各有何特点？

第6章

螺纹的加工

【教学重点】

螺纹的加工方法与加工刀具，螺纹的测量方法。

【教学难点】

螺纹的测量。

6.1 螺纹加工方法

螺纹的应用非常广泛，它既可用于零件之间的连接、紧固，又可用于传递动力、改变运动形式。螺纹的加工方法很多，经常使用的有车削、套螺纹、攻螺纹、铣削、磨削和滚压等。具体应根据螺纹的类别、精度及零件的结构与生产类型选择适用的加工方法。

6.1.1 螺纹的车削加工

将工件表面车削成螺纹的方法称为车螺纹。螺纹按牙型分类如图 6-1 所示。其中普通公制三角螺纹应用最广。

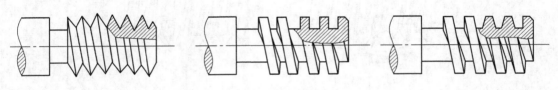

（a）三角螺纹　　　　　　（b）梯形螺纹　　　　　　（c）方牙螺纹

图 6-1　螺纹类型

三角螺纹的加工一般选用高速钢、硬质合金螺纹车刀，三角螺纹的车削方法有低速车削和高速车削两种，低速车削时选用高速钢螺纹车刀，高速车削时则应选用硬质合金螺纹车刀。低速车削的精度高、表面质量好，但效率低。高速车削效率可达低速车削的几倍，只要方法得当，也可获得较满意的表面粗糙度。车螺纹时，为了保证齿形正确，三角螺纹车刀在安装时，刀尖必须与工件中心等高，且它的齿形要求对称和垂直于工件轴线。调整时可用对刀样板保证刀尖角的等分线严格地垂直于工件的轴线，如图 6-2 所示。

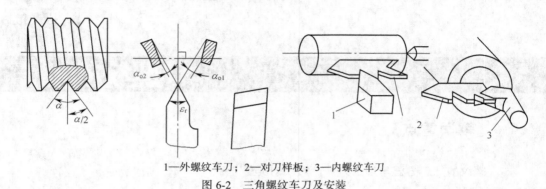

1—外螺纹车刀；2—对刀样板；3—内螺纹车刀

图 6-2　三角螺纹车刀及安装

1. 低速车削三角外螺纹

（1）直进法。车削时只用中溜板横向进给，在几次行程后，将螺纹车到所需的尺寸和表面粗糙度，这种方法叫做直进法，适用于 $P<3mm$ 的三角螺纹的粗、精车（P 为螺距），如图 6-3（a）所示。

（2）左右切削法。车螺纹时，除中溜板作横向进给外，同时操纵小溜板将车刀向左或向右作微量移动，分别切削螺纹的两侧面，经几次行程后完成螺纹的车削加工，这种方法叫做左右进刀法，如图 6-3（b）所示。

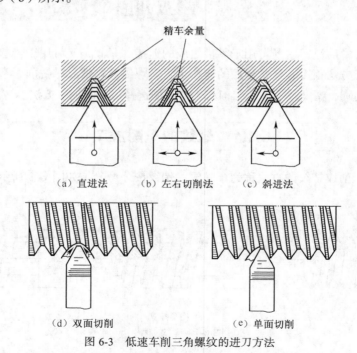

（a）直进法　　（b）左右切削法　　（c）斜进法

（d）双面切削　　　　　　　（e）单面切削

图 6-3　低速车削三角螺纹的进刀方法

（3）斜进法。当粗车螺距较大、螺纹槽较深、切削余量较大的螺纹时，为了操作方便，除中溜板直进外，小溜板只向一个方向移动，这种方法叫做斜进法，如图 6-3（c）所示。此法一般只用于粗车，且每边牙侧均留精车余量。精车时，则应采用左右切削法车削，具体方法是将螺纹的一侧车到位后，再移动车刀精车另一侧；当两侧面均车到位后，再将车刀移至中间位置，用直进法把牙底车到位，以保证牙底的清晰。

2. 高速车削三角外螺纹

高速车削三角外螺纹只能采用直进法，而不能采用左右切削法，否则会拉毛牙型的侧面，影响螺纹精度。高速车削三角螺纹时，由于车刀对工件有较大的挤压力，容易使工件胀大，所以车削外螺纹前的工件直径一般比公称尺寸小（约 $0.13P$）。

3. 乱扣及其预防

一般螺纹需要经过反复多次切削才能完成，如果第 2 次走刀时车刀刀尖不正对着前一刀车出的螺纹槽，而存在着偏左或偏右现象时，会将螺纹车乱，这种现象称为乱扣。产生乱扣的主要原因是当丝杠转 1 转时，工件没有转过整数转。车螺纹时，工件和丝杠都在旋转，提起开合螺母之后，至少要等丝杠转 1 转，才能重新按下。当丝杠转 1 转时，工件转了整数转，车刀就能进入前一刀车出的螺旋槽内而不乱扣。如丝杠转 1 转之后，工件没有转整数转，就会产生乱扣。

据上述道理，即当 $P_{丝}/P_{工}$＝整数时不乱扣，不是整数时产生乱扣。车不乱扣的螺纹时，可以打开开合螺母进行退刀。

对于乱扣螺纹，预防乱扣的方法是在加工过程不要随意打开、合上开合螺母，而是采用开正反车的方法，即在第 1 次行程结束时，继续保持开合螺母闭合状态，把刀具沿径向退出后，将主轴反转，使车刀沿纵向原路退回，再进行下一次切削，这样就不会发生乱扣。

4. 高速钢车刀车削螺纹时常用的切削液

用高速钢车刀车削螺纹时，为了改善切削条件，减少螺纹车刀的磨损，提高螺纹表面加工质量，必须合理选择切削液。切削液的选择见表 6-1。

表 6-1　　　　　　　　　　　高速钢车刀车削螺纹时常用切削液

材料加工类型	碳素结构钢	合金结构钢	不锈钢、耐热钢	铸铁、黄铜	纯铜、铝及其合金
粗车	3%～5% 乳化液	（1）3%～5% 乳化液 （2）5%～10% 极压乳化液	（1）3%～5%乳化液 （2）5%～10%极压乳化液 （3）含硫、磷、氯的切削油	一般不加	（1）3%～5%乳化液 （2）煤油 （3）煤油和矿物油的混合油
精车	（1）10%～20%乳化液 （2）10%～15%极压乳化液 （3）硫化切削油 （4）75%～90%2号或 3 号锭子油加 10%～25%菜籽油 （5）70%～80%变压器油中氯化石蜡 20%～30%		（1）10%～25%乳化液 （2）15%～20%极压乳化液 （3）煤油 （4）食醋 （5）60%煤油加 20% 松节油加 20%油酸	铸铁通常不加切削液，需要时可加煤油 黄铜常不加切削液，必须时加菜籽油	铝及其合金一般不加切削液，必要时加煤油，但不可加乳化液

6.1.2 用丝锥和板牙切削螺纹

对于直径和螺距较小，且精度要求不高的螺纹，可以用丝锥和板牙来加工。

1. 在车床上用板牙套螺纹的方法

在切螺纹前坯料尺寸的准备上应考虑到板牙切削进的挤压作用，会使材料向螺纹牙尖挤出，因此螺杆的杆坯直径按 $D-0.2P$ 确定（D 表示螺纹大径，P 表示螺距）。为了便于切入及导向，在杆坯端部均应作出大于螺纹深度的倒角。

套螺纹时，先将螺纹工具（图 6-4）安装在尾座套筒内，工具体左端孔内装上板牙，并用螺钉固定。套筒上有一条长槽，长槽内由销钉插入工具体中，防止套螺纹时转动。然后，将尾座移到工件前适当位置约 15mm 处锁死，转动尾座手轮，使板牙靠近工件端面，先开动车床和冷却泵进行冷却，摇动尾座手轮使板牙切入工件，然后停止摇动手轮，由滑动套筒在工具体内自由轴向进给，板牙切削外螺纹，当板牙切削到所需长度时，开反车，使主轴反转退出板牙。

2. 在车床上用丝锥攻螺纹的方法

普通螺纹攻螺纹前，螺孔的预钻孔直径应按下列经验公式确定。

对于塑性材料有

$$D_孔 \approx D - P \tag{6-1}$$

对于脆性材料有

$$D_孔 \approx D - 1.05P \tag{6-2}$$

式中　　$D_孔$——预钻孔直径；

　　　　D——螺纹大径；

　　　　P——螺距。

为了便于切入及导向，在预钻孔端部均应作出大于螺纹深度的倒角。

攻不通孔螺纹时，由于切削刃部分不能攻出完整的螺纹，所以钻孔深度要等于需要的螺纹深度加丝锥切削刃长度，即

$$钻孔深度=需要的螺纹深度+0.7D$$

攻螺纹时，先将攻螺纹工具（见图 6-5）安装在尾座套筒内，攻螺纹工具与套螺纹工具相似，只要将中间工具体更换成能装夹丝锥的工具体（即能与方孔配合），把机用丝锥装入攻螺纹工具中。然后，将尾座移到工件前适当位置约 15mm 处锁死，摇动尾座手轮使丝锥切入工件头几牙，然后停止摇动手轮，由滑动套筒在工具体内自由轴向进给，当丝锥攻到所需长度时，开反车，使主轴反转退出丝锥。

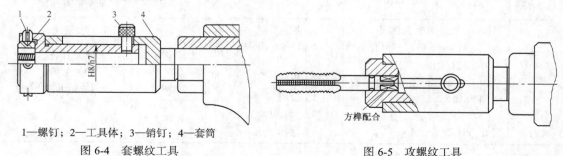

1—螺钉；2—工具体；3—销钉；4—套筒

图 6-4 套螺纹工具　　　　　　　　　　　　　　图 6-5 攻螺纹工具

6.2 | 螺纹加工刀具

根据螺纹不同的加工方法，可以选用各种不同螺纹加工刀具，如丝锥、板牙、螺纹滚丝轮、螺纹搓丝板、螺纹车刀等。下面介绍常见的螺纹加工刀具。

6.2.1 丝锥

丝锥用于加工内螺纹，按其功用不同，可分为手用丝锥、机用丝锥、螺母丝锥、梯形螺纹丝锥、圆锥螺纹丝锥、短槽丝锥、挤压丝锥与拉削丝锥等。在国家工具标准中，将高速钢磨牙丝锥定名为机用丝锥，将碳素工具钢或合金工具钢（少量高速钢）滚牙（切牙）丝锥定名为手用丝锥。机用丝锥和手用丝锥的工作原理和结构特点完全相同。丝锥的结构如图 6-6 所示。图 6-6（a）中，l_1 是切削部分，磨有切削锥面 2ϕ，顶刃及机用丝锥齿形侧刃经铲磨形成后角 α_p。校准部分有完整的齿形，以控制螺纹尺寸。丝锥沿轴向开有容屑槽，以排出切屑，并且形成前角 γ_p。柄部方尾可装在攻丝夹头（机攻螺纹）或铰杠（手攻螺纹）的方孔中用于传递扭矩。丝锥用钝后可修磨前刀面。

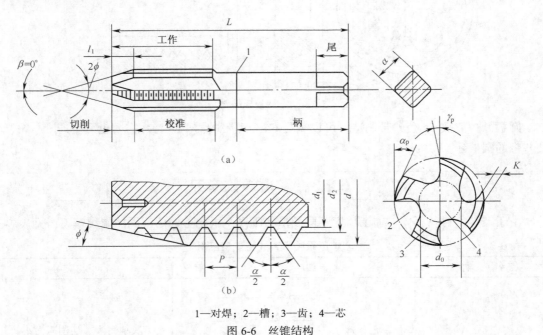

1—对焊；2—槽；3—齿；4—芯

图 6-6　丝锥结构

丝锥的螺纹公差带有机用丝锥为 H1、H2 和 H3 三种，手用丝锥为 H4 一种。不同公差带丝锥加工内螺纹的相应公差带等级见表 6-2，由于影响攻螺纹精度的因素很多，此表只作为参考。

表 6-2 丝锥的螺纹公差带

GB/T 968—1994 丝锥公差带代号	适用于内螺纹的公差带等级
H1	4H、5H
H2	5G、6H
H3	6G、7H、7G
H4	6H、7H

6.2.2 板牙

常见的板牙有固定式圆板牙、四方板牙、六方板牙、管形板牙、钳工板牙。如图 6-7 所示为圆板牙结构。板牙两端磨有切削锥角 κ_r，锥角部分齿顶经铲磨形成后角。中间螺纹部分为校准齿，在螺纹周围有圆柱孔，用来形成前角和容纳排出的切屑。圆柱孔与螺纹相交形成切削前角 γ_o，$\gamma_o=15°\sim20°$。板牙的外圆上有 4 个紧固螺钉锥坑和 1 条 V 形槽。使用时将板牙放在板牙架的孔中，用坚定螺钉固定。当板牙磨损使被加工的螺纹直径偏大时，可用片砂轮沿 V 形槽割开，调节坚定螺钉，使板牙螺纹孔径缩小。板牙的前刀面磨损后，可以用小直径砂轮修磨；板牙一端的切削锥磨钝后，可调头使用。

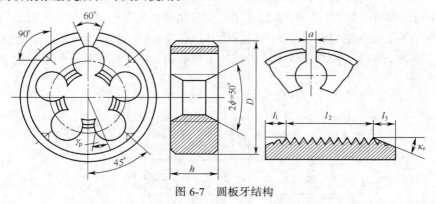

图 6-7 圆板牙结构

圆板牙一般按 6g 公差带制造，可以满足 6h 公差带的需要。特殊需要也可生产 6t、6f、6h 公差带的圆板牙。

6.2.3 常用螺纹车刀

由于工件的材料不同、加工精度不同及形状不同，因此可选用不同的螺纹车刀，见表 6-3。

表 6-3 常见螺纹车刀的特点与应用

名　　称	图　　示	特点与应用
车削钢件螺纹用车刀		刀具前角大、切削阻力小，几何角度刃磨方便。适用于粗、精车螺纹（精车时应修正刀尖角）

续表

名　称	图　示	特点与应用
高速钢螺纹车刀		刀具两侧刃面磨有 1～1.5mm 宽的刃带，作为精车螺纹的修光刃，因刀具前角大，应修正刀尖角。适用于精车螺纹
高速钢螺纹车刀		车刀有 4°～6° 的正前角，前面有圆弧形的排屑槽（半径 $R=4$～6mm）。适用于精车大螺距的螺纹
硬质合金内螺纹车刀		刀具特点与外螺纹车刀相同。其刀杆直径及刀杆长度根据工件孔径及长度而定
高速钢内螺纹车刀		刀具特点与外螺纹车刀相同。其刀杆直径及刀杆长度根据工件孔径及长度而定

6.3

螺纹的测量

测量螺纹的主要参数有螺距、大径、小径和中径的尺寸，常见的测量方法有单项测量法和综合测量法两种。

6.3.1　单项测量法

1. 测量大径

由于螺纹的大径公差较大，一般只需用游标卡尺测量即可。

2. 测量螺距

螺距测量常采用钢直尺或螺距规，用钢直尺测量时，应多测量几次，取其平均值。用螺距规测量时，要注意螺距规沿着工件轴平面方向对准，如能与牙槽完全吻合，说明被测螺距正确，如图 6-8 所示。

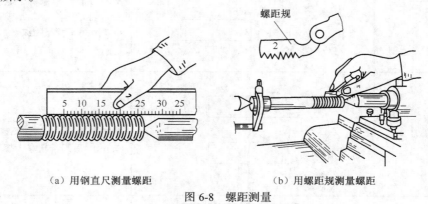

（a）用钢直尺测量螺距　　　　（b）用螺距规测量螺距

图 6-8　螺距测量

3. 测量中径

（1）螺纹千分尺测量。三角螺纹的中径可用螺纹千分尺测量，如图 6-9 所示。螺纹千分尺的结构和使用方法与一般千分尺相似，其读数原理也与一般千分尺相同，只是它有两个可以调整的测量头（上测量头、下测量头）。在测量时，两个与螺纹牙型角相同的测量头正好卡在螺纹牙侧，这时千分尺读数就是螺纹中径的实际尺寸。

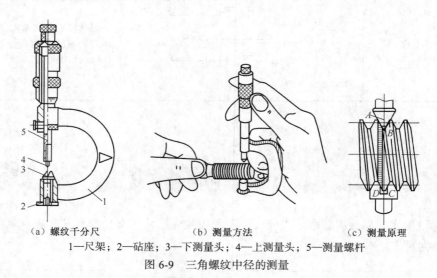

（a）螺纹千分尺　　　　（b）测量方法　　　　（c）测量原理

1—尺架；2—砧座；3—下测量头；4—上测量头；5—测量螺杆

图 6-9　三角螺纹中径的测量

（2）三针测量。用三针测量外螺纹中径是一种比较精密的测量方法。测量时所用的 3 根圆柱形量针是由量具厂专门制造的。在没有量针的情况下，也可用 3 根直径相等的优质钢丝或新的钻头柄部代替。测量时，把 3 根量针放置在螺纹两侧相对应的螺旋槽内，用千分尺量出两边量针之间的距离 M，如图 6-10 所示。根据 M 值可以计算出螺纹中径的实际尺寸。三针测量时，

M 值和中径的计算式见表 6-4。

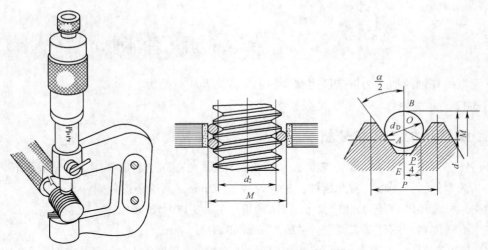

图 6-10　三针测量螺纹中径

表 6-4　　　　　　　　　　　　　三针测量螺纹中径时的计算式

螺纹牙型角 α	M 值计算式	量针直径 d_D		
		最　大　值	最　佳　值	最　小　值
60°（普通螺纹）	$M=d_2+3d_D-0.866P$	$1.01P$	$0.577P$	$0.505P$
55°（英制螺纹）	$M=d_2+3.166d_D-0.961P$	$0.894P-0.029$mm	$0.564P$	$0.481P-0.016$mm

6.3.2　综合测量法

综合测量法是采用螺纹量规对螺纹各主要部分的使用精度同时进行综合检验的一种测量方法。这种方法效率高，使用方便，能较好地保证互换性，广泛应用于标准螺纹或大批量生产螺纹的测量。

螺纹量规包括螺纹环规和螺纹塞规两种，每一种螺纹量规又有通规和止规之分，如图 6-11 所示。测量时，如果通规刚好能旋入，而止规不能旋入，则说明螺纹精度合格。对于精度要求不高的螺纹，也可以用标准螺母和螺栓来检验，以旋入工件时是否顺利和旋入后松动程度来确定加工出的螺纹是否合格。

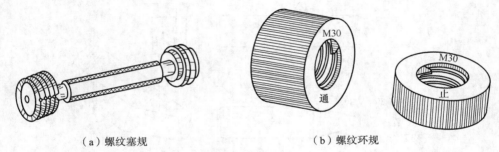

（a）螺纹塞规　　　　　　　　　　（b）螺纹环规

图 6-11　螺纹量规

6.4

螺纹加工案例

下面以蜗杆轴的加工为例来说明螺纹的加工方法及质量分析。

图 6-12 所示为蜗杆轴，单件生产。

1. 蜗杆轴加工工艺分析

分析图样。加工图 6-12 所示零件，坯料为 $\phi35\text{mm}\times125\text{mm}$，数量单件，现分析如下。

（1）该零件为米制轴向直廓蜗杆，轴向模数 $m_x=2\text{mm}$，属于小模数蜗杆。

（2）蜗杆齿顶圆直径为 $\phi30_{-0.025}^{0}\text{mm}$，法向齿厚 $s_n=3.13_{-0.17}^{-0.12}\text{mm}$。

（3）有精度要求的外圆有两级：$\phi20_{-0.03}^{0}\text{mm}$ 和 $\phi16_{-0.03}^{0}\text{mm}$。

（4）$\phi20_{-0.03}^{0}\text{mm}$、$\phi16_{-0.03}^{0}\text{mm}$ 外圆和蜗杆齿面的表面粗糙度为 $1.6\mu\text{m}$，其余均为 $3.2\mu\text{m}$。

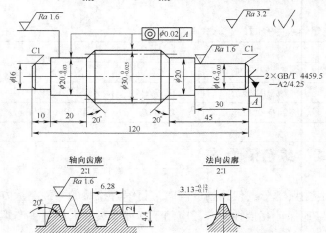

轴向模数	m_x	2
头数	Z_1	1
导程角	γ	4°23′55″
旋向	右	
齿形角	α	20°
精度等级	8f GB/T10089—1988	

技术要求：材料 45 钢。

图 6-12 蜗杆轴

2. 车蜗杆轴

（1）蜗杆粗车刀的刃磨要求。图 6-13 所示为高速钢材料粗车刀，其刃磨要求如下。

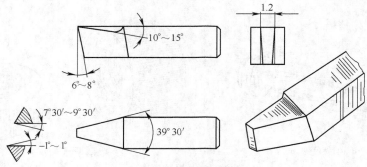

图 6-13 高速钢螺纹粗车刀

① 左刃后角。由图 6-12 得知，导程角 γ=4°23′55″，则左刃后角一般取（3°～5°）+γ，所以本例的左刃后角取 7°30′～9°30′。

② 右刃后角。右刃后角可取（3°～5°）-γ，所以本例的右刃后角取-1°～1°。

③ 刀尖角。刀尖角应略小于 2 倍齿形角，取 39°30′。

④ 刀头宽度。为车削时左、右借刀方便，刀头宽度应略小于齿根槽宽。本例中，齿根槽宽 e_f=0.697×2mm=1.394mm，取刀头宽度为 1.2mm，纵向后角 α_p=6°～8°。

⑤ 切削钢料时，应磨有纵向前角 10°～15°。

⑥ 刀尖圆弧半径为 r=0.2mm。

（2）蜗杆精车刀的刃磨要求。精车刀如图 6-14 所示，其刃磨要求与粗车刀的主要区别如下。

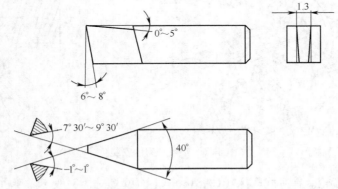

图 6-14　高速钢螺纹精车刀

① 刀尖角应等于 2 倍齿形角（40°）。

② 为使齿形角正确，纵向前角 γ_p=0°。

③ 切削刃直线度误差应小。

④ 表面粗糙度 Ra≤0.8μm。

（3）粗车工件外圆。如图 6-15 所示，其步骤如下。

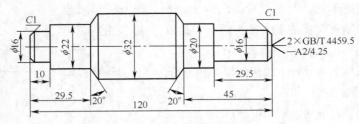

图 6-15　粗车蜗杆轴

① 用三爪自定心卡盘装夹坯料，坯料伸出长约 80mm。

② 车端面，钻中心孔。

③ 车齿顶圆 ϕ=32mm，长度大于 76mm。

④ 车外圆 ϕ=22mm，长度为 29.5mm。

⑤ 车外圆 ϕ=16mm，长度为 10mm，倒角 $C1$。

⑥ 调头车削，找正夹紧外圆 ϕ=32mm，车端面至总长为 120mm，钻中心孔。

⑦ 车外圆 ϕ=20mm，长度为 45mm。

⑧ 车外圆 ϕ=18mm，长度为 29.5mm，倒角 C1。

（4）精车工件外圆。用两顶尖装夹工作，精车蜗杆齿顶圆直径至 $\phi30_{-0.025}^{0}$ mm；精车外圆直径 $\phi20_{-0.03}^{0}$ mm、$\phi16_{-0.03}^{0}$ mm，长度分别为 20mm 和 30mm；倒角 C1。

3. 车蜗杆

（1）装夹蜗杆车刀。本例为轴向直廓蜗杆，装夹车刀时，车刀左、右切削刃组成的平面应与工件轴线重合，用对刀板对刀时，采用图 6-16 所示的方法。

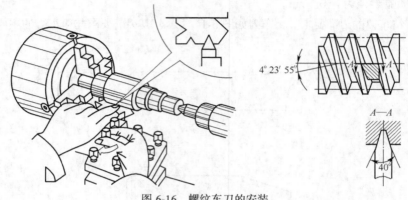

图 6-16 螺纹车刀的安装

（2）调整交换齿轮。在卧式车床（CA6140）上车蜗杆时，一般不需要进行交换齿轮计算，采用 64、100、97 齿轮即可。根据被加工蜗杆的模数，选择进给箱铭牌（模数一栏中）所标注的各手柄位置，再进行车削。

（3）粗车蜗杆。

① 用蜗杆粗车刀车削，切削速度一般取 10～15m/min。

② 根据图样计算蜗杆的齿高 $h=2.2m_x=2.2\times2$mm=4.4mm。车削时，使车刀切削刃与工件外圆轻轻接触，将中滑板刻度调整至零位，再将齿高换算成刻度值，在中滑板刻上做好记号。

③ 先用直进法车削，背吃刀量每次为 0.3mm，车几刀后减至 0.2mm、0.1mm。随着面积的增大，为防止"扎刀"，可改用左右切削法，如图 6-17 所示。

④ 当将齿深车至 4.4mm、法向齿厚车至 3.5mm 时，开始精车。

（4）精车蜗杆。

① 用蜗杆精车刀车削，取切削速度 v < 5m/min。

② 开动车床，按下开合螺母，用动态对刀法使车刀对准蜗杆齿形。摇动中滑板移动手柄，当车刀切削刃与齿根槽底接触时记下中滑板的刻度值，然后将车刀退回至起始位置。

③ 精车齿根槽底，背吃刀量每次取 0.05mm，车 2～3 刀即可。槽底车好后，将中滑板刻度调整至零位。

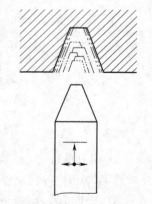

图 6-17 左右切削法

④ 精车左侧面。为避免"扎刀"，车削时每次都将中滑板摇至与零位差半格。车床启动后，当车刀移至齿形槽时，用小滑板微量进给，当左切削刃接触左侧面后退出中滑板，返回起始位置开始精车。小滑板每次进刀量 0.03～0.05mm，车 2～3 刀，至表面粗糙度符合图样要求即可，

以确保另一侧面留有足够的精车余量。

⑤ 精车右侧面。将中滑板摇至原刻度，车床正转，当车刀移动至齿形槽时，小滑板微量右移，待车刀右切削刃接触右侧面后停止进给，并按上述方法精车。

⑥ 精车数刀后，用齿厚游标卡尺测量法向齿厚。测量时，把齿高游标尺调整到齿顶高尺寸（等于模数 m_x），将齿厚尺寸法向卡入齿廓，调节微调螺钉，使两卡爪测量面轻轻接触被测表面，量得的读数值即是法向齿厚。根据余量再精车法向齿厚至 $3.13^{-0.17}_{-0.12}$ mm。

4. 质量分析

（1）齿距不正确。

① 交换齿轮或手柄位置调整错误。

② 丝杠窜动。

③ 床鞍移动时手轮运转不均匀。

（2）齿形角不正确。

① 车刀刀尖角刃磨不正确。

② 车刀没有装正。

（3）法向齿厚车薄。

① 没有及时测量。

② 测量不正确。

③ 背吃刀量太大。

（4）表面粗糙度值达不到要求。

① 车刀切削刃刃磨粗糙。

② 车刀变钝。

③ 切削用量选择过大。

④ 精车余量太小。

思考题

1. 常用的螺纹牙型有哪几种？

2. 简述低速车削三角螺纹时的进刀方法有哪几种？

3. 可用哪些方法测量三角外螺纹的中径？采用哪种方法较为方便？

4. CA6140 车床的 P_{44}=12mm，如车 $P_{\text{工}}$ 分别为 1.5mm、1.75mm、2mm、3mm、6mm、7mm、8mm 螺纹时，问哪些是乱扣的？

5. 怎样才能正确安装螺纹车刀？

6. 用丝锥攻 45 钢 M40×2 的内螺纹，试确定攻螺纹前的孔径。

7. 螺纹车刀的类型有哪些？

【教学重点】

1. 平面的铣削、刨削、磨削的加工方法及加工设备。
2. 铣刀及其选用。
3. 万能分度头的使用。

【教学难点】

1. 铣刀及其选用。
2. 平面加工方法的合理选择。

7.1 平面加工方法

平面是箱体类零件、盘类零件的主要表面之一，加工时不仅要求平面本身的精度（平面度、直线度），而且要求平面相对其他表面的位置精度（平行度、垂直度）。加工平面的方法很多，常用的有铣平面、刨平面、磨平面、车端面、拉平面等方法。

1. 平面铣削加工

铣削加工是以铣刀旋转为主运动，工件沿相互垂直的 3 个方向作进给运动的切削进给方式。因为铣刀是多刀刃的刀具，刀齿轮流对工件进行加工，切削力是不断变化的，机床振动也较大，一般情况下，铣削主要用于粗加工和半精加工。铣削加工的精度等级为 IT11～IT8，表面粗糙度为 6.3～1.6μm。铣削加工可采用较大的切削用量，生产效率较高。

2. 平面刨削加工

刨削加工是在刨床上利用刨刀或工件的直线往复运动进行切削加工的方法。由于刨刀结构简单、刃磨方便，在单件小批量生产中加工形状复杂的表面比较经济，但生产率较低。刨削加工的精度可达 IT9～IT8，表面粗糙度可达 1.6～6.3μm。刨削加工可以保证一定的相互位置精度，所以适合加工箱体、导轨等平面。

3. 平面磨削加工

平面磨削属于精加工，主要在平面磨床上进行，如零件较小或加工一些特殊平面时也可在工具磨床上进行。平面磨削精度可达 IT7～IT5，表面粗糙度为 0.8～0.2μm。

车平面、拉平面方法较简单，故在表 7-1 中以图表形式列出，不用详述。

平面的加工方法应根据工件的技术要求、材料、毛坯及生产规模进行合理选用，以保证平面加工质量。常用的平面加工方案见表 7-1。

表 7-1 平面加工方案

加工方案	经济精度	表面粗糙度 Ra 值（μm）	适用范围
粗车—半精车	IT9	6.3～3.2	回转体零件的端面
粗车—半精车—精车	IT8～IT7	1.6～0.8	回转体零件的端面
粗车—半精车—磨削	IT8～IT6	0.8～0.2	
粗刨（或粗铣）—精刨（或精铣）	IT10～IT8	6.3～1.6	精度不太高的不淬硬平面
粗刨（粗铣）—粗刨（或精铣）—刮研	IT7～IT6	0.8～0.1	精度要求较高的不淬硬平面
粗刨（或粗铣）—精刨（或粗铣）—磨削	IT7	0.8～0.2	精度要求较高的淬硬或不淬硬平面
粗刨（或粗铣）—粗刨（或粗铣）—粗磨—精磨	IT7～IT6	0.4～0.02	精度要求较高的淬硬或不淬硬平面
粗铣—拉	IT9～IT7	0.8～0.2	大量生产，较小平面（精度与拉刀精度有关）
粗铣—精铣—精磨—研磨	IT5 以上	0.1～0.06	高精度平面

7.2 平面的铣削加工及设备

7.2.1 铣床

1. 铣床的类型及加工范围

铣床的种类很多，通用铣床的基本类型有以下几种：升降台式铣床、工作台不升降式铣床、立式铣床、龙门铣床、仿形铣床。此外，还有数控铣床，多工序自动换刀铣镗床（又称为加工中心）等由数字程序控制或计算机控制加工各种型面的铣床。铣床加工范围广，如铣平面、台阶、沟槽、特形面、特形槽、齿轮、螺旋槽、齿式离合器和切断等，在铣床上还可以进行钻孔、铰孔、铣孔和镗孔等加工。铣削加工的主要内容如图 7-1 所示。

2. X6132 型卧式升降台铣床

（1）主要部件及其功用。图 7-2 所示为 X6132 型卧式升降台铣床的外形，其主要部件如下：

① 床身。床身用来安装和连接铣床其他部件。床身正面有垂直导轨，可引导升降台上、下移动；床身顶部有燕尾形水平导轨，用以安装横梁并按需要引导横梁水平移动；床身内部装有主轴和主轴变速机构。

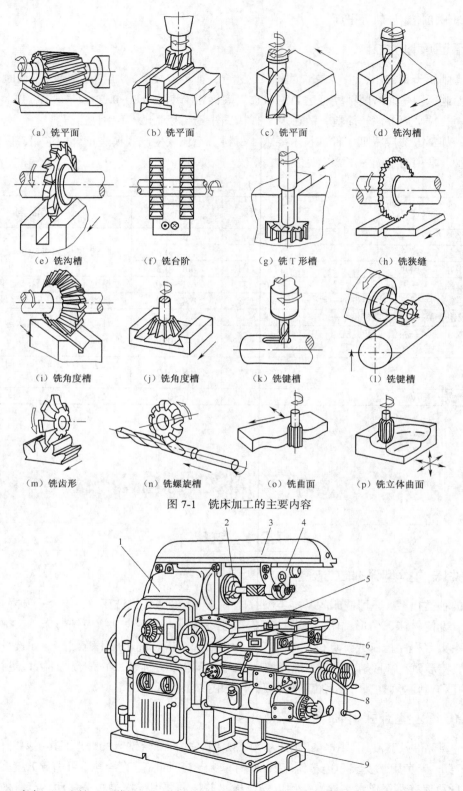

（a）铣平面　　（b）铣平面　　（c）铣平面　　（d）铣沟槽

（e）铣沟槽　　（f）铣台阶　　（g）铣T形槽　　（h）铣狭缝

（i）铣角度槽　（j）铣角度槽　（k）铣键槽　　（l）铣键槽

（m）铣齿形　　（n）铣螺旋槽　（o）铣曲面　　（p）铣立体曲面

图 7-1　铣床加工的主要内容

1—床身；2—主轴；3—横梁；4—挂架；5—工作台；6—转台；7—横向溜板；8—升降台；9—底座

图 7-2　X6132 型卧式升降台铣床

② 主轴。主轴是空心轴，前端有锥度为 7:24 的圆锥孔，用于插入铣刀杆。电动机输出回转运动和动力，经主轴变速机构驱动主轴连同铣刀一起回转，实现主运动。

③ 横梁。横梁可沿床身顶面燕尾形导轨移动，按需要调节其伸出长度，其上可安装挂架。

④ 挂架。挂架用于支承铣刀杆的另一端，增强铣刀杆的刚性。

⑤ 工作台。工作台用于安装需用的铣床夹具和工件。工作台可沿转台上的导轨纵向移动，带动台面上的工件实现纵向进给运动。

⑥ 转台。转台可在横向溜板上转动，以便工作台在水平面内斜置一个角度（-45°～+45°），实现斜向进给。

⑦ 横向溜板。横向溜板位于升降台上水平导轨上，可带动工作台横向移动，实现横向进给。

⑧ 升降台。升降台可沿床身导轨上、下移动，用来调整工作台在垂直方向的位置。升降台内部装有进给电动机和进给变速机构。

如果将横梁移至床身正面以内（退离工作台上方），再在床身导轨上安装立铣头，卧式铣床可当做立式铣床使用。

（2）传动系统。X6132 型卧式万能铣床传动系统如图 7-3 所示。

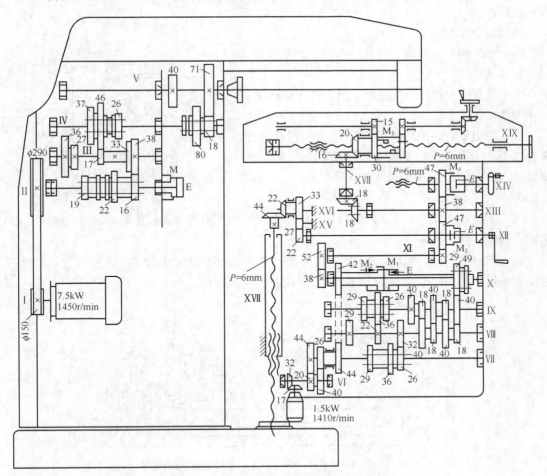

图 7-3　X6132 型卧式万能铣床传动系统

① 主运动主轴（铣刀）的回转运动。主电动机的回转运动，经主轴变速机构传递到主轴，

使主轴回转，主轴转速共 18 级（转速范围 30～1 500r/min）。

② 进给运动。工件的纵向、横向和垂直方向的移动。进给电动机的回转运动，经进给变速机构分别传递给 3 个进给方向的进给丝杠，获得工作台的纵向运动、横向溜板的横向运动和升降台的垂直方向运动。进给速度各 21 级，纵向进给范围为 15～1 500mm/min，横向进给范围为 15～1 100mm/min，垂直进给方向为 5～500mm/min，并可以实现快速移动。

该机床工作台最大纵向行程为 700mm，横向溜板最大横向行程为 255mm，升降台最大升降行程为 320mm。

3. X6132 型万能铣床的调整

铣削过程中，如果出现机床振动和工作台窜动而影响零件加工质量时，主要应对下面 2 个部分进行调整。

（1）调整丝杠轴向间隙和传动间隙。

① 调整纵向工作台丝杠轴向间隙（见图 7-4）。

工作台两端轴承座中推力轴承与丝杠轴向间隙过大，会造成工作台轴向窜动，使加工工件表面粗糙。

间隙调整步骤如下。

（a）卸下螺钉、垫圈、手轮、弹簧、刻度盘紧固螺母和刻度盘。

（b）扳直圆螺母用止动垫圈卡爪、松开圆螺母 3，转动圆螺母 5。

（c）装上手轮，逆时针方向摇动，使丝杠轴向间隙存在于一个方向。将圆螺母 5 用手旋紧，再紧固圆螺母 3，摇动手柄用 0.01～0.02mm 塞尺检查，一般要求间隙不大于 0.03mm。

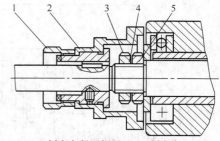

1—刻度盘紧固螺母；2—刻度盘；
3、5—圆螺母；4—圆螺母用止动垫圈

图 7-4　丝杠轴向间隙调整

（d）调整好间隙后，压下圆螺母用止动垫圈卡爪，并装上刻度盘紧固圆螺母、弹簧、手轮、垫圈、螺钉，使之扳紧。

② 调整纵向工作台丝杠传动间隙（见图 7-5）。由于铣床长期使用，致使丝杠与螺母的螺纹侧面磨损，因而间隙增大，需进行调整。调整方法如下：

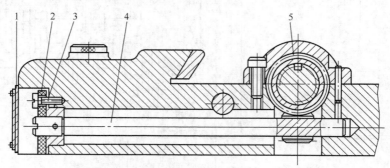

1—盖板；2—锁紧母；3—螺钉；4—调节蜗杆；5—蜗杆

图 7-5　丝杠传动间隙调整

（a）用一字槽螺钉旋具松开横向工作台前侧面的盖板。

（b）旋松锁紧板上的 3 个螺钉，并顺时针方向转动调节蜗杆，使其带动蜗杆转动，从而使丝杠与螺母间隙减小。摇动手柄，使工作台移动时松紧程度合适，则停止转动调节蜗杆。

（c）旋紧锁紧板上的 3 个螺钉，装上盖板。

（d）调整好后，摇动手柄，移动工作台检查在全长行程内有无松紧不一致现象。

（2）纵向、横向和垂向进给导轨镶条的调整。3 个方向运动部件与导轨之间的间隙应适当，间隙过大则移动时松动，切削时不平稳，易振动，影响零件的表面质量；间隙过小，则移动时过紧，不灵活，加剧摩擦，易造成机床导轨较快磨损，一般间隙允许为 0.03mm，可用塞尺检查。调整方法如下：

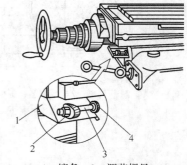

1—镶条；2—调节螺母；
3—调节螺杆；4—圆螺母

图 7-6　纵向工作台导轨镶条的调整

① 调整纵向工作台导轨镶条（见图 7-6）。松开调节螺母和锁紧圆螺母，然后旋转调节螺杆，带动镶条移动，使间隙增大或减小。一般可用 0.03mm 塞尺检查间隙大小后，将圆螺母和调节螺母紧固。

② 调整横向工作台导轨镶条（见图 7-7）。旋转调节螺杆，即可带动镶条移动，顺时针旋转为调紧，逆时针旋转为调松，用 0.03mm 塞尺检查间隙，然后停止旋转螺杆。

③ 垂向导轨镶条的调整（见图 7-8）。垂向导轨镶条分两段，调整时先将下部的调节螺杆逆时针退出，转动上部调节螺杆，带动镶条移动，用 0.03mm 塞尺检查间隙，待合适后停止旋转螺杆，并顺时针方向旋转下部调节螺杆，使之并紧。

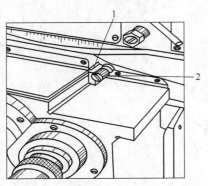

1—镶条；2—调节螺杆

图 7-7　横向工作台导轨镶条的调整

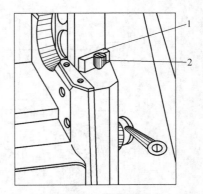

1—镶条；2—调节螺杆

图 7-8　垂向导轨镶条的调整

4. X6132 型卧式升降台铣床附件——万能分度头

分度头是铣床上的主要附件，利用分度头可对工件等分或不等分地分度；可将工件装夹成水平、垂直、倾斜；与铣床的纵向工作台配合使用，可铣削螺旋槽、齿条等。F11125 分度头是铣床上最常用的一种万能分度头。其型号中，F 表示分度头，125 表示分度头的中心高为 125mm。

图 7-9 所示为 F11125 分度头的外形结构。分度头主轴为空心轴，两端均为莫氏 4 号锥孔。前锥孔用来安装带有拨盘的顶尖，后锥孔可安装心轴，作为差动分度或作直线移距分度时安装交换挂轮使用。主轴前端的外锥体用于安装卡盘或拨盘，前端的刻度环可在分度手柄转动时随

主轴一起旋转。环上有 0°～360° 的刻度值，用作直接分度。

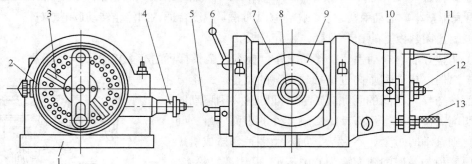

1—基座；2—分度盘；3—分度叉；4—挂轮轴；5—蜗杆脱落手柄；6—主轴锁紧手柄；
7—回转体；8—主轴；9—刻度环；10—分度盘锁紧螺钉；
11—分度手柄；12—锁紧螺母；13—定位销

图 7-9　F11125 分度头的外形结构

图 7-10 所示为 F11125 分度头传动系统。分度时，从分度盘定位孔中拨出定位销，转动分度手柄，通过传动比为 1 的直齿圆柱齿轮及 1：40 的蜗杆副传动，使主轴带动工件转动。传动比为 1 的螺旋齿轮，与空套在手柄轴上的分度盘相连，用来将侧轴的运动传递给分度盘。

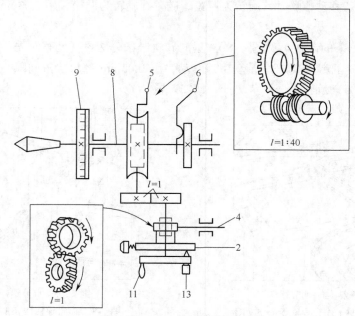

图 7-10　F11125 分度头传动系统

（1）分度盘的选用。分度头通常备有两块分度盘，其正、反两面的不同圆周上有均布的孔圈，各圈的孔数：第 1 块正面为 24、25、28、30、34、37，反面为 38、39、41、42、43；第 2 块正面为 46、47、49、51、53、54，反面为 57、58、59、62、66。使用时，根据分度数，选用合适的分度盘及孔圈数。调换分度盘时，需卸下分度手柄，松开分度盘紧定螺钉即可更换。

（2）挂轮。分度头的侧面轴上通常配有一套挂轮，共 12 只，齿数均为 5 的倍数，分别为 25（2 只）及 30、35、40、50、55、60、70、80、90、100 各 1 只。

（3）尾座。机床尾座上的后顶尖可前后移动，也可上下微量调整移动，还可倾斜一个小角度，通常与分度头配合使用。

（4）分度头的安装与校正。分度头在铣床上安装时，使用分度头底部两个定位键定位。为使尾座顶尖与分度头主轴轴线对齐，并且与铣床工作台纵向进给方向平行，必须校正分度头与尾座。校正方法是在前后顶尖处放一心轴，用百分表校正心轴的上母线与侧母线；也可用工件直接找正。

（5）分度方法。分度方法包括以下几种：

① 直接分度法。利用主轴前端刻度环，转动分度手柄，进行能被 360° 整除倍数的分度，如 2、3、4、5、6、8、9、10、12 等，或进行任意角度的分度。例如，铣削一六方体，每铣完一面后，转动分度头手柄，使刻度环转为 60° 再铣另一面，直到铣完 6 个面为止。直接分度法分度方便，但分度精度较低。

② 简单分度法。

（a）分度原理。从分度头传动系统图中可看出，分度手柄（或定位销）转 1 转，主轴转过 1/40 转，即可将工件进行 40 等分；如果要将工件进行 z 等分，则每次分度需使工件转过 1/z 转，分度手柄应转过的转数 n 为

$$n = \frac{40}{z}$$

（b）分度方法。例如，将工件进行 12 等分，分度手柄应转过的转数 $n = \frac{40}{z} = 3\frac{1}{3}$，即后柄应转过 $3\frac{1}{3}$ 圈。手柄转整数 3 圈，余下的 $\frac{1}{3}$ 圈，则需通过分度盘与分度叉来完成。首先在分度盘上找出孔数为 3 的倍数的孔圈，如 24、30、39、51、57 等，为提高分度精度，宜采用孔数较多的孔圈，在选择的孔圈上，分度手柄应转过的孔距为 1/3×圈数。例如在孔数为 24 的孔圈上转过 8 个孔距（包含 9 个孔数），在孔数为 36 的孔圈上转过 12 个孔距……为避免每分度一次要数一次孔距的麻烦，可将分度叉上两块叉板的左侧叉板紧贴定位销（见图 7-11（a）），松开紧定螺钉，右侧叉板转过相应的孔距并拧紧。分次分度后，顺着手柄转动方向拨动分度叉，以备下一次使用（见图 7-11（b））。

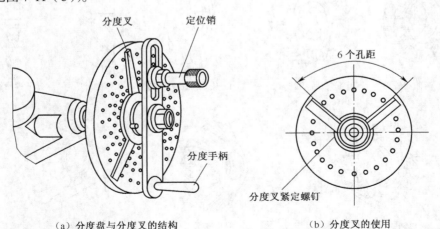

（a）分度盘与分度叉的结构　　　　　（b）分度叉的使用

图 7-11　分度盘与分度叉的使用

（c）角度分度法。角度分度法是简单分度法的另一种形式。分度手柄转 1 转，主轴（工件）

转过 1/40 转，即转过的角度为 360° /40=9° 。如要工件转 $\theta°$ ，则分度手柄应转过的转数 n 为

$$n = \frac{\theta°}{9°} \text{或} n = \frac{\theta'}{540'}$$

例如，在圆形工件上铣 2 条夹角为 116° 的槽，第 1 条槽铣完后，分度手柄应转的转数 $n = \frac{116°}{9°} = 12\frac{48}{54}$ ，即分度手柄转过 12 转后，再在孔数为 54 的孔圈上转过 48 个孔距即可。

7.2.2 铣刀

1．铣刀的种类与选用

铣刀的种类很多，一般由专业工具厂生产。由于铣刀的形状比较复杂，尺寸较小的铣刀往往用高速钢作成整体式结构，尺寸较大的铣刀一般作成镶齿结构，刀齿为高速钢或硬质合金，刀体则为中碳钢或者合金结构钢，从而节约刀具材料。

常用的铣刀类型有下述几种（见图 7-12）：

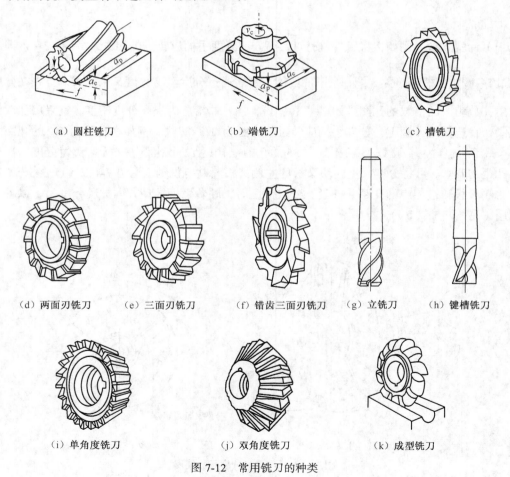

（a）圆柱铣刀   （b）端铣刀   （c）槽铣刀

（d）两面刃铣刀   （e）三面刃铣刀   （f）错齿三面刃铣刀   （g）立铣刀   （h）键槽铣刀

（i）单角度铣刀   （j）双角度铣刀   （k）成型铣刀

图 7-12 常用铣刀的种类

（1）圆柱铣刀。圆柱铣刀一般都是用高速钢整体制作，切削刃分布在圆周表面，没有副切

削刃。螺旋型刀齿切削时逐渐切入或离开工件，切削比较平稳，主要用于卧式铣床铣削宽度小于铣刀长度的狭长平面的粗铣及半精铣。

（2）端铣刀。端铣刀的主切削刃分布在圆柱或圆锥面上，端面切削刃为副切削刃。按材料可分为高速钢和硬质合金两大类，多制成套式镶齿结构。镶齿端铣刀直径一般在 75～300mm，最大可达 600mm，主要用在立式或卧式铣床上铣削台阶面和平面，特别适合于大平面的铣削加工。

（3）立铣刀。立铣刀一般由 3～4 个刀齿组成，圆柱面上的切削刃是主切削刃，端面上分布着副切削刃，工作时只能沿着刀具的径向进给，不能沿着刀具的轴向作进给运动，因为立铣刀的端面切削刃没有贯通到刀具中心。立铣刀主要用于铣削凹槽、台阶面和小平面。

（4）三面刃铣刀。三面刃铣刀可分为直齿三面刃铣刀和错齿三面刃铣刀，三面刃铣刀除圆周具有主切削刃外，两侧也有副切削刃，切削效率较高，且能减小表面粗糙度值，主要用在卧式铣床上铣削台阶面和凹槽。

（5）键槽铣刀。它的外形与立铣刀相似，不同的是它在圆周上只有两个螺旋刀齿，且端面刀齿延伸至中心，因此，在铣削两端不通键槽时可作适当的轴向进给。

此外，还有角度铣刀、成型铣刀、模具铣刀等特种铣刀，如图 7-13 所示。

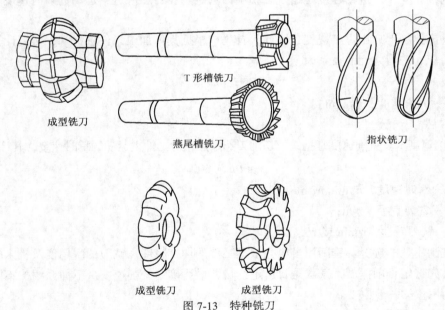

成型铣刀　　T 形槽铣刀　　燕尾槽铣刀　　指状铣刀

成型铣刀　　成型铣刀

图 7-13　特种铣刀

2. 铣削用量

（1）铣削用量，如图 7-14 所示。

① 背吃刀量 a_p。背吃刀量是指平行于铣刀轴线测量的切削层尺寸。端铣时，a_p 为切削层深度；圆周铣削时，a_p 为被加工表面的宽度。

② 侧吃刀量 a_e。侧吃刀量是指垂直于铣刀轴线测量的切削层尺寸。端铣时，a_e 为被加工表面宽度；圆周铣削时，a_e 为切削层深度。

③ 进给运动参数。铣削时进给量有以下 3 种表示方法：

（a）每齿进给量 f_z。每齿进给量是指铣刀每转过 1 刀齿相对工件在进给运动方向上的位移量，单位为 mm/z。

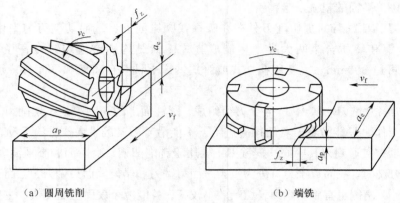

（a）圆周铣削　　　　　　　　　　（b）端铣

图 7-14　铣削用量

（b）进给量 f。进给量是指铣刀每转过 1 转相对工件在进给运动方向上的位移量，单位为 mm/r。

（c）进给速度 v_f。进给速度是指铣刀切削刃选定点相对工件进给运动的瞬时速度，单位为 mm/min。

通常铣床铭牌上列出进给速度，因此，首先应根据具体加工条件选择 f_z，然后计算出 v_f，按 v_f 调整机床，三者之间的关系为

$$v_f = fn = f_z zn \qquad (7\text{-}1)$$

式中　v_f——进给速度，mm/min；

　　　z——铣刀齿数。

④ 铣削速度 v_c。铣削速度是指铣刀切削刃选定点相对工件主运动的瞬时速度，其计算式为

$$v_c = \pi dn / 1\,000 \qquad (7\text{-}2)$$

式中　v_c——瞬时速度，m/min 或 m/s；

　　　d——铣刀直径，mm；

　　　n——铣刀转速，r/min 或 r/s。

（2）铣削用量的选择。铣削用量应当根据工件的加工精度、铣刀的耐用度及机床的刚性进行选择，首先选定铣削深度，其次是每齿进给量，最后确定铣削速度。下面介绍按不同加工精度选择铣削用量的一般原则。

① 粗加工。因粗加工余量较大，精度要求不高，此时应当根据工艺系统刚性及刀具耐用度来选择铣削用量。一般选取较大的背吃刀量和侧吃刀量，使一次进给尽可能多地切除毛坯余量。在刀具性能允许的条件下应以较大的每齿进给量（见表 7-2）进行切削，以提高生产率。

表 7-2　　　　　　　　　　　　　　粗铣每齿进给量 f_z 的推荐值

刀　　具		工 件 材 料	推荐进给量 f_z（mm/z）
高 速 钢	圆柱铣刀	钢	0.10～0.50
		铸铁	0.12～0.20
	端铣刀	钢	0.04～0.06
		铸铁	0.15～0.20

续表

刀　　具		工 件 材 料	推荐进给量 f_z（mm/z）
高速钢	三面刃铣刀	钢	0.04～0.06
		铸铁	0.15～0.25
硬质合金铣刀		钢	0.1～0.20
		铸铁	0.15～0.30

② 半精加工。此时工件的加工余量一般在 0.5～2mm，并且无硬皮，加工后要降低表面粗糙度值，因此应选择较小的每齿进给量，而取较大的切削速度（见表 7-3）。

表 7-3　　　　　　　　　　　　　　铣削速度 v_c 的推荐值

工 件 材 料	铣削速度 v_c（m/min）		说　　明
	高速钢铣刀	硬质合金铣刀	
20	20～45	150～190	（1）粗铣时取小值，精铣时取大值 （2）工件材料强度、硬度高取小值，反之取大值 （3）刀具材料耐热性好取大值，耐热性差取小值

③ 精加工。精加工时加工余量很小，周铣时，精铣余量为 0.3～0.5mm；端铣时，精铣余量为 0.5～1mm。选择铣削用量时，应当着重考虑刀具的磨损对加工精度的影响，因此宜选择较小的每齿进给量和较大的铣削速度进行铣削。

3. 铣刀安装

在卧式铣床上安装圆柱铣刀、三面刃铣刀、特种铣刀等带孔的铣刀，首先用带锥柄的刀杆安装在铣床的主轴上。刀杆的直径与铣刀的孔径应相同，尺寸已标准化，常用的直径有 22mm、27mm、32mm、40mm 和 50mm 5 种。图 7-15 所示为这种刀杆的结构和应用情况。刀杆的锥柄与卧式主轴锥孔相符，锥度 7∶24，锥柄端部有螺纹孔可以通过拉杆将刀杆紧固在主轴锥孔中，另一端具有外螺纹，铣刀和固定环（或垫圈）装入刀杆后用螺母夹紧。铣刀杆是直径较小的杆件，容易弯曲，铣刀杆弯曲将会使铣刀产生不均匀铣削，因此铣刀杆平时应垂直吊置。固定环两端面的平行度要求很高，否则当螺母将刀杆上的固定环压紧时会使刀杆弯曲。

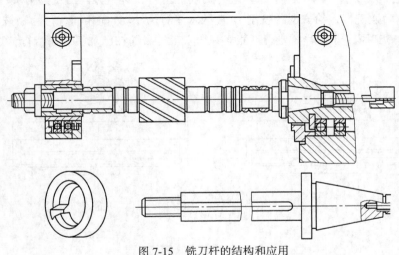

图 7-15　铣刀杆的结构和应用

圆柱铣刀的安装步骤如下：

（1）选择铣刀杆和拉紧螺杆。按铣刀的内孔直径选择相应的铣刀杆及拉紧螺杆，同时注意检查铣刀杆是否弯曲，刀轴和螺杆的螺纹是否完好。

（2）安装铣刀杆。先擦净各配合表面，然后将刀轴柄部后端凸缘上的两缺口对准主轴端面的键，沿主轴孔塞入，用拉紧螺杆紧固在主轴上。按紧螺杆旋入铣刀杆柄部，内螺纹的圈数以 5～6 圈为宜，过少会造成滑牙。

（3）调整悬梁。松开悬梁紧固螺钉，调整悬梁伸出长度，使之与铣刀杆相适应。

（4）安装铣刀。铣刀由垫圈调整其在铣刀杆上的轴向位置，通过紧固螺母和垫圈夹紧。较大直径的铣刀可用平键来传递转矩。如不采用平键连接，铣刀安装时应使其旋转方向与紧固螺母的旋紧方向相反，否则紧固螺母在加工中受力后会逐渐放松。同时，铣刀刀齿的切削刃应和主轴旋转方向一致。

（5）安装托架。松开托架紧固螺母和支持轴承，把托架固定在悬梁上，调整悬梁，使托架上的轴承孔套入铣刀杆轴颈。调整好后，把悬梁固定在床身上。

（6）夹紧铣刀。用扳手扳紧紧固螺母，这样，通过垫圈可将铣刀紧固在铣刀杆上。特别要注意的是，必须在托架装上以后才能旋紧螺母，千万不能在装上托架之前旋紧此螺母，以防把铣刀杆扳弯。

4. 平面的铣削方法

（1）平面的铣削方法。

① 圆周铣和端铣。圆周铣简称周铣，是利用分布在铣刀圆柱面上的刀刃来铣削并形成平面的一种铣削方式。被加工表面平面度的大小主要取决于铣刀的圆柱度。在精铣平面时，必须要保证铣刀的圆柱度误差小。如要使被加工表面获得较小的表面粗糙度，则工件的进给速度应小一些，而铣刀的转速应适当增大。

端铣是利用分布在铣刀端面上的刀刃来铣削并形成平面的一种铣削方式。用端铣方法铣出的平面，表面粗糙度的大小同样与工件进给速度的大小和铣刀转速的高低等诸因素有关。被加工表面平面度的大小主要决定于铣床主轴轴线与进给方向的垂直度。

② 顺铣和逆铣（见图 7-16）。铣床在进行切削加工时，进给方向与铣削力 F 的水平分力 F_x 方向相反，称为逆铣；进给方向与铣削力 F 的水平分力 F_x 方向相同，称为顺铣。逆铣时刀齿的切削厚度由薄到厚，开始时，刀齿不能立刻切入工件，而在已加工表面滑行，这就对已加

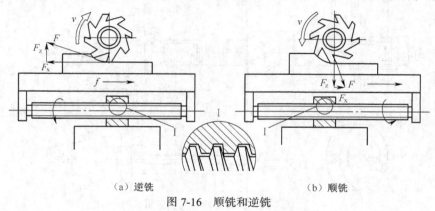

（a）逆铣 （b）顺铣

图 7-16 顺铣和逆铣

工表面有挤压作用，使工件表面的硬化现象严重，影响表面质量。顺铣时刀齿的切削厚度从厚到薄，工件表面加工硬化现象不显著，但刀齿切入时，冲击力较大，不适合加工表面有硬皮的工件（如锻件）。另外，逆铣时工件上所受垂直力 F_z 向上，对工件要有较大的夹紧力，不利于薄壁零件的加工。但逆铣时工件所受 F_z 将机床丝杆与螺母的传动工作面紧靠，工作平稳。顺铣则相反，会出现工作台在丝杆与螺母的间隙范围内来回窜动，影响加工质量及损坏刀具，如铣床都设有顺铣装置，就不会出现上述现象。

（2）常见的平面铣削加工。铣平面是铣床加工中最基本的工作。图 7-17 所示为各种铣平面的方法。

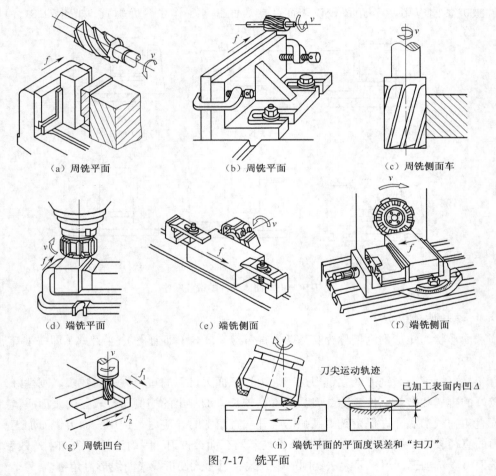

（a）周铣平面   （b）周铣平面   （c）周铣侧面车

（d）端铣平面   （e）端铣侧面   （f）端铣侧面

（g）周铣凹台   （h）端铣平面的平面度误差和"扫刀"

图 7-17　铣平面

端铣平面时，铣刀轴线应与被加面垂直，否则已加工表面会产生凹弧形的不平（见图 7-17（h）），其程度与垂直度成正比。但在用较大直径端铣刀加工大平面时，旋转的刀尖会在已加工表面上滑擦，加速刃口磨损及使表面粗糙度恶化。为防止这种称为"扫刀"的现象发生，通常将主轴前倾极小的角度，使已加工表面只有不影响加工质量的平面度误差。

（3）正六面形的铣削方法。正六面形工件相对的任意两平面应相互平行。同时，相邻的任意两平面应彼此垂直。

铣削正六面体工件时，可按平面铣削的一般原则调整铣床，选择和安装刀具。如果工件在虎钳内装夹，应按图 7-18 所示的步骤进行加工。对具体加工方法作以下几点说明：

① 首先以较平直、光滑的毛坯表面作基准，加工面积最大而又最不平整的表面 1，如图 7-18（a）所示。

② 在以 1 面为基准铣削表面 2、3 时，应在活动钳口与工件间加金属圆棒，以保证表面 1 能与固定钳口紧密贴口，如图 7-18（b）、（c）所示。

③ 在加工表面 3 及表面 4 时，除使一个已加工表面与固定钳口贴紧外，还应使经过加工的下表面与虎钳导轨或平行垫铁贴合，以保证铣出的表面与相对表面间相互平行，如图 7-18（c）、（d）所示。

④ 铣表面 5 时，表面 6 尚未加工，为使表面 5 与其余的 4 个已加工过的表面相互垂直，在工件被夹紧前应用 90° 角尺校正表面 2 或表面 3 与工作台台面垂直，如图 7-18（e）所示。

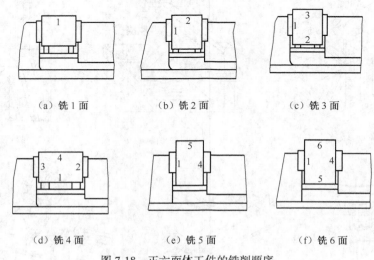

(a) 铣 1 面　　　　　　(b) 铣 2 面　　　　　　(c) 铣 3 面

(d) 铣 4 面　　　　　　(e) 铣 5 面　　　　　　(f) 铣 6 面

图 7-18　正六面体工件的铣削顺序

（4）沟槽的铣削方法。

横截面形状为矩形的沟槽称为直角槽。直角槽有开式（即通槽）、半开式（即一端穿通）和封闭式 3 种。

直角槽可用三面刃铣刀或立铣刀加工。由于三面刃铣刀的直径大、齿数多、刚性好，而且具有较好的排屑和散热条件，因此刀具的寿命较长，加工出的槽侧面有较好的表面质量。在铣削开式直角槽或槽底允许保留铣刀圆弧的半开式直角槽时，应尽量选用三面刃铣刀加工。由于立铣刀的直径较小，强度、刚性、散热条件均不及三面刃铣刀，因而刀具寿命和生产效率较低。但立铣刀可以铣削三面刃铣刀无法铣削的半开式、封闭式及折线或曲线形直角槽。

用立铣刀铣削直角槽时应注意以下几点。

① 注意消除进给丝杠与螺母间的间隙，防止打刀。

② 立铣刀必须装夹牢固，防止在轴向力作用下产生窜动使刀具损坏。

③ 充分加注切削液，以改善刀具的散热和排屑条件。

④ 由于立铣刀不能作轴向进给，在铣削封闭形直角槽时，应在槽端预铣削落刀孔。

⑤ 发生打刀现象后，应将铣刀的残片由工件内清除干净。

⑥ 对于精度要求较高、粗糙度值要求较低的直角槽，可先用较小尺寸的立铣刀进行粗铣削，再用合适尺寸的立铣刀作最后加工。

窄直角槽一般用锯片铣刀加工、锯片铣刀的宽度应与槽宽相同，并在一次进给下完成。当没有合适宽度的铣刀、工件的数量又很少时，可用宽度小于槽宽的锯片铣刀铣削，但此时已无法在一次进给下将槽铣成。

用宽度小于槽宽的锯片铣刀铣窄直角槽时，铣刀的宽度应小于工件槽宽的一半，并分 3 次进给将槽铣成，这样可以使每次切削时，刀具切削刃两侧受力均匀。如果铣刀宽度超过槽宽的一半，那么第 2 次铣削时，铣刀只有一侧承担切削工件，刚性较差的锯片铣刀会在轴向力的作用下产生变形，使槽内加工精度受到影响，甚至会损坏刀具。

7.3 平面的刨削加工及设备

7.3.1 刨床

1. 刨床工作基本内容

刨削的优点在于刀具简单、刃磨方便、加工范围广。在刨削窄而长的导轨类表面时，如采用宽刃刨刀或大进给量，则可以得到较高的生产率，同时加工薄板零件也比较方便。使用精度和刚度比较好的龙门刨床可以对导轨或工作台表面进行以刨代刮加工。

刨床工作基本内容（见图 7-19）。

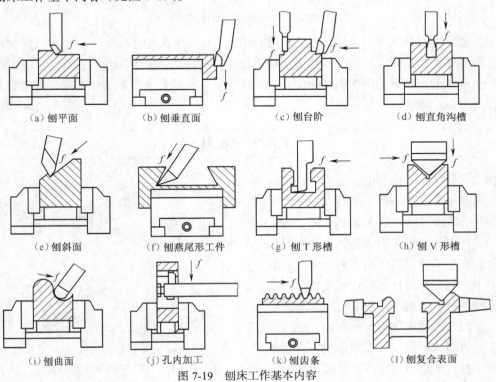

（a）刨平面　　（b）刨垂直面　　（c）刨台阶　　（d）刨直角沟槽

（e）刨斜面　　（f）刨燕尾形工件　　（g）刨 T 形槽　　（h）刨 V 形槽

（i）刨曲面　　（j）孔内加工　　（k）刨齿条　　（l）刨复合表面

图 7-19　刨床工作基本内容

2. B665 牛头刨床的结构

刨削加工中常见的刨床有牛头刨床和龙门刨床。图 7-20 所示为 B665 型牛头刨床的外形图。牛头刨床工作时，装有刀架的滑枕由床身内部的摆杆带动，沿床身顶部的导轨作直线往复运动，由刀具实现切削过程的主运动。夹具或工件则安装在工作台上，加工时，工作台带动工件沿横梁上的导轨作间歇横向进给运动。横梁可沿床身的垂直导轨上下移动，以调整工件和刨刀的相对位置。刀架还可以沿刀架座上的导轨上下移动（一般为手动），以调整刨削深度。在加工垂直平面和斜面作进给运动时，调整转盘，可以使刀架左右回旋，以便加工斜面和斜槽。

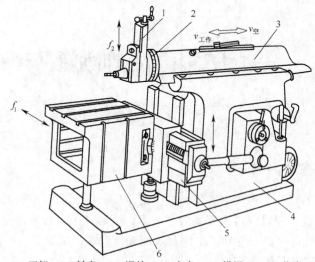

1—刀架；2—转盘；3—滑枕；4—床身；5—横梁；6—工作台

图 7-20　B665 型牛头刨床的外形图

牛头刨床的刀具只在一个运动方向上进行切削，刀具在返回时不进行切削，空行程损失大，此外，滑枕在换向的瞬间有较大的冲击惯性，因此，主运动速度不能太高，所以它的生产率较低。牛头刨床的主参数是最大刨削长度。它适用于单件小批量生产或机修车间，用来加工中小型工件的平面或沟槽。

7.3.2　刨刀

刨刀的结构与车床相似，其几何角度的选取原则也与车刀基本相同，但因刨削过程中有冲击，所以刨刀的前角比车刀小 5°～6°；而且刨刀的刃倾角也应取大值，以使刨刀切入工件时产生的冲击力作用在离刀尖稍远的切削刃上。刨刀的刀杆截面比较粗大，以增加刀杆刚性和防止折断。常用刨刀如图 7-21 所示。平面刨刀用来加工水平表面；偏刀用来加工垂直面或斜面；切刀用来加工直角槽或切断工件；角度刀用来加工互成角度的内

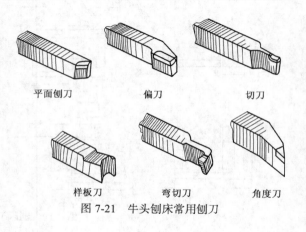

平面刨刀　　　偏刀　　　切刀

样板刀　　　弯切刀　　　角度刀

图 7-21　牛头刨床常用刨刀

斜面；弯切刀主要用来加工 T 形槽和侧面沉割槽；样板刀用来加工特殊形状的表面。以上各种刨刀，按其形状和结构不同及其他分类方法，一般还可以分为左刨刀和右刨刀、直头刨刀和弯头刨刀、整体刨刀和组合刨刀等（见图 7-22）。如图 7-23 所示，刨刀刀杆有直杆和弯杆之分，直杆刨刀刨削时，如遇到加工余量不均或工件上的硬点时，切削力的突然增大将增加刨刀的弯曲变形，造成切削刃扎入已加工表面，降低了已加工表面的精度和表面质量，也容易损坏切削刃。如采用弯杆刨刀，当切削力突然增大时，刀杆产生的弯曲变形会使刀尖离开工件，避免扎入工件。

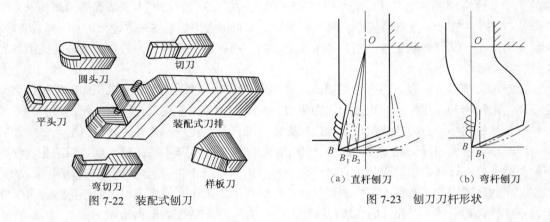

图 7-22　装配式刨刀　　　　　　图 7-23　刨刀刀杆形状

7.3.3　平面的刨削加工方法

1. 刨削前应做好的准备工作

（1）做好加工前的准备工作是保证工件加工精度和提高劳动生产率的重要因素。加工前的准备工作如下。

① 熟悉图样，主要明确加工的部位、尺寸、精度及表面粗糙度等技术要求。

② 检查毛坯的形状、尺寸是否符合图样要求。如果形状尺寸和加工余量不足，或有裂纹、缩孔、疏松、气孔等缺陷，则不予加工。

③ 按加工要求准备好应用的工具、量具、夹具，如平行垫铁、压板、螺栓、划线盘、直角尺及专用工具、夹具、量具等。

④ 加工前，应根据工件的形状、尺寸大小来决定在机床上的装夹办法。对较小的工件可采用间接的装夹方法，如用机用平口虎钳装夹；对较大尺寸的工件，可直接装在刨床工作台上；大型工件应在龙门刨床上装夹加工。

⑤ 选择刨刀要根据工件材料性质、加工要求及提高工效等条件进行选择。粗刨时，要选择有足够强度的刨刀；精刨时，要选择锋利和表面光洁的刨刀。

（2）安装刨刀时要做到以下几点。

① 通常要使刀架和刀箱或刀杆处于中间垂直的位置。

② 刨刀伸出长度应尽量短，直头刀不大于刀杆厚度的 1.5 倍，弯头刀的伸出长度可稍大于其弯曲部分，以防产生振动和断刀。

③ 装刀和卸刀需一手扶住刨刀，另一手使用扳手。

④ 安装有修光刃的宽刃精刨刀时，要用透光法找正宽切削刃的水平位置，然后夹紧。

⑤ 当工件和刨刀装好后，就可调整刨床行程。在保证加工要求和生产率的前提下，选用合理的切削用量。

2. 薄板工件的刨削方法

当板状工件的长度与厚度之比超过 25 时，就称之为薄板工件或薄形工件。如果其长度超过 1 000mm，宽度超过 500mm，一般就称之为大型薄板。刨削薄板的平面，是刨削加工中比较困难的工作，因为薄板工件本身的刚性差，散热不好，在夹紧力、切削力及切削热的影响下，工件非常容易产生变形，这就给装夹工件和刨削加工带来很大困难。装夹力过大，工件容易变形；而装夹力过小，又要影响正常刨削，甚至发生事故。所以刨削薄板工件的特点就是装夹困难和工件容易变形。

由于加工薄形工件有很多条件限制，比较起来，用刨床加工比用其他机床加工优越得多，这主要是由刨床的工作特点所决定的。刨床的特点是使用单刃刀具进行切削工作，切削刀具与工件接触面积很小。刨刀的几何形状可以根据薄形工件的特点进行刃磨，如适当增大前角和后角，以减小切削力和降低切削热。此外，刨床的切削速度一般都不高，进给量与切削速度没有制约关系，可以选择很小的进给量，这样刨削所产生的切削力和切削热可以控制得很小，从而工件装夹的夹紧力就不必很大。由此可见，工件的变形因素比其他机床加工要小得多。由于刨床具备这些有利条件，因此目前金属切削加工中心的薄形工件主要采用刨床加工。

（1）刨削薄板工件时对刀具和切削用量的选择。为了在切削时尽量减小工件变形，要求刨削薄板的刀具要锋利，以减小切削力和切削热。由于切削较小，相应的夹紧力也可以小，工件因夹紧力而产生的变形也会减小。因此刨削薄板工件的刨刀，前角和后角都应比一般平面刨刀大一些，而过渡刃和修光刃在不影响加工质量的情况下尽量小一些，并且将前面磨成凹圆弧状以利于排屑。一般前角取 $10°\sim15°$，后角取 $8°\sim10°$，另外主偏角应取得小一些（$30°\sim40°$）。这样在切削时，进给抗力较小，以免顶弯工件；而背向力较大，可将薄板工件紧压在工作台面上。刨削薄板工件时，为了减小切削力和切削热，工件的夹紧力也较小，所以应选用较小的背吃刀量（0.5mm 以下）及进给量（0.1~0.25mm）。切削速度可采用正常的使用速度。

（2）薄板工件的刨削步骤。

① 检查薄板工件的毛坯。清除毛坯上的污物、毛刺和气割渣，然后检查毛坯的尺寸和弯曲程度。毛坯弯曲如过大，则应预先进行矫平。

② 刨削工件周边。如周边与平面没有垂直度要求，则可刨至尺寸；如有要求，则应留出精刨余量。

③ 以毛坯较平的一面作粗基准，粗刨第 1 面，以刨去毛坯外皮为限。

④ 在平板上检查并矫正粗刨平面。

⑤ 以粗刨后的平面为基准粗刨第 2 面，也以刨去外皮为限。

⑥ 在平板上矫正工件，因刨去外皮后工件产生变形。

⑦ 以平面度误差较小的一面为基准精刨第 1 面。

⑧ 以精刨后的平面为基准精刨第 2 面。如能达到平面度要求，则可以刨至尺寸，否则应翻身精刨另一面，有时需要多翻身精刨，直至达到精度要求。每次切削深度可逐渐减小，这样可获得较高的精度。

7.4 平面的磨削加工及设备

7.4.1 平面磨床

1. 平面磨床的组成及其作用

平面磨床用于加工各种零件的平面，尺寸公差可达 IT5～IT6 级，两平面平行度误差小于 0.01，表面粗糙度一般可达 0.4～0.2μm，精密磨削可达 0.01～0.1μm。

平面磨床组成如图 7-24 所示。工作台装在床身的纵向导轨上，由液压传动作纵向直线往复运动（进给运动），也可手动调整。工件用电磁吸盘及夹具装夹在工作台上。砂轮架可沿滑座的燕尾导轨作横向间歇进给（手动或液动），滑座和砂轮架一起沿立柱的导轨作垂直间歇进给运动（手动）。平面磨床的主参数是工作台面宽度。

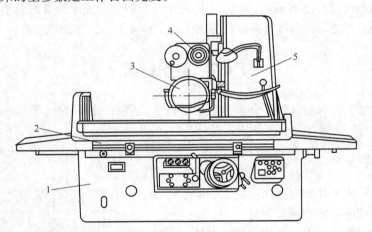

1—床身；2—工作台；3—砂轮架；4—滑座；5—立柱

图 7-24 平面磨床外形图

2. 平面磨床的类型及磨削运动

平面磨削有以下几种运动：砂轮的旋转运动 v_s、工件的纵向运动 f_1、砂轮或工件的横向进给运动 f_2、砂轮的垂直进给运动 f_3，如图 7-25 所示。

平面磨床主要用于磨削各种工件上的平面。常用的平面磨床按其砂轮轴线的位置和工作台的结构特点，可分为卧轴矩台平面磨床、卧轴圆台平面磨床、立轴矩台平面磨床、立轴圆台平面磨床等几种类型，如图 7-26 所示。其中图 7-26（a）和图 7-26（c）所示为磨床用砂轮的周边磨削，图 7-26（b）和图 7-26（d）

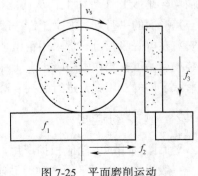

图 7-25 平面磨削运动

所示为磨床用砂轮的端面磨削。

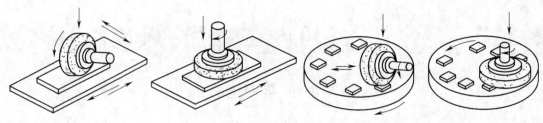

（a）卧轴矩台平面磨床　　　（b）立轴矩台平面磨床　　　（c）卧轴圆台平面磨床　　　（d）立轴圆台平面磨床

图 7-26　平面磨床的几种类型及其磨削运动

周边磨削时，砂轮与工件的接触面积小、磨削力小、排屑及冷却条件好、工件受热变形小，且砂轮磨损均匀，所以加工精度较高；但砂轮主轴承刚性较差，只能采用较小的磨削用量，生产率较低，所以常用于精磨和磨削较薄的工件。

端面磨削时，砂轮与工件的接触面积大，同时参加磨削的磨粒多，另外，磨床工作时主轴受压力，刚性较好，允许采用较大的磨削用量，所以生产率高；但是在磨削过程中，磨削力大、发热量大、冷却条件差、排屑不畅，造成工件的热变形较大，且砂轮端面沿径向各点的线速度不等，使砂轮磨损不均匀，所以这种磨削方法的加工精度不高，多用于粗磨。

7.4.2　磨平行面

常用的平面磨削方式有 4 种，分别是卧轴矩台平面磨削、卧轴圆台平面磨削、立轴矩台平面磨削、立轴圆台平面磨削。

1. 工件的安装

平面磨削时装夹工件的方法决定于工件的形状、尺寸和材料，而且还与生产批量有关。

磨削两个相互平行或垂直的钢或铸铁工件，一般都可直接装夹在电磁吸盘上，如图 7-27 所示。中小型工件也用磁性工作台吸住，这种方法装卸工件方便迅速、牢固可靠，能同时安装许多工件，由于定位基准面被均匀地吸紧在台面上，从而能很好地保证加工平

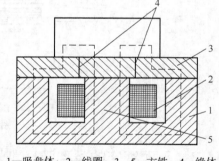

1—吸盘体；2—线圈；3、5—方铁；4—缘体
图 7-27　电磁吸盘

面与基准面的平行度。大型工件一般用压紧装置固定在工作台上。有些复杂形状的工件，不能直接安装在电磁吸盘上，常采用精密平口钳、V 形块、方箱及夹头、导磁角铁和正弦夹具等通用夹具装夹后，再安装在电磁吸盘上。对于大批量生产的工件，为了提高工效和稳定质量，常设计复杂形状工件的专用夹具进行装夹。对于大型或重型工件，采用压板安装在带 T 形槽的工作台上。

2. 砂轮的选择

平面磨削用的砂轮应根据所用设备、工件的形状、材质及加工要求来选择。

一般说来，由于平面磨削时砂轮与工件的接触面积较大，磨削热也较大，容易引起工件变

形和烧伤（特别是磨削薄片工件时），所以应选择硬度低、粒度号小、组织疏松的砂轮。

采用圆周磨削时，应选用陶瓷结合剂砂轮。磨削淬火钢用 J～K 砂轮，磨削非淬火钢用 J～L 砂轮，磨削铸铁用 J～K 砂轮。砂轮粒度通常用 36#～60#。对精度要求不高的粗磨，也可以选用更粗粒度（16#～36#）的砂轮。

采用端面磨削时，砂轮的结合剂特性为人造树脂，其余特性同圆周磨削。

周磨时一般采用平形砂轮，端磨时一般采用筒形砂轮或碗形砂轮，粗磨时也可选用镶块砂轮。

3. 平行面的磨削方法

（1）常用的平行面磨削方法。

① 横向磨削法。当工作台纵向行程终了时，砂轮主轴或工作台作一次横向进给，这时砂轮所磨削的金属层厚度就是实际磨削深度，磨削宽度等于横向进给量。待工件上第 1 层金属磨削完后，砂轮重新作一次垂直进给，再按上述过程磨削第 2 层金属，直至达到所需的尺寸为止。磨削示意图如图 7-28（a）所示。

② 深度磨削法。一般用深度磨削法磨削砂轮只作两次垂直进给，第 1 次垂直进给量等于粗磨的全部余量，当工作台纵向行程终了时，将砂轮或工件沿砂轮主轴轴线方向横向移动 3/4～4/5 的砂轮宽度，直到工件整个表面的粗磨余量全部磨完为止。第 2 次垂直进给量等于精磨余量，其磨削过程与横向磨削相同，如图 7-28（b）所示。

③ 阶梯磨削法。阶梯磨削法是根据工件磨削余量的大小，将砂轮修整成阶梯形状，使其在一次垂直进给中磨去全部余量，如图 7-28（c）所示。

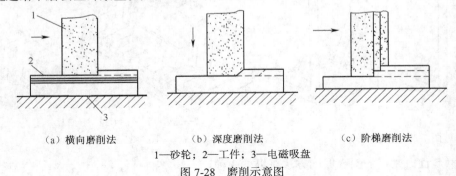

（a）横向磨削法　　　　（b）深度磨削法　　　　（c）阶梯磨削法

1—砂轮；2—工件；3—电磁吸盘

图 7-28　磨削示意图

（2）磨削用量的选择。根据加工方法、磨削性质、工件材料等因素来选择磨削用量。

① 砂轮的圆周速度。砂轮的圆周速度不宜过高或过低，过高会引起砂轮的碎裂，过低会影响加工质量和生产效率。一般砂轮圆周速度的选择范围见表 7-4。

表 7-4　　　　　　　　　　　　　　砂轮圆周速度的选择范围

磨 削 形 式	被磨工件材料	粗磨（m/min）	精磨（m/min）
周面磨削	灰铸铁、钢	20～22 22～25	22～25 25～30
端面磨削	灰铸铁、钢	15～18 18～20	18～20 20～25

② 工作台纵向进给速度。当工作台为矩形时，纵向进给量为 1～12m/min；当工作台为圆形时，其速度为 7～30m/min。

③ 砂轮的垂直进给量。磨削中，应根据横向进给量选择砂轮的垂直进给量。横向进给量大

时，垂直进给量应小些，以免影响砂轮和机床的寿命及加工精度；横向进给量小时，垂直进给量可适当增大。一般粗磨时，垂直进给量为 0.015～0.05mm；精磨时为 0.005～0.01mm。

（3）磨垂直面。垂直面是指那些与主要基准面垂直的平面。磨削垂直面的关键是采用何种装夹方法，以达到相邻面之间的垂直度要求。

几种典型的磨垂直面方法简介如下。

① 用精密平口钳装夹工件。磨小型垂直面，特别是非磁性材料工件时，通常采用此种方法装夹工件。这种磨削方法较简便，生产率高，且能保证工件的加工精度，如图 7-29 所示。

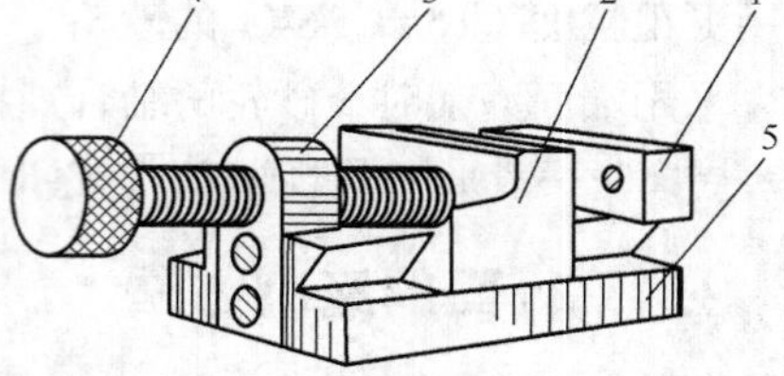

② 用精密角铁装夹工件。这种安装方法能达到较高的磨削精度。磨削时，工件以精加工过的面贴紧在角铁的垂直面上，用压板和螺钉夹紧，并用百分表校正后进行加工。此种方法虽装夹较麻烦，但可以获得较高的垂直精度，通常适用于制造工夹具的装夹，如图 7-30 所示。

③ 用导磁角铁装夹工件。加工时将工件的侧面吸贴在导磁角铁的侧面上，此种加工方法能得到较高的垂直度，如图 7-31 所示。

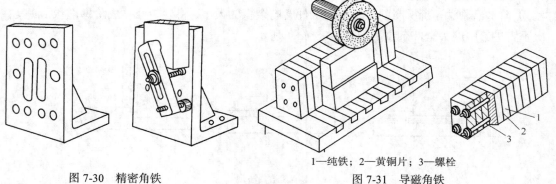

1—固定钳口；2—活动钳口；3—凸台；
4—螺杆；5—平口钳体
图 7-29 精密平口钳

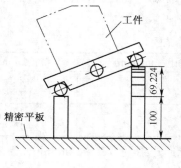

图 7-30 精密角铁

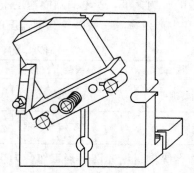

1—纯铁；2—黄铜片；3—螺栓
图 7-31 导磁角铁

（4）磨斜面。常用的斜面磨削方法有以下 3 种。

① 用正弦规和精密角铁装夹工件磨斜面。正弦规是一种精密量具，使用时，根据所磨工件斜面的角度，算出需要垫入的块规高度，如图 7-32 所示。

（a）正弦规角度的调整　　　　　（b）用正弦规和精密角铁装夹工件
图 7-32 正弦规和精密角铁

② 用正弦精密平口钳或正弦电磁吸盘装夹工件磨斜面。正弦精密平口钳的最大倾斜角度为45°，而正弦电磁吸盘是用电磁吸盘代替了正弦精密平口钳中的平口钳，它的最大回转角度也是45°，一般可用于磨削厚度较薄的工件，如图 7-33 所示。

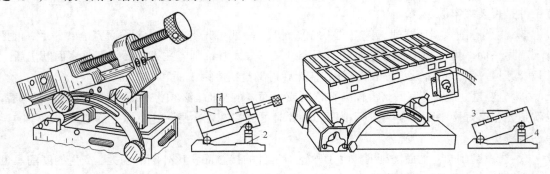

（a）正弦精密平口钳　　　　　　　　　　　（b）正弦电磁吸盘

1、3—工件；2、4—块规

图 7-33　正弦精密平口钳和正弦电磁吸盘

③ 用导磁 V 形铁装夹工件磨斜面。导磁 V 形铁的结构和使用原理与导磁角铁相同。这种导磁 V 形铁所能磨削的工件倾斜角不能调整，因而适用于批量生产，如图 7-34 所示。

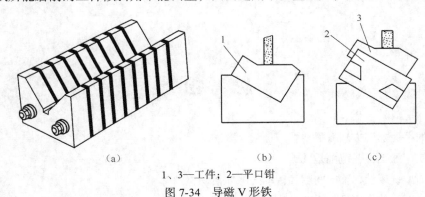

（a）　　　　　　　　　（b）　　　　　　　（c）

1、3—工件；2—平口钳

图 7-34　导磁 V 形铁

（5）磨削平行平面应注意的问题。在平面磨削中最主要的是磨削互相平行的两个平面或平行于某一基准面的一个平面。磨削平行平面应注意以下工艺问题。

① 正确选择定位基准面。磨削工件上的两个平行平面时，一般是先以一个平面作为定位基准面磨另一个平面，然后再翻身磨削这一个平面。如果两个平面仅有平行度要求，可选择两个平面中面积较大或较平、粗糙度值较小的一个面作为第 1 次磨削的定位基准面。如果两个平面与其他平面有位置公差要求时，就不能随便选择定位基准了。如图 7-35 所示的齿轮坯，工件车好待磨，端面 A 和 B 是在一次装夹中车出的，端面 C 是在另一次装夹中车出的，A 作定位基准面磨削端面 C（磨出即可），使端面 C 与 A、B 面平行，然后翻身磨端面 A，以保证尺寸 $4^{+0.04}_{0}$ mm，最后再磨 C面，保证尺寸 $16^{-0.02}_{-0.04}$ mm。如果首先以端面 C 作定位基准面来磨削

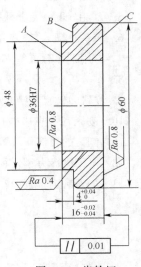

图 7-35　齿轮坯

端面 *A*，此时端面 *A*、*B* 将变为平行度超差，且尺寸 $4^{+0.04}_{0}$ mm 也无法保证。

② 装夹必须牢靠。在磨削过程中如果工件装夹不牢，不但影响工件的精度和粗糙度，而且有时还会由于磨削力的作用使工件翻倒，甚至会把砂轮挤碎而造成重大事故。因此必须仔细检查工件是否装夹牢固。

③ 注意磨削余量。磨削工件上两平行平面时，一般可先把其中一个平面完全磨好后，再翻身磨削另一面。但如果毛坯有翘曲变形而余量又不太大时，则应在第 1 面大部分表面磨出后，就翻身磨另一面（也将大部分表面磨出），然后再翻身精磨第 1 面和第 2 面。

④ 分粗磨、精磨。为了获得较高平行度或平面度的平面，必须将平面磨削分为粗磨、精磨，也就是先粗磨好两平面后，再进行精磨。必要时可以多翻几次身，这可以把前道工序留下的误差逐渐减小。

⑤ 注意磨削热。平面磨削时，由于砂轮与工件的接触面积比外圆磨削大，产生的磨削热也大，容易使工件变形，所以在精磨平面时砂轮要锋利，冷却液要充分，垂直进给量和横向进给量要适当减小，纵向进给速度可以适当提高，以改善散热条件。

⑥ 注意机床精度。砂轮架导轨必须平行于工作台；磨削时横向进给量必须很均匀，如有不均匀现象需及时调整；机床导轨应有良好的润滑状态，但润滑油过多会使工件台面浮动而影响加工精度。另外，电磁吸盘的台面要平整光洁，使用时间过长而有某些变形时，可以对台面进行修磨。

思考题

1. 常用的平面加工方法有哪些？
2. 卧式铣床加工工艺范围是什么？
3. X6132 型铣床丝杠轴向间隙和传动间隙如何调整？
4. 万能分度头的作用是什么？
5. 万能分度头有哪几种分度方法？
6. 铣一直槽 $z=22$ 的工件，求铣完每一条直槽后，分度手柄应转过的转数是多少？
7. 常用铣刀有哪些？各适用于什么场合？
8. 试分析比较圆周铣削时，顺铣和逆铣的优、缺点。
9. 立铣刀铣直角槽时应注意哪些问题？
10. 刨床有哪些基本工作内容？
11. 刨刀的刀杆作成弯杆的目的是什么？
12. 平面磨床有哪几种类型？
13. 如何磨削垂直面？

第8章

齿轮的齿形加工

【教学重点】

1. 齿轮加工方法及加工设备。
2. 齿轮机械加工工艺规程的编制。
3. 齿形的加工。

【教学难点】

1. Y3150E 型滚齿机的传动系统及其调整。
2. 齿形的精加工。

齿轮在各种机器、仪器、仪表中应用极其广泛，它是传递运动和动力的重要零件，齿轮的质量直接影响产品的质量，因此，齿轮的齿形加工在机械制造业中占有重要的作用。常用的齿轮副有圆柱齿轮、圆锥齿轮及蜗轮蜗杆，其中外啮合的直齿圆柱齿轮应用最多。

8.1 齿轮齿形加工方法

齿轮的齿形曲线有渐开线、摆线、圆弧等，其中最常用的是渐开线。以下主要介绍渐开线齿轮的齿形加工方法。在齿轮的齿坯上加工出渐开线齿形的方法很多，从加工原理上可将其分为成型法和展成法两种。

成型法的特点是所用刀具的切削刃形状与被切削齿轮齿槽的形状相同。用成型法原理加工齿形的方法是，用模数铣刀在铣床上利用万能分度头铣齿轮。这种方法由于存在分度误差及刀具的制造、安装误差，所以加工精度较低，一般只能加工出 IT9～IT10 级精度的齿轮。此外，加工过程中需多次不连续分度，生产率也很低，因此主要用于单件小批量生产及修配工作中加工精度不高的齿轮。

展成法是应用齿轮啮合原理来进行加工的（见图 8-1），用这种方法加工出来的齿形轮廓是刀具切削刃运动轨迹的包络线。齿数不同的齿轮，只要模数和压力角相等，都可以用同一把刀具来加工。用展成原理加工齿形的方法主要有滚齿、插齿、剃齿、珩齿和磨齿等，其中剃齿、珩齿、磨齿属于齿形精加工方法。展成法的加工精度和生产率都较高,刀具通用性好,所以在生产中应用十分广泛。

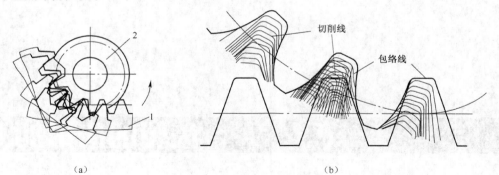

（a）　　　　　　　　　　　　　　　（b）

1—刀具；2—工件

图 8-1　展成法工作原理图

常见的齿形切削加工方法的加工精度和适用范围见表 8-1。

表 8-1　　　　　　　　　　　　常见的齿形切削加工方法

齿形加工方法		刀　具	机　床	加工精度及适用范围
成型法	成型铣齿	模数铣刀	铣床	加工精度及生产率均较低,一般精度为 IT9 级以下
	拉齿	齿轮拉刀	拉床	精度和生产率均较高,但拉刀多为专用,制造困难,价格高,故只在大量生产时用之,宜于拉内齿轮
展成法	滚齿	齿轮滚刀	滚齿机	通常加工 IT6～IT10 级精度齿轮,最高能达 IT4 级,生产率较高,通用性大,常用于加工直齿、斜齿的外啮合圆柱齿轮和蜗轮
	插齿	插齿刀	插齿机	通常能加工 IT7～IT9 级精度齿轮,最高达 IT6 级,生产率较高,通用性大,适于加工内外啮合齿轮(包括阶梯齿轮)、扇形齿轮、齿条等
	剃齿	剃齿刀	剃齿机	能加工 IT5～IT7 级精度齿轮,生产率高,主要用于齿轮滚插预加工后、淬火前的精加工
	冷挤齿轮	挤轮	挤齿机	能加工 IT6～IT8 级精度齿轮,生产率比剃齿高,成本低,多用于齿形淬硬前的精加工,以代替剃齿,属于无切屑加工
	珩　齿	珩磨轮	珩齿机剃齿机	能加工 IT6～IT7 级精度齿轮,多用于经过剃齿和高频淬火后齿形的精加工
	磨齿	砂轮	磨齿机	能加工 IT3～IT7 级精度齿轮,生产率较低,加工成本较高,多用于齿形淬硬后的精密加工

8.2

齿轮加工工艺

8.2.1　圆柱齿轮加工概述

圆柱齿轮是在机械传动中,用于按规定的速比传递运动和动力的重要零件,广泛应用于各种机器和仪器中。

1. 圆柱齿轮的精度要求

齿轮自身的精度影响其使用性能和寿命，通常对齿轮的制造提出以下精度要求。

（1）运动精度。确保齿轮准确传递运动和恒定的传动比，要求最大转角误差不能超过相应的规定值。

（2）工作平稳性。要求传动平稳，振动、冲击、噪声小。

（3）齿面接触精度。为保证传动中载荷分布均匀，齿面接触要求均匀，避免局部载荷过大、应力集中等造成过早磨损或折断。

（4）合理的齿侧间隙。要求传动中的非工作面留有间隙以补偿温升、弹性形变和加工装配的误差并利于润滑油的储存和油膜的形成。

2. 齿轮材料、毛坯和热处理

（1）材料选择。根据使用要求和工作条件选取合适的材料，普通齿轮选用中碳钢和中碳合金钢，如 40、45、50、40MnB、40Cr、45Cr、42SiMn、35SiMn2MoV 等；要求高的齿轮可选取 20Mn2B、18CrMnTi、30CrMnTi、20Cr 等低碳合金钢；对于低速轻载的开式传动可选取 ZG40、ZG45 等铸钢材料或灰口铸铁；非传力齿轮可选取尼龙、夹布胶木或塑料。

（2）齿轮毛坯。毛坯的选择取决于齿轮的材料、形状、尺寸、使用条件、生产批量等因素，常用的毛坯种类有以下几种。

① 铸铁件。用于受力小、无冲击、低速的齿轮；

② 棒料。用于尺寸小、结构简单、受力不大的齿轮；

③ 锻坯。用于高速重载齿轮；

④ 铸钢坯。用于结构复杂、尺寸较大不宜锻造的齿轮。

（3）齿轮热处理。在齿轮加工工艺过程中，热处理工序的位置安排十分重要，它直接影响齿轮的力学性能及切削加工的难易程度。一般在齿轮加工中有两种热处理工序：

① 毛坯的热处理。为了消除锻造和粗加工造成的残余应力、改善齿轮材料内部的金相组织和切削加工性能，在齿轮毛坯加工前后通常安排正火或调质等预热处理。

② 齿面的热处理。为了提高齿面硬度、增加齿轮的承载能力和耐磨性而进行的齿面高频淬火、渗碳淬火、氮碳共渗和渗氮等热处理工序。一般安排在滚齿、插齿、剃齿之后，珩齿、磨齿之前。

8.2.2 圆柱齿轮零件加工工艺

齿轮加工的工艺路线是根据齿轮材料、热处理方式、齿轮结构及尺寸、精度要求、生产批量等条件确定。一般工艺路线如下。

毛坯制造→毛坯热处理→齿坯加工→齿型加工→齿面热处理→齿轮定位面精加工→齿面的精整加工。

1. 圆柱齿轮加工工艺过程分析

（1）定位基准的选择。对于齿轮定位基准的选择常因齿轮的结构形状不同，而有所差异。

带轴齿轮主要采用顶尖定位，轴上孔径大时则采用锥堵。顶尖定位的精度高，且能做到基准统一。

带孔齿轮在加工齿面时常采用以下两种定位、夹紧方式。

① 以内孔和端面定位。即以工件内孔和端面联合定位，确定齿轮中心和轴向位置，并采用面向定位端面的夹紧方式。这种方式可使定位基准、设计基准、装配基准和测量基准重合，定位精度高，生产效率高，适于批量生产。但对夹具的制造精度要求较高。

② 以外圆和端面定位。工件和夹具心轴的配合间隙较大，用千分表校正外圆以决定中心的位置，并以端面定位；从另一端面施以夹紧。这种方式因每个工件都要校正，所以生产效率低；它对齿坯的内、外圆同轴度要求高，而对夹具精度要求不高，适于单件、小批量生产。

（2）齿坯的加工。齿面加工前的齿坯加工，在整个齿轮加工工艺过程中占有很重要的地位，因为齿面加工和检测所用的基准必须在此阶段加工出来；无论从提高生产率，还是从保证齿轮的加工质量，都必须重视齿坯的加工。

齿坯加工中，应保证齿轮内孔、端面的精度基本达到规定的技术要求，因为这些表面常常作为定位基准，它们的精度影响齿轮的加工精度。对于齿轮上除齿形以外的次要表面的加工，也应尽可能在齿坯加工的过程中完成。

在齿轮的技术要求中，应注意齿顶圆的尺寸精度要求，因为齿厚的检测是以齿顶圆为测量基准的，齿顶圆精度太低，必然使所测量出的齿厚值无法正确反映齿侧间隙的大小。所以，在加工过程中应注意下列 3 个问题。

① 当以齿顶圆直径作为测量基准时，应严格控制齿顶圆的尺寸精度。

② 保证定位端面和定位孔或外圆相互的垂直度。

③ 提高齿轮内孔的制造精度，减小与夹具心轴的配合间隙。

齿轮在加工、检验和装配时，径向基准面和轴向基准面应尽量一致。通常采用齿坯内孔（或外圆）和端面作为基准，所以齿坯加工精度对齿轮齿形加工质量影响很大。齿坯的尺寸和形状公差见表 8-2，齿坯基准面径向和端面圆跳动公差见表 8-3。

表 8-2　　　　　　　　　　齿坯尺寸公差和形状公差

齿轮精度等级[①]		1	2	3	4	5	6	7	8	9	10	11	12
孔	尺寸公差 形状公差	IT4 IT1	IT4 IT2	IT4 IT3	IT4	IT5	IT6	IT7		IT8		IT8	
轴	尺寸公差 形状公差	IT4 IT1	IT4 IT2	IT4 IT3	IT4	IT5		IT6		IT7		IT8	
顶圆直径[②]		IT6			IT7			IT8			IT9		IT11

注：① 当三个公差组的精度等级不同时，按最高的精度等级确定公差值。

② 当顶圆不作测量齿厚的基准时，尺寸公差按 IT11 给定，但不大于 $0.1 m_n$。

③ 当以顶圆作基准面时，本栏就指顶圆的径向圆跳动。

表 8-3　　　　　　　　　齿坯基准面径向和端面圆跳动公差

分度圆直径（mm）		精度等级（μm）				
大于	到	1 和 2	3 和 4	5 和 6	7 和 8	9 和 12
—	125	2.8	7	11	18	28
125	400	3.6	9	14	22	36
400	800	5.0	12	20	32	50
800	1 600	7.0	18	28	45	71
1600	2 500	10.0	25	40	63	100
2500	4 000	16.0	40	63	100	160

（3）齿形的加工。一般采用滚、插齿加工。对齿形的精加工采用剃、珩、磨齿加工。齿形加工是保证齿轮精度的关键，必须予以特别注意。

（4）齿端的加工。齿轮的齿端加工有倒圆、倒尖、倒棱和去毛刺等方式。倒圆、倒尖后的齿轮在换挡时容易进入啮合状态，减少撞击现象。倒棱可除去齿端锐边和毛刺，这些锐边和毛刺经热处理后很脆，在齿轮传动中易崩脱。倒圆时，铣刀高速旋转，并沿圆弧作摆动，加工完一个齿后，工件退离铣刀，经分度再快速向铣刀靠近加工下一个齿的齿端。齿端加工必须在齿轮淬火之前进行，通常都在滚（插）齿之后，剃齿之前安排齿端加工。

2. 圆柱齿轮典型加工工艺方案

（1）拉孔方案（大批大量生产）。调质→车端面、钻孔、扩孔→拉孔→粗、精车另一端面和外圆→滚齿或插齿→热处理→齿形精整加工→以齿形定位磨内孔。

（2）车孔方案。车端面、钻孔、粗车孔→以孔定位粗车另一端面及外圆→调质→以外圆定位半精车、精车端面和内孔→以孔定位精车另一端面和外圆→滚齿或插齿→热处理→齿形精整加工→磨内孔。

有的方案最后一次热处理采用高频淬火，此时就不需齿形精整加工，也不需磨削内圆。

8.2.3 圆柱齿轮加工工艺案例

现以双联齿轮的加工为例介绍圆柱齿轮的加工工艺过程。

双联齿轮如图 8-2 所示，成批生产（每批 100 件）；材料为 40Cr；毛坯为锻件。

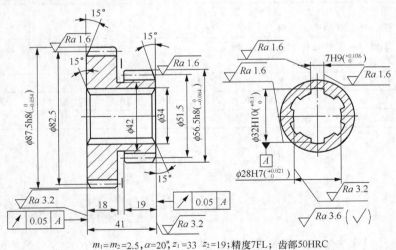

$m_1=m_2=2.5$，$\alpha=20°$，$z_1=33$ $z_2=19$；精度7FL；齿部50HRC

图 8-2 双联齿轮

1. 双联齿轮加工工艺分析

图 8-2 所示的双联齿轮 1、2 轮缘间的轴向尺寸为 4mm，距离较小，2 轮齿形的加工方法选择受到限制，通常只能选择插齿。

齿轮精度等级为 7 级。两侧端面与轴线有垂直度要求，表面粗糙度为 3.2μm。

两端孔口 $\phi 34$ 成 15° 倒角，必须在粗加工中车至尺寸，并应考虑精车余量。否则，工件套在花键心轴上后，精车端面时会将心轴车坏，或端面车不平；因花键孔在拉削时定位基准是浮动的，无法保证孔与外圆的同轴度，因此车削齿坯时，先粗车齿坯各外圆和端面，各留精车余量 1～2mm，待拉削好花键孔后，套上花键心轴再精车各部分至尺寸，以保证孔与外圆的同轴度，以及孔与端面的垂直度。

齿形加工时以花键孔定位于心轴。

2. 加工工艺路线的拟定

双联齿轮的参考加工工艺路线见表 8-4。

表 8-4　　　　　　　　　　　　双联齿轮加工工艺过程

工序名称	工 序 内 容	设 备
锻	锻造并退火，检查	模锻锤
热处理	调质（250HBS），检查	
车	三爪卡盘夹 $\phi87.5h8$ 毛坯外圆，校正 车端面；粗车外圆 $\phi56.5h8$ 至 $\phi57.5$，粗车沟槽至 $\phi43\times3$，尺寸 19 车至 19.5；倒角	卧式车床
车	三爪卡盘夹 $\phi56.5h8$ 粗车后的外圆表面 车端面，尺寸 41 车至 42，粗车外圆 $\phi87.5h8$ 至 $\phi88.5$，钻孔至 $\phi27$，车孔至 $\phi27.80$，铰孔 $\phi28H7$ 至尺寸；两端孔口 $\phi34$ 成 15° 倒角；检查	卧式车床
拉	拉花键孔 $6\times28\times32\times7$ 至尺寸，检查	拉床
车	套花键心轴，装夹于二顶尖间 车外圆 $\phi87.5h8(^{\ 0}_{-0.054})$ 至尺寸；车外圆 $\phi56.5h8(^{\ 0}_{-0.046})$ 至尺寸；车两端面至尺寸 41；车沟槽 $\phi42$ 至尺寸，保持尺寸 18、19；齿部倒角；检查	卧式车床
插齿	工件以花键孔定位于心轴上，校正心轴 按图样要求插齿 $z_1=33$、$z_2=19$，检查	插齿机
倒角	工件以花键孔定位于心轴上，校正。 按图样要求齿部倒角	齿轮倒角机
热处理	高频感应淬火，齿部淬硬（50HRC），检查	
珩齿	工件以花键孔定位于花键心轴上。珩齿 $z_1=33$、$z_2=19$ 至尺寸，检查	齿轮珩磨机
钳	去毛刺，清洗，涂防锈油，入库	

8.3

齿轮加工设备

齿轮加工机床是用来加工各种齿轮轮齿的机床。由于齿轮传动的应用极为广泛，齿轮的需求也日益增加，同时对齿轮的精度要求也越来越高，为此，齿轮加工机床已成为机械制造业中一种重要的技术装备。

8.3.1　齿轮加工机床的类型及应用

1. 圆柱齿轮加工机床

根据所用刀具和加工方法的不同，主要有滚齿机、插齿机、铣齿机等。精加工机床中包括剃齿机、珩齿机及各种圆柱齿轮磨齿机等。此外，还包括齿轮倒角机、齿轮噪声检查机等。

2. 锥齿轮加工机床

除加工直齿锥齿轮的刨齿机、铣齿机和加工弧锥齿轮铣齿机外，还有加工齿长方向为摆线或渐开线和外摆线或标准渐开线的铣齿机及精加工机床。此外，锥齿轮加工机床包括加工锥齿轮所需的倒角机、淬火机、滚动检查机等设备。

8.3.2 Y3150E 型滚齿机

Y3150E 型滚齿机适用于加工直齿和斜齿圆柱齿轮，并可用于手动径向进给加工蜗轮，也可以加工花键轴。

1. 机床主要技术参数

加工齿轮最大直径：500mm。

加工齿轮最大宽度：250mm。

加工齿轮最大模数：8mm。

加工齿轮最少齿数：$5k$（k 为滚刀头数）。

允许安装最大滚刀尺寸（直径×长度）：160mm×160mm。

2. 机床的主要组成部件

如图 8-3 所示为 Y3150E 型滚齿机外形图，它主要由床身、立柱、刀架溜板、刀杆、滚刀架、支架、后立柱、工件心轴、工作台等部件组成。其中刀架溜板可沿立柱上的导轨作垂直方向的进给和快速移动；刀架连滚刀一起，可绕自己的水平轴线偏转以调整滚刀的安装角；工件安装在工作台的心轴上，随同工作台一起回转；后立柱和工作台装在同一溜板上，可沿床身水

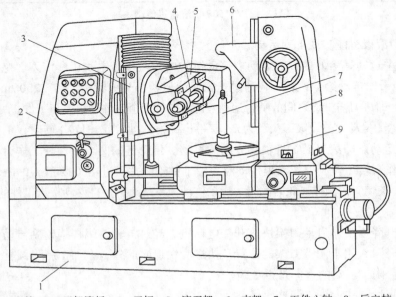

1—床身；2—立柱；3—刀架溜板；4—刀杆；5—滚刀架；6—支架；7—工件心轴；8—后立柱；9—工作台

图 8-3 Y3150E 型滚齿机外形图

平导轨移动，以调整工件的径向位置或作径向进给。后立柱上的支架可沿导轨上下移动，借助轴套或顶尖支承心轴的上端，以增加心轴的刚度。

3. 机床的传动系统

图 8-4 所示为 Y3150E 型滚齿机传动系统。

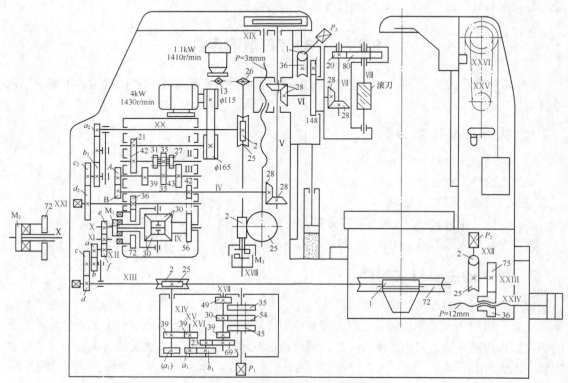

图 8-4　Y3150E 型滚齿机传动系统

Y3150E 型滚齿机能实现下列运动。

主运动。主运动是滚刀的旋转运动。传动链的两个端件是电动机和滚刀。电动机（4kW，1 430r/min）经带轮传动给变速箱，再通过挂轮使滚刀获得 9 种转速（40～250r/min）。

展成运动。即滚刀与工件之间的啮合运动。传动链的两个端件是滚刀与工件，两者应准确地保持一对啮合齿轮的传动比。设滚刀头数为 k，工件齿数为 z，则当滚刀转 1 转时，工件应转 k/z 转。

垂直进给运动。即滚刀沿工件轴线方向的移动。传动链的两个端件是工作台与刀架溜板。传动关系是工作台转 1 转，刀架溜板带动滚刀沿工件轴线垂直进给（12 级，0.4～4mm）。

附加运动。滚切斜齿圆柱齿轮时的附加运动传动关系是滚刀垂直移动量为工件的导程 T 时，工件应附加±1 转。

刀架快速升降运动。启动刀架快速升降电动机，经过链轮、蜗杆蜗轮副传动丝杠螺母机构带动刀架快速升降，用于调整刀架的位置及快进、快退。此外，在加工斜齿圆柱齿轮时，还可用于检查工作台附加运动的方向是否正确。

（1）加工直齿圆柱齿轮的调整计算。

① 主运动传动链。主运动传动链的两个端件及其运动关系：主电动机（1 430r/min）—滚

刀主轴 $n_刀$（r/min）。其传动链的运动平衡方程式为

$$1\ 430 \times \frac{115}{165} \times \frac{21}{42} \times u_{\text{II-III}} \times \frac{A}{B} \times \frac{28}{28} \times \frac{28}{28} \times \frac{28}{28} \times \frac{20}{80} = n_刀 \qquad (8\text{-}1)$$

由式（8-1）简化后可以得到主运动传动链变速机构 u_V 的计算式，即

$$u_V = u_{\text{II-III}} \times \frac{A}{B} = \frac{n_刀}{124.583} \qquad (8\text{-}2)$$

式中 $n_刀$——滚刀主轴转速（r/min）；

$u_{\text{II-III}}$——轴II至轴III之间三连滑移齿轮变速组的3种传动比，分别为27/43、31/39、35/35；

A/B——主运动传动链挂轮齿数比，共3种，分别为22/44、33/33、44/22。

很显然，滚刀的转速 $n_刀$ 确定后，就可算出 u_V 的数值，并由此决定变速箱中滑移齿轮的啮合位置和挂轮的齿数；反之，变速箱中滑移齿轮的啮合位置和挂轮的齿数确定后，就可算出滚刀的转速 $n_刀$。滚刀共有9种转速，见表8-5。

表 8-5   滚刀主轴转速

A/B	22/44			33/33			44/22		
$u_{\text{II-III}}$	27/43	31/39	35/35	27/43	31/39	35/35	27/43	31/39	35/35
$n_刀$（r/min）	40	50	63	80	100	125	160	200	250

② 展成运动传动链。展成运动传动链的两个端件及其运动关系：滚刀转1转，工件相对于滚刀转 k/z 转，其传动链的运动平衡方程式为

$$1 \times \frac{80}{20} \times \frac{28}{28} \times \frac{28}{28} \times \frac{28}{28} \times \frac{42}{56} \times u_合 \times \frac{e}{f} \times \frac{a}{b} \times \frac{c}{d} \times \frac{1}{72} = \frac{k}{z} \qquad (8\text{-}3)$$

式中 $u_合$——合成机构的传动比，用于滚制直齿齿轮时，合成机构用离合器 M_1，$u_合 = 1$。

$\frac{e}{f} \times \frac{a}{b} \times \frac{c}{d}$ 即换置机构，式（8-3）简化后可得到

$$\frac{a}{b} \times \frac{c}{d} = 24 \frac{k}{z} \times \frac{f}{e} \qquad (8\text{-}4)$$

式中，$\frac{e}{f}$ 挂轮用于工件齿数 z 在较大范围内变化时，对挂轮的数值起调节作用，使其数值适中，便于选取挂轮 $\frac{a}{b} \times \frac{c}{d}$ 齿数和安装挂轮。根据 $\frac{k}{z}$ 值，挂轮 e、f 可以按如下选择

当 $5 \leqslant \frac{z}{k} \leqslant 20$ 时，取 $e=48$、$f=24$；

当 $21 \leqslant \frac{z}{k} \leqslant 142$ 时，取 $e=36$、$f=36$；

当 $143 \leqslant \frac{z}{k}$ 时，取 $e=24$、$f=48$。

③ 轴向进给运动传动链。轴向进给运动传动链的两个端件及其运动关系：工件转1转，由滚刀架带动滚刀沿工件轴向移动1个进给量 f（mm），其传动链的运动平衡方程式为

$$1 \times \frac{72}{1} \times \frac{2}{25} \times \frac{39}{39} \times \frac{a_1}{b_1} \times \frac{23}{69} \times u_{\text{XVII-XVIII}} \times \frac{2}{25} \times 3\pi = f \qquad (8\text{-}5)$$

整理得到换置公式

$$\frac{a_1}{b_1} \times u_{XVII-XVIII} = \frac{f}{0.4608\pi} \tag{8-6}$$

式中 f——轴向进给量，单位为 mm/r，根据工件材料、齿轮加工精度及表面粗糙度等条件选定；

$u_{XVII-XVIII}$——进给箱中轴 XVII 至轴 XVIII 之间的滑移齿轮变速组的 3 种传动比，分别为 30/54、39/45、49/35；

a_1/b_1——轴向进给运动挂轮齿数比，共有 4 种，分别为 26/52、32/46、46/32、52/26。

当轴向进给量 f 值确定后，可从表 8-6 中查出进给挂轮齿数和进给箱中滑移齿轮啮合位置。

表 8-6　　　　　　　　　　　　　　轴向进给量及挂轮齿数

a_1/b_1	26/52			32/46			46/32			52/26		
$u_{XVII-XVIII}$	30/54	39/45	49/35	30/54	39/45	49/35	30/54	39/45	49/35	30/54	39/45	49/35
f（mm/r）	0.4	0.63	1	0.56	0.87	1.41	1.16	1.8	2.9	1.6	2.5	4

（2）加工斜齿圆柱齿轮的调整计算。滚切斜齿圆柱齿轮时，除与滚切直齿圆柱齿轮一样，需要主运动、展成运动和轴向进给运动外，为形成螺旋齿形线，在滚刀作轴向进给运动的同时，工件还应作附加运动，而且两者必须保持确定的关系：滚刀轴向移动工件螺旋线 1 个导程 L 时，工件应准确地附加转 1 转。所以加工斜齿圆柱齿轮时，机床必须具有 4 条相应的传动链。

必须指出，在加工斜齿圆柱齿轮时，展成运动和附加运动将两种不同要求的旋转运动同时传给工件。一般情况下，两个运动同时传到 1 根轴上时，运动要发生干涉。为了防止发生这种干涉，在滚齿机上专门设有运动合成机构，可把这两个任意方向和大小的运动合成为一种运动。加工斜齿圆柱齿轮时，安装长爪离合器 M_2 空套在套筒上，此时，展成运动中，合成机构的传动比 $u_{合1}=-1$；附加运动中，合成机构的传动比 $u_{合2}=2$。

根据加工斜齿圆柱齿轮时的运动，可从图 8-4 中找出各运动的传动链，并进行运动的调整计算。

① 主运动传动链。加工斜齿圆柱齿轮时，主运动传动链的调整计算与加工直齿圆柱齿轮时完全相同。

② 展成运动传动链。加工斜齿圆柱齿轮时，虽然展成运动与加工直齿圆柱齿轮时相同，但因运动合成机构用 M_2 离合器，其传动比 $u_{合1}=-1$，代入后得展成运动传动链换置公式为

$$\frac{a}{b} \times \frac{c}{d} = -24\frac{k}{z} \times \frac{f}{e} \tag{8-7}$$

式（8-7）负号说明由于加工斜齿圆柱齿轮时展成运动传动链中轴 X 与轴 IX 的转向相反，因此，在调整展成运动挂轮时，必须按机床说明书规定配加惰轮。

③ 轴向进给运动传动链。加工斜齿圆柱齿轮时，轴向进给运动传动链及其调整计算和加工直齿圆柱齿轮时相同。

④ 附加运动传动链。在加工斜齿圆柱齿轮时，工件附加运动传动链的运动平衡方程式为

$$\frac{L}{3\pi} \times \frac{25}{2} \times \frac{2}{25} \times \frac{a_2}{b_2} \times \frac{c_2}{d_2} \times \frac{36}{72} \times u_{合2} \times \frac{e}{f} \times \frac{a}{b} \times \frac{c}{d} \times \frac{1}{72} = \pm1 \tag{8-8}$$

$$L = \frac{\pi m_n z}{\sin\beta}$$

$$\frac{e}{f} \times \frac{a}{b} \times \frac{c}{d} = -24\frac{k}{z}$$

$$u_{合2}=2$$

式中　L——被加工齿轮螺旋线的导程；

$\dfrac{e}{f} \times \dfrac{a}{b} \times \dfrac{c}{d}$——展成运动传动比；

$u_{合2}$——运动合成机构在附加运动传动链中的传动比。

式（8-8）经化简可得到附加运动的挂轮计算式为

$$\frac{a_2}{b_2} \times \frac{c_2}{d_2} = \frac{\pm 9\sin\beta}{m_n k} \tag{8-9}$$

式中　β——被加工齿轮的螺旋角；

m_n——被加工齿轮的法向模数；

k——齿轮滚刀头数。

式（8-9）中的"±"，表示工件附加运动的旋转方向，它取决于工件的螺旋线方向和滚刀架进给运动的方向。附加运动与展成运动的转动方向相同取"+"号，相反取"−"号。在计算挂轮齿数时，可不考虑"±"值，但在安装附加运动挂轮时，应按机床说明书规定配加惰轮。附加运动传动链是形成螺旋齿形线的内联系传动链，其传动比数值的精确度影响着齿轮的齿向精度，所以挂轮传动比应配算精确。但是，附加运动挂轮计算式中包含无理数 $\sin\beta$，往往无法配算准确。实际选配的附加运动挂轮传动比与理论计算的传动比之间的误差，对于 IT8 级精度的斜齿轮，要准确到小数点后第 4 位数字；对于 IT7 级精度的斜齿轮，要准确到小数点后第 5 位数字，才能保证精度标准中规定的齿向精度。

附加运动的挂轮计算式中，不包含工件齿数 z。一对啮合的斜齿轮，其模数相同，螺旋角绝对值相等，当用同一把滚刀加工时，仍可用相同的附加运动挂轮，由于所产生的螺旋角误差相同，所以可使它们获得良好的啮合。

值得注意的是，在一个斜齿圆柱齿轮的加工过程中，展成运动传动链和附加运动传动链都不能断开，否则，将会使工件产生乱齿及斜齿齿形被破坏等现象，并有可能造成刀具及机床的损坏。

（3）滚刀架的快速移动。利用快速电动机可使滚刀架作快速升降运动，以便调整滚刀位置及在进给前后实现快速前进和快速后退。此外，在加工斜齿圆柱齿轮时，启动快速电动机，可经附加运动传动链带动工作台旋转，以便检查工作台附加运动的方向是否正确。滚刀架快速运动（见图 8-4），从快速电动机（1.1kW，1 410r/min）经链轮 13/26、蜗杆蜗轮副 2/25 使滚刀架丝杠（轴ⅩⅨ）旋转，实现刀架的快速移动。

在 Y3150E 型滚齿机床上，启动快速电动机前，必须先用操纵手柄将轴ⅩⅧ上的三连滑移齿轮移到空挡位置，以断开轴ⅩⅦ和轴ⅩⅧ之间的传动联系（见图 8-4）。为了确保操作安全，机床上设有电气互锁装置，保证当操作手柄放在"快速移动"的位置时，才能启动快速电动机。

4. 滚刀

（1）滚刀的基本结构。齿轮滚刀是一个蜗杆状的刀具，如图 8-5 所示。为了形成切削刃和前、后刀面，在其圆周上等分地开有若干垂直于蜗杆螺旋线方向或平行于滚刀轴线方向的容屑槽，经过铲背使刀齿形成正确的齿形和后角，再加上淬火和刃磨前面，就形成了一把齿轮滚刀。

基本蜗杆有渐开线蜗杆、阿基米德蜗杆和法向直廓蜗杆。渐开线蜗杆制造困难，生产中很少使用。阿基米德蜗杆与渐开线蜗杆非常近似，只是它的轴向截面内的齿形是直线，这种蜗杆滚刀便于制造、刃磨、测量，应用广泛。法向直廓滚刀的理论误差略大，加工精度较低，生产中采用不多，一般只用粗加工、大模数和多头滚刀。

模数为 1～10 的标准齿轮滚刀多为高速钢整体制造。大模数的标准齿轮滚刀为了节约材料和便于热处理，一般可用镶齿式，这种滚刀切削性能好、耐用度高。目前，硬质合金齿轮滚刀也得到了较广泛的应用，它不仅可采用较高的切削速度，还可以直接滚切淬火齿轮。

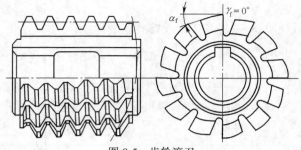

图 8-5　齿轮滚刀

滚刀可分为夹持部分和切削部分，图 8-6 所示为整体式滚刀结构，图 8-7 所示为镶齿式滚刀结构。滚刀的前刀面在滚刀的断剖面中的截线是直线。如果此直线通过滚刀轴线，则刀齿的顶刃前角为 0°，这种滚刀称为零前角滚刀。当顶刃前角大于 0° 时，称为正前角滚刀。

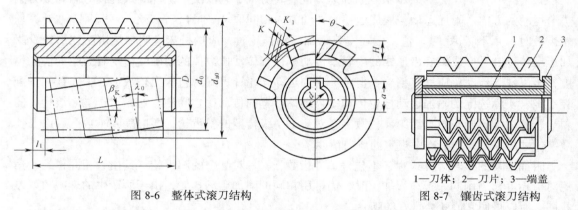

图 8-6　整体式滚刀结构　　　　　　图 8-7　镶齿式滚刀结构

1—刀体；2—刀片；3—端盖

齿轮滚刀的精度分为 AA 级、A 级、B 级、C 级。滚刀精度等级与被加工齿轮精度等级的关系见表 8-7。

表 8-7　　　　　　　　滚刀精度等级与齿轮精度等级的关系

滚刀精度等级	AA 级	A 级	B 级	C 级
齿轮精度等级	IT6～IT7	IT7～IT8	IT8～IT9	IT10～IT12

选择齿轮滚刀时，滚刀的齿形角和模数与被加工齿轮的齿形角与法向模数相同，其精度等级也要和被加工齿轮的精度等级相适应。

（2）滚刀的主要结构参数。

① 滚刀的外径 d_{a0} 与螺旋升角 ω。滚刀外径是一个很重要的结构尺寸，外径 d_{a0} 越大，分度圆直径 d_0 也越大，分度圆螺旋角 ω 越小，则引起的齿形误差越小，即

$$\sin\omega = \frac{\pi m_{\mathrm{n}} z_0}{\pi d_0} = \frac{m_{\mathrm{n}} z_0}{d_0} \tag{8-10}$$

式中　m_{n}——滚刀基本蜗杆的法向模数，等于被加工齿轮的法向模数；

　　　z_0——滚刀的头数。

增大滚刀外径可减少齿面包络误差，减少刀齿负荷，提高加工精度，同时可增大内孔直径，提高滚刀刀杆刚度；但直径过大也会增大切入、切出长度，降低加工生产率，加大刀具材料的浪费。标准齿轮滚刀分为用于高精度滚刀的大外径系列（Ⅰ型）和用于普通精度滚刀的小外径系列（Ⅱ型）。

② 滚刀的长度。滚刀有齿部分的长度，要比加工的啮合长度长 1～2 个齿距，这样既能完

整地包络齿轮的齿廓，又能减轻滚刀两端边缘刀齿的负荷，同时还可以在滚刀使用磨损后，通过滚刀架的窜刀使滚刀沿轴向移动一个齿距继续使用，以提高滚刀的使用寿命。

③ 滚刀的头数。滚刀的头数对加工精度和生产率都有影响。采用多头滚刀时，由于参与切削的齿轮增加，生产率比单头滚刀高；但由于多头滚刀螺旋升角大，设计制造误差增加，加上多头滚刀各螺纹之间存在分度误差，所以多头滚刀加工精度较低，一般适合粗加工。

（3）滚刀的安装。滚切齿轮时，为了切出准确的齿形，滚刀和被切齿轮之间处于正确的"啮合"位置，即滚刀在切削点的螺旋线方向与被加工齿轮的齿槽方向相一致。为此，应使滚刀轴线与工件顶面安装成一定的角度，称为滚刀的安装角δ。根据上述要求可确定滚刀安装角δ的大小和滚刀架的扳转方向。

加工直齿圆柱齿轮时，安装角等于滚刀的螺旋升角，即$\delta=\pm\omega$。滚刀扳转方向取决于滚刀的螺旋线方向，滚刀右旋时，顺时针扳转滚刀架；滚刀左旋时，逆时针扳转滚刀架（见图8-8）。

加工斜齿圆柱齿轮时，安装角不仅与工件的螺旋角和滚刀的螺旋升角大小有关，还与两者螺旋方向有关。安装角的大小应等于两者的代数和，即$\delta=\beta\pm\omega$。式中"+"和"−"号取决于工件螺旋线方向和滚刀螺旋线方向，当两者螺旋线方向相同时，取"−"号；相反时，取"+"号。加工右旋齿轮时，逆时针扳转滚刀架；加工左旋齿轮时，顺时针扳转滚刀架，如图8-8所示。加工斜齿圆柱齿轮时，应尽量与工件螺旋线方向相同，这样可使滚刀的安装角较小，有利于提高机床运动的平稳性和加工精度。

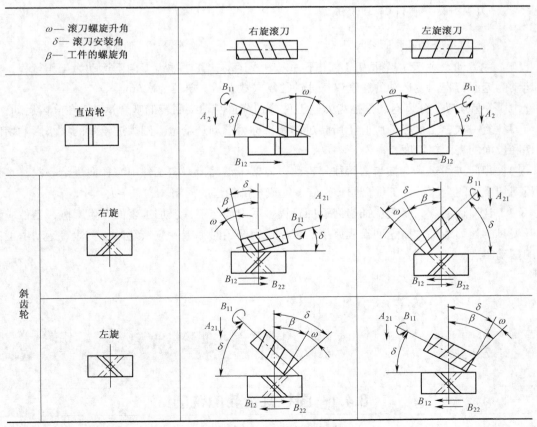

图8-8　滚刀安装角示意图

8.3.3 插齿机

展成法插齿需在专用的齿轮加工机床即插齿机上进行。图 8-9 所示为插齿机的外形图。

插齿刀安装在刀具主轴上，作上下往复直线运动和回转运动。刀架可带动插齿刀向工件径向切入。工件安装在工作台中央的心轴上，在作回转运动的同时，随工作台水平摆动让刀。

插齿机插削直齿圆柱齿轮的运动如下（见图 8-10）：

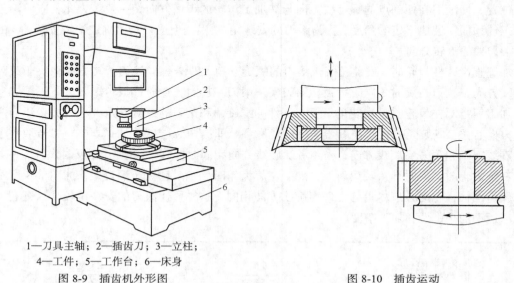

1—刀具主轴；2—插齿刀；3—立柱；
4—工件；5—工作台；6—床身

图 8-9　插齿机外形图　　　　　　　　图 8-10　插齿运动

（1）主运动。主运动是插齿刀的上下往复直线运动，其中插齿刀向下运动为工作行程，向上运动为返回行程。主运动的速度以每分钟往复次数表示，单位为次/min。

（2）分齿运动。分齿运动是插齿刀与工件分别绕自身轴线回转的啮合运动，在分齿运动中，插齿刀往复一次，工件在分度圆上所转过的弧长称为圆周进给量。圆周进给量的大小影响切削效率和齿面的表面粗糙度。

（3）径向进给运动。插齿刀每往复一次，刀架带动插齿刀向工件中心径向进给一次，直到插齿刀切至齿的全深后，工件再回转 1 转，完成全部轮齿的插制。

（4）让刀运动。为了避免插齿刀返回行程中后刀面与工件已加工表面产生摩擦，工件应作离开刀具的让刀运动，而返回行程终了后工作行程开始时，工件应恢复原位。让刀运动由工作台的摆动实现。

8.4

齿形的铣削加工

8.4.1 圆柱直齿轮的铣削

在铣床上加工直齿圆柱齿轮是利用成型铣刀铣削，加工精度较低，一般能达到 IT9 级精度，只适合于加工精度要求不高的单件生产。通常在卧式铣床上利用分度头进行加工。

图 8-11 所示为直齿圆柱齿轮的零件图。铣削直齿圆柱齿轮的步骤如下。

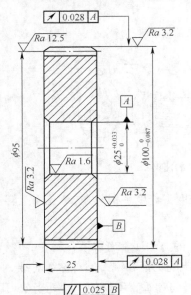

模数	m	2.5
齿数	z	38
齿形角	α	20°
公法线长度	W_k	$34.54^{-0.126}_{-0.332}$
跨齿数	k	5
精度等级		IT10 级

技术要求：
（1）45 钢；
（2）调质 235HBS。

图 8-11　直齿圆柱齿轮零件图

（1）铣刀的选择及安装。铣直齿圆柱齿轮选择铣刀时，根据齿轮模数及齿数，从表 8-8 中选择刀号即可。标准盘铣刀的模数、压力角和加工的齿数范围都标记在铣刀的端面上，根据图 8-11 所示模数 m、齿形角 α、齿数 z 的要求，选用 $m=2.5$、$\alpha=20°$ 的 6 号盘形齿轮铣刀，如图 8-12 所示。并把铣刀安装在刀杆的中间部位，同时检查铣刀的偏摆情况，必要时可稍转动刀杆垫圈来加以调整。

表 8-8　　　　　　　　　齿轮盘铣刀加工齿数范围和刀号

刀　号	1	2	3	4	5	6	7	8
加工齿数范围	12～13	14～16	17～20	21～25	26～34	35～54	55～134	135 以上

（2）检查齿坯。因为铣齿深度是以顶圆为基准的，如顶圆过大，铣出的齿形就厚；顶圆过小，铣出的齿形就薄。所以加工前应用游标卡尺或千分尺测量齿坯的外径是否为 100mm。检查孔径尺寸时，可用内径千分尺或塞规检查。检查同轴度和垂直度时，将齿坯套入标准心轴，心轴安装在两顶尖之间，使百分表测头与齿坯外圆相接触，用手转动工件，观看百分表的跳动量是否在 0.028mm 以内；检查端面垂直度的方法与上相同。

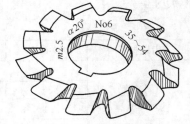

图 8-12　盘形齿轮铣刀

（3）分度头的选用。选用 F11125 型分度头，安放在纵向工作台 T 形槽距右端约 150mm 处，并安放尾座，其位置应以能安装心轴为准。

（4）齿坯的装夹与找正。将工件装夹在专用心轴上，套入垫圈，旋上螺母，然后将心轴装上鸡心夹头，安装在两顶尖间（见图 8-13）。然后用百分表找正工件外圆的径向圆跳动到 0.05mm，同时应检查和调整工件轴心与纵向进给的平行度及与分度头主轴的同轴度是否达到要求。

（5）计算并调整分度头。分度头简单分度计算式为

$$n=\frac{40}{z} \qquad\qquad (8\text{-}11)$$

式中　n——分度头手柄转数；

　　　z——被铣齿轮齿数。

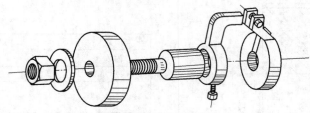

图 8-13　工件的装夹

所以 $n=40/38=1\frac{3}{57}$ r，即每铣完一齿槽后，分度头分度手柄应在 57 孔圈上转过 1 整转又 3 个孔距。

（6）对中。使铣刀齿形的对称线对准齿坯中心的方法通常有以下几种。

① 齿坯安装前，调整铣床工作台及分度头顶尖的尖锋和铣刀的对称线对准。

② 利用切痕对中。开动机床，摇动纵向、横向和垂直手柄使工件处于铣刀下方，并缓缓使铣刀擦到工件表面，切出椭圆形切痕，目测铣刀处于切痕中间。

③ 划线对刀法。铣刀和齿坯安装后，在齿坯顶圆上用划线盘的针尖调到与分度头中心同高度划出中心线，然后摇分度头，使工件转动 90°，再使铣刀齿形对称线对准工件的中心线。

（7）验证。开动机床，使铣刀刚好擦到工件表面，垂直上升 $1.5m=1.5\times2.5=3.75$mm，铣出一条齿槽，退出工件，将工件转过 90°，使齿槽处于水平位置，在齿槽中放入 $\phi=6$mm 圆棒，用百分表测量圆棒外圆，然后再将工件转过 180°，用同样的方法测量，观看两边读数是否相同，如不同，其差值的 1/2 即为对称中心的偏差值。此时，只需要调整横向工作台。

（8）调整铣削层深度。对刀与验证完成后，将工件转过 90°，使齿槽处于铣削位置，根据原来擦到的工件表面的记号，垂直上升量为 $2.25m=2.25\times2.5\approx5.63$mm（$2.25m$ 为刀具制造的铣削深度），先上升 5.43mm，留 0.20mm 待检测后再调整。

（9）选择铣削用量。铣削速度的大小与齿坯材料有关，当用高速钢铣刀切削齿轮时，可参照表 8-9 选取。

表 8-9　　　　　　　　　　　　铣直齿轮的切削速度

齿坯材料	45 碳钢	40Cr	20Cr	铸铁及硬青铜 HB=150～180
切削速度 v（m/min）	粗铣			
	32	30	22	25
	精铣			
	40	37.5	27	31

注：1. 铣床主轴转数可按 $n=1\,000v/\pi D$ 求出，D—铣刀直径。

　　2. 进给量的大小与模数和加工性质有关，粗加工应取大值，精加工应取小值。

（10）粗铣和精铣齿槽。当 $m<2.5$ 且精度要求较低时，在 X6132 铣床上 1 次铣出全齿深（切深 $t=2.2m$），对于大模数要分 2 次以上铣出。铣削时根据铣削距离，调整好纵向进给停止挡铁，钢件材料应用切削液，开动机床机动进给铣削，铣完 2 个齿槽，进行检测，合格后，再依次铣

完全部齿槽，如图 8-14 所示。

由于每种刀号的齿轮铣刀，刀齿形状均按所加工齿数的范围中最小齿数设计，所以加工该范围内其他齿数的齿轮时会有一定的齿形误差产生，获得的只能是近似齿形。另外，因分度头的分度误差，会引起齿形厚薄不匀。又因铣 1 槽需分度 1 次，辅助时间长，加工生产率很低。所以成型法一般用于缺乏专用齿轮机床时的单件小批量生产，加工精度为 IT12～IT9 级、表面粗糙度为 $6.3～3.2\mu m$ 的圆柱齿轮。

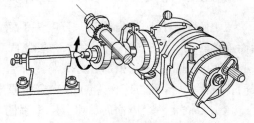

图 8-14　铣直齿圆柱齿轮

8.4.2　斜齿圆柱齿轮的铣削

斜齿圆柱齿轮铣削与直齿圆柱齿轮的铣削相比有以下特点。

1. 铣刀的选择

为了铣出螺旋齿槽，铣刀要和螺旋槽方向一致，即铣刀的刀刃形状和斜齿轮的法面齿形一样。这个法面齿形相当于齿数为 $z_当$ 的直齿轮齿形，即

$$z_当=\frac{z}{\cos^3\beta} \tag{8-12}$$

式中　z——斜齿轮的齿数；

β——斜齿轮的螺旋角；

$z_当$——齿数为 z 的斜齿轮法向齿形相当的直齿轮齿数，即当量齿数。

因此，铣斜齿圆柱齿轮时，铣刀要按当量齿数 $z_当$ 选取刀号，见表 8-8。

2. 铣床工作台扳转 β 角

铣刀按加工直齿轮对中完成后，将工作台转一个螺旋角 β，它的方向由斜齿轮螺旋角 β 方向来决定，左旋齿按顺时针扳转 β 角，右旋齿按逆时针方向扳转 β 角。

3. 铣螺旋槽的挂轮计算与安装

为保证铣削中齿坯转 1 转，工作台沿轴向移动一个导程 T，分度头与纵向丝杠之间必须安装挂轮，挂轮计算式为

$$\frac{a}{b}\times\frac{c}{d}=\frac{40P}{T} \tag{8-13}$$

式中　a、b、c、d——挂轮齿数；

T——斜齿导程；

P——丝杆导程。

实践证明，铣床传动路线中的间隙对齿轮加工精度影响不小。为了清除铣床纵向进给丝杆与螺母之间间隙的影响，要采用逆铣法；为了清除分度头中分度蜗杆蜗轮传动间隙的影响，铣削前要通过转动分度盘后的螺母调整蜗杆的轴向间隙，并通过转动蜗杆间隙螺母调整蜗杆的径向间隙，一直到分度手柄正、反转时没有空转为止。

4. 铣斜齿圆柱齿轮时的注意事项

（1）铣削斜齿圆柱齿轮时，分度头手柄定位销要插入孔盘中，使工件随着纵向工作台的进给而连续转动，这时应松开分度头主轴紧固手柄和孔盘紧固手柄。

（2）当铣完一个齿槽后，停车将工作台下降一点后才能退刀，否则铣刀会擦伤已加工好的表面，铣下一个齿槽时，再将工作台升至原来位置，切记退刀要用手动。

（3）当铣完一个齿槽后，将分度头手柄定位销从分度盘孔中拔出进行分度，然后将定位销插入，再加工下一个齿槽。切记当分度头手柄定位销从分度盘孔中拔出后，就切断了工件旋转和工作台进给运动之间的联系，这时绝对禁止移动工作台。

8.5

齿形的滚齿加工

滚齿是齿形加工中生产率较高、应用广泛的一种加工方法。滚齿有较好的加工工艺性，可用来进行齿轮齿形的粗加工，也可用作精加工，对于 IT8～IT9 级精度的齿形，滚齿可直接获得。在滚齿机上滚切齿轮，根据齿轮模数大小及精度可一次切削至所需齿深，也可分几次切削，应按切削用量选择原则合理地分配粗切和精切的背吃刀量。滚齿加工时，工件和滚刀的安装十分重要，必须引起充分重视。

8.5.1 滚切直齿圆柱齿轮

例如，已知直齿圆柱齿轮齿数 z=46，模数 m=3mm，齿形角 α=20°，齿宽 b=40mm，精度等级 8—7—7—DC，材料 45 号。齿轮滚刀：头数 k=1，直径 d=70mm，螺旋升角 ω=2°47′，模数 m=3mm，压力角 α=20°。

1. 切削用量的选择

（1）背吃刀量 a_p。根据表 8-10 查得进给次数为 1 次。

表 8-10 滚齿时余量分配表

模数（m/mm）	进 给 次 数	余 量 分 配
≤3	1	切至全齿深
3～8	2	留精滚余量 0.5～1mm
>8	3	第 1 次切去 1.4～1.6mm，第 2 次留余量 0.5～1mm

（2）切削速度 v。选取切削速度 v=30m/min，$n=\dfrac{1\,000v}{\pi d_{a0}}=\dfrac{1\,000\times30}{\pi\times70}\approx137\text{r/min}$，选 n=125r/min，最后根据表 8-5 查得交换齿轮 A/B=33/33，手柄应放在中间位置。

（3）轴向进给量 f。选取 f=1.5mm/r，再根据表 8-6 查得交换齿轮 a_1/b_1=32/46（取近似值），手柄应放在 III 位置。

（4）分齿交换齿轮的选择。将 $z=46$ 代入 $\dfrac{ac}{bd}=\dfrac{24k}{z}=\dfrac{48}{92}$（$21 \leqslant 46 \leqslant 142$；$e/f=36/36$），查 48、92 交换齿轮知可以采纳，应在IX轴装上滚切直齿圆柱齿轮用的离合器 M_1，并检查工作台旋转方向是否正确。

（5）调整刀架限位开关。首先计算出滚刀行程长度

$$L=b+\varDelta \qquad\qquad (8\text{-}14)$$

式中　L——滚刀行程长度（即两限位开头间距离），mm；

　　　b——齿轮的齿宽，mm；

　　　$\varDelta$——滚刀两端超越行程量（即滚刀半径），mm。

将限位开头的锁紧螺钉松开，调整好滚刀行程长度后再将螺钉拧紧。

本例中，$L=40+35=75$mm。

2. 滚刀的安装

刀具安装得正确与否，将决定被切削齿轮加工精度的高低，因此安装滚刀是一项十分重要的工作。

滚刀的校正和调整顺序如下。

（1）滚刀刀轴的校正。应仔细校正刀轴的径向圆跳动与轴向的端面圆跳动。图 8-15 所示滚刀轴的精度要求见 8-11，滚刀装到刀轴上需校正两边凸台的径向圆跳动，尽

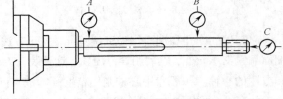

图 8-15　校正滚刀轴

可能使其同步，即两端径向圆跳动的最高点在同一方向，这样就能保证滚刀对刀轴的倾斜度最小，对加工齿形误差最小，一般加工 IT7、IT8、IT9 级齿轮，误差为 0.01～0.03mm。

表 8-11　　　　　　　　　　　　刀轴校正精度

被加工齿轮的精度等级	允许偏差（mm）		
	A 处	B 处	C 处
IT7	0.010	0.015	0.005
IT8	0.015	0.020	0.010

（2）对中心。如果滚刀与齿坯的中心没有对准，会使滚切出来的齿形不对称，产生歪斜。生产实际中，滚刀对中方法常用的有以下两种：一种是对精度 IT8 级以下的齿轮，可采用试切法（见图 8-16），根据试切的刀痕观察是否对称，如不对称，将刀转动一个角度，再试切调整至对称；另一种是采用对刀架对中，如图 8-17 所示，在加工齿轮精度 IT7 级以上时，要采用此方法。选用和滚刀模数相对应的对刀棒放在对刀架的中心孔中，并紧塞在滚刀齿槽内，调整滚刀轴向位置，使对刀棒与刀槽两侧都贴紧即可。

（3）按滚刀螺旋升角扳转刀架。滚切齿轮时，滚刀与齿坯两轴线间的相互位置相当于两螺旋齿轮相啮合时轴线间的相互位置，滚刀的安装角必须使滚刀的螺旋线方向准确地与被加工齿轮的轮齿方向一致。根据滚刀参数，将刀架顺时针扳转滚刀的螺旋升角 $\omega=2°47'$，旋转角度可从刀架刻度盘（每格 1°）及副尺（每格 5'）上读出。

（4）安装齿坯。齿坯的装夹精度、安装歪斜除影响齿轮的径向误差外，还影响齿向误差，因此在安装齿坯时应高度重视。

在滚齿机上加工齿轮时，工件的定位有以下两种方式。

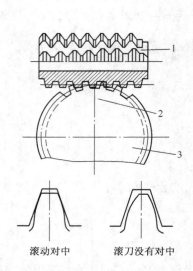

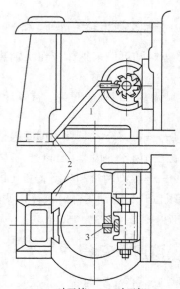

滚动对中　　　　滚刀没有对中

1—开槽；2—滚刀中间一个齿的对称中心线；3—齿坯

图 8-16　滚刀试切对中

1、3—对刀棒；2—对刀架

图 8-17　用对刀架对中心

以工件的内孔和端面作为定位基准，找正方法如图 8-18 所示。工件的内孔套在专用的心轴上，端面靠紧支承元件，然后用螺母压紧。这种装夹方式生产效率高，但要求工件具有较高的齿坯精度和专用的心轴。一般专用心轴制作精度高、成本高，适合大量生产。心轴安装时，可根据表 8-12 所列的要求，按图 8-18 所示部位检查 A、B、C 3 点的跳动量，A、B 之间的距离为 150mm。

表 8-12　　　　　　　　　　　　　　　心轴找正要求

检查位置	齿轮精度		
	IT6	IT7	IT8
A	0.01	0.015	0.025
B	0.005	0.010	0.015
C	0.003	0.007	0.01

以外圆和端面定位，找正方法如图 8-19 所示，采用这种方法每只工件须找正，适用于单件小批生产，加工精度取决于齿坯本身的精度及找正的程度。

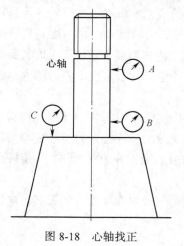

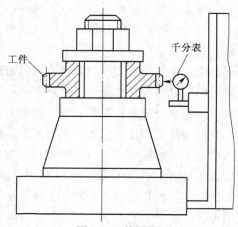

图 8-18　心轴找正　　　　　　　　　　图 8-19　外圆找正

滚齿时，滚刀在齿轮径向的切深在理论上应等于全齿高（标准齿轮为 $2.25m$），但由于存在齿坯外圆误差及刀齿齿厚变化等原因，生产实际中并不以全齿高作为径向进刀的主要依据，而一般都通过测量公法线长度或弦齿厚来控制径向切深。通常分粗切和精切两次走刀，第 1 次切出全齿的绝大部分，经测量工件公法线长度或弦齿厚后，再决定第 2 次切削的径向进刀量，以达到设计要求。有关计算式可查有关资料。

3. 机床启动前的检查

机床启动前先检查工作台等旋转部位有无工件、工具等物品；检查刀具、交换齿轮等是否正确、是否安装牢固，以免发生事故。

4. 启动机床

首先启动液压电动机，检查各油路是否正常工作；检查传动齿轮箱是否来油，油量是否合适；检查冷却油是否正常。只有主电动机启动后，冷却电动机才能启动；主电动机停止工作，冷却电动机随之停止工作。润滑指示灯不亮不许开机。

5. 滚切斜齿圆柱齿轮

加工时，让滚刀接近齿轮坯齿宽中部进行零接触，使滚刀刚好擦过（<0.1mm）齿轮坯外径，此时必须将刀架快速移到齿宽上端，然后才能手摇径向进给（工作台前后移动）方头手柄，使工作台移动 6mm，给测量后的第 2 次进给留 0.8mm 左右的余量。

工作台前后移动，手柄转 1 转，工作台移动 2mm，刻度盘每小格为 0.02mm。在调整工作台移动时，先使工作台向需要移动的方向快速移动 50mm 后，才可手动调整，若先手动后快速移动工作台则可能发生操作事故。

第 1 次进给完应进行测量，确定径向进给量。第 2 次进给切至全齿深，滚切完毕。

滚切斜齿圆柱齿轮与滚切直齿圆柱齿轮有很多相同之处，其不同之处是斜齿轮的导线是一条螺旋线，因而在加工步骤中不同。

8.5.2 滚齿误差产生原因及消除方法

1. 影响齿轮传动准确性的加工误差分析

在加工齿轮时，由于滚刀和被加工齿轮的相对位置和相对运动发生了变化而产生的加工误差是影响齿轮传动准确性的主要原因。相对位置的变化（几何偏心）产生齿轮径向误差，相对运动的变化（运动偏心）产生齿轮切向误差。齿轮的径向误差可由齿圈径向圆跳动公差控制，切向误差可由公法线长度变动公差控制。

齿轮径向误差产生的根本原因是在安装齿坯时，由于齿坯中心与滚齿机工作台回转中心不重合而存在偏心，即几何偏心。几何偏心会引起齿轮瞬时传动比变化，因而影响到齿轮的传动精度。为了减小径向误差，应保证齿坯的加工质量，控制孔径尺寸精度及基准端面圆跳动，保证夹具的制造精度和安装精度。

齿轮切向误差产生的主要原因是滚齿机工作台回转不均匀，使所切齿轮的轮齿沿切向发生位移，引起齿轮累计误差。滚齿机工作台的回转误差主要来自分齿传动链的传动误差。其中影响最大的是工作台下面的分度蜗轮。分度蜗轮在制造和安装中的齿距累计误差,使工作台发生转角误差,这些误差将直接反映给齿坯产生齿距累计误差。为了减小齿轮的切向误差,可以提高机床分度蜗轮制造和安装精度,对高精度滚齿机还可以通过校正装置来补偿蜗轮的分度精度。

2. 影响齿轮工作平稳性的加工误差分析

影响齿轮工作平稳性的主要原因是齿轮的齿形误差和齿轮的基节偏差。齿形误差会引起每对齿轮啮合过程中传动比的瞬时变化;基节偏差会引起一对齿轮过渡到另一对齿轮啮合时传动比的突变。齿轮传动由于传动比瞬时变化和突变而产生噪声和振动,从而影响工作的平稳性。

齿形误差常见的误差形式表现为齿面出棱、齿面不对称、齿形角误差、齿面周期性误差及根切等。齿形误差是因滚刀在制造、刃磨和安装过程中的误差引起的。

滚齿时,齿轮的基节等于滚刀的基节。要减小基节偏差,滚刀在制造时应严格控制轴向齿距及齿形角误差。

3. 影响齿轮接触精度的加工误差分析

齿轮接触精度受齿高方向和齿宽方向接触情况的影响。齿高方向的接触精度由齿形精度和基节精度来保证。齿宽方向的接触精度主要受齿轮齿向误差的影响。齿轮齿向误差是分度圆柱上,齿宽工作范围内包容实际齿线且距离为最小的两条设计齿轮之间的端面距离。影响齿向误差的主要因素是机床刀架导轨的精度和毛坯安装的精度。

8.6
齿形精加工

8.6.1 剃齿

剃齿是齿轮齿形精加工方法之一,剃齿精度一般可达 IT6~IT7 级,齿面粗糙度为 0.8~0.2μm。剃齿的生产率很高,剃削一个中等尺寸的齿轮通常为 2~4min。因此,剃齿工艺广泛用于成批和大量生产中未经淬火的、精度较高的齿轮。

1. 剃齿的原理

剃齿是根据一对轴线交叉的螺旋齿轮啮合中,沿齿向存在相对滑动而建立的一种加工方法,如图 8-20 所示,齿轮 I 为螺旋角等于 β_1 的左旋齿轮,齿轮 II 为螺旋角等于 β_2 的右旋齿轮,两轮的轴交角为 ε。设 I 轮为主动轮,当其带动 II 轮旋转时,两者在啮合点 P 的圆周速度分别为 v_1 和 v_2、圆周速度 v_1 和 v_2 都可分解成齿轮的法向分量(v_{1n} 和 v_{2n}),由于啮合中法向分量必须相等($v_{1n}=v_{2n}$),且 v_1 和 v_2 间又有一夹角,所以,两个切向分量不等,齿面间逐渐产生相对滑动。

将主动轮换成盘形剃齿刀,它类似一个螺旋齿轮,在表面上插有许多小槽,形成切削刃和容屑槽 [见图 8-20 (b)],当剃齿刀和被切齿轮啮合时,利用齿面间的相对滑动,梳形刀刃在齿轮的齿面上即切下微细的切屑 [见图 8-20 (c)],切削速度就是齿面间滑动速度 v_p,ε 越大,切削速度越高。

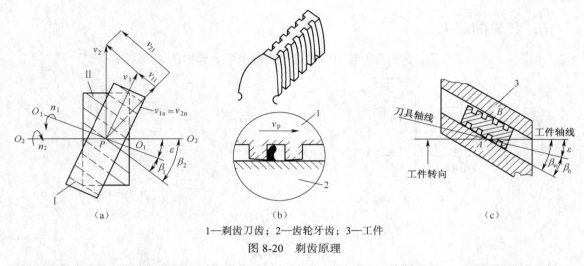

1—剃齿刀齿；2—齿轮牙齿；3—工件

图 8-20　剃齿原理

综上所述，用圆盘剃齿刀剃齿的过程是剃齿刀与被剃齿轮在轮齿双面紧密啮合的自由展成运动中，实现微细切削的过程。剃齿的基本条件是剃齿刀与齿轮轴线必须构成轴交角，剃齿的基本运动是剃齿刀的高速正、反转。

剃齿过程中还需要其他一些运动，这些运动与采用的剃齿方法有关，常用剃齿加工方法有轴向剃齿法、对角剃齿法、切向剃齿法。

2. 剃齿的加工质量

剃齿是一种利用剃齿刀与被剃齿轮作自由啮合进行展成加工的方法。剃齿刀与被剃齿轮之间没有强制性的啮合运动，所以剃齿对齿轮运动精度提高不多，但对工作平稳性精度和接触精度都有较大的提高，并且能显著地改善齿轮的表面粗糙度。

3. 保证剃齿质量应注意的问题

（1）剃前齿轮的材料。剃前齿轮硬度在 20～30HRC 时，剃齿刀校正误差能力最强。如果齿轮材质不均匀，会引起滑刀或啃刀，影响剃齿的齿形及表面粗糙度。

（2）剃前齿轮的精度。剃齿是一种高生产率的精加工方法，因此剃前齿轮应具有较高的加工精度，通常齿轮剃后的精度只能较剃前提高一级，但对齿轮公法线变动不能修正。

（3）剃齿余量。剃齿余量的大小对剃齿质量和生产率均有较大的影响，选择时可见表 8-13。

表 8-13　　　　　　　　　　　　　　　　剃齿余量　　　　　　　　　　　　　　　　mm

模　　数	1～1.75	2～3	3.25～4	4～5	5.5～6
余　　量	0.07	0.08	0.09	0.1	0.11

4. 剃齿刀的选用

剃齿刀分为通用和专用两类。无特殊要求时，尽量选用通用剃齿刀，剃齿刀的制造精度分 A、B 两级，分别用于加工 IT6～IT7 级齿轮；剃齿刀的分度圆螺旋角有 5°、10° 和 15° 三种，其中 5° 和 15° 应用最广。15° 多用于加工直齿圆柱齿轮，5° 多用于加工斜齿轮和多连齿轮中的小齿轮。剃斜齿轮时的轴交角不宜超过 10°，否则效果不好。

5. 齿轮的装夹

剃齿时，被剃齿轮通常装夹在心轴上，常见的两种剃齿心轴如图 8-21 所示。

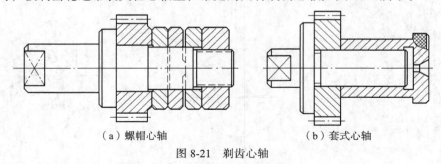

（a）螺帽心轴   （b）套式心轴

图 8-21　剃齿心轴

8.6.2　珩齿

1. 珩齿的原理与特点

珩齿是对热处理后的齿轮进行光整加工的方法。珩齿的运动关系及所用机床和剃齿相同，不同的是珩齿所用的刀具（珩轮）是含有磨料的塑料螺旋齿轮，如图 8-22（a）所示。切削是在珩轮与齿轮的"自由啮合"过程中，靠齿面间的压力和相对滑动来进行的，如图 8-22（b）所示。

珩齿与剃齿相比较，有以下特点。

（1）珩齿后齿面表面质量好。珩齿速度一般为 1～3m/s，磨粒的粒度细，因此珩磨过程实际上为一低速磨削、研磨、抛光的综合过程，齿面不会产生烧伤和裂纹。

（2）珩齿后齿面的表面粗糙度减小。珩轮齿面上均匀密布着磨粒，珩齿后齿面切痕很细，且产生交叉网纹，使表面粗糙度明显减小。

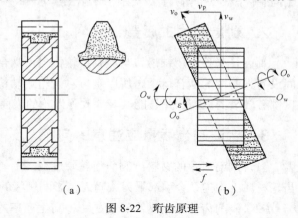

（a）

图 8-22　珩齿原理

（3）珩齿修正误差能力低。因珩轮本身有一定弹性，不能在珩齿过程中强行切除误差部分的金属，所以珩齿修正能力不如剃齿。

2. 珩齿的方式

珩齿时，珩轮与工件齿面间需施加一定压力，按照施加压力方法的不同，珩齿的方式分为定隙珩齿、变压珩齿、定压珩齿 3 种。

3. 珩齿的应用

由于珩齿修正误差能力差，目前珩齿主要用于去除热处理后的氧化皮及毛刺，使表面粗糙度从 1.6μm 左右下降至 0.4μm 以下。为了保证齿轮的精度要求，必须提高珩前加工精度，减少热处理变形。因此，珩前加工多采用剃齿，如果磨齿后还需进一步降低表面粗糙度，也可采用珩齿使表面粗糙度进一步降低到 0.1μm。

珩齿由于具有表面粗糙度小、效率高、成本低、设备简单、操作方便等一系列优点，所以是一种很好的齿轮光整加工方法，一般可加工 IT6～IT8 级精度的齿轮。

8.6.3 磨齿

磨齿是现有齿轮加工方法中加工精度最高的一种方法。磨齿精度可达 IT3 级，表面粗糙度为 0.8～0.2μm，磨齿对磨前齿轮误差或热处理变形具有较强的修整能力，但磨齿后齿轮的齿形、齿距和齿间仍会产生一些误差。对于硬齿面的高精度齿轮，磨齿是目前唯一能够采用的工艺。磨齿最大的缺点是生产率低、加工成本较高。

1. 磨齿的原理和方法

磨齿和切齿一样有成型法和展成法两大类。成型法是一种用成型砂轮磨齿的方法，生产率比展成法高，但由于砂轮修整比较费时、砂轮磨损后会产生齿形误差等原因使其使用受到限制，但成型法是磨内齿的唯一方法。

生产中多采用展成法磨齿，展成法是利用齿轮和齿条啮合原理进行加工的方法。这种方法是将砂轮的工作面构成假想齿条的单侧或双侧表面，在砂轮与工件啮合运动中，砂轮的磨削平面包络出齿轮的渐开线齿面。根据所用砂轮形状不同，常采用以下几种磨齿机（见图 8-23）进行磨削。

如图 8-23（a）所示为蜗杆砂轮磨齿机工作原理，其工作原理与滚齿机相似。该机床生产效率高，但砂轮修整困难，加工齿轮精度一般在 IT5～IT6 级，适用于中小模数齿轮的成批和大量生产。

如图 8-23（b）所示为碟形砂轮磨齿机工作原理。碟形砂轮磨齿机是用两个碟形砂轮代替假想齿条的 2 个齿侧面。磨削时，工件一方面转动，同时作直线移动，如同齿轮在齿条上滚动。每磨完一齿后，工件还需分度。此机床加工精度较高，可磨出 IT5 级以上齿轮，是各类磨齿机中磨齿精度最高的一种。其缺点是砂轮刚性差，磨削用量受到限制，所以生产率较低。

如图 8-23（c）所示为锥形砂轮磨齿机工作原理，它是用锥形砂轮的侧面来形成假想齿条一个齿侧来磨削齿轮，其展成运动与碟形砂轮磨齿机相同。锥形砂轮磨齿机的生产率较碟形砂轮磨齿机高，这主要是因为锥形砂轮刚性较高，可选较大的磨削用量。其主要缺点是砂轮形状不易修整得准确，磨损较快且不均匀，因而加工精度较低。

根据砂轮形状不同，展成法磨齿可分为碟形砂轮磨齿、大平面砂轮磨齿、锥面砂轮磨齿和蜗杆砂轮磨齿 4 种方法。

2. 磨齿中的几个工艺问题

（1）砂轮的选择。磨齿砂轮的选择对磨齿质量和生产率均有较大的影响，由于所磨齿轮材料多为淬硬的碳素钢或合金钢，所以砂轮磨料一般采用白刚玉。砂轮粒度和硬度的选择较复杂，对于碟形砂轮和大平面砂轮，磨齿时由于散热条件及刚性均较差，所以粒度应较粗（一般为 46～60 号），硬度应较软（一般为 R_1～ZR_1）；锥面砂轮刚性较好，磨齿时可湿磨，散热条件较好，所以粒度号可选用较细（一般为 60～80 号），硬度也稍硬（一般为 R_2～Z_1）；蜗杆砂轮因磨削时展成速度较快，粒度要细一些，当 $m=1$～5mm 时砂轮粒度为 80～180 号，硬度为 R_1～ZR_1，且模数越小，粒度越细，硬度越硬。砂轮结合剂一般均为陶瓷结合剂。

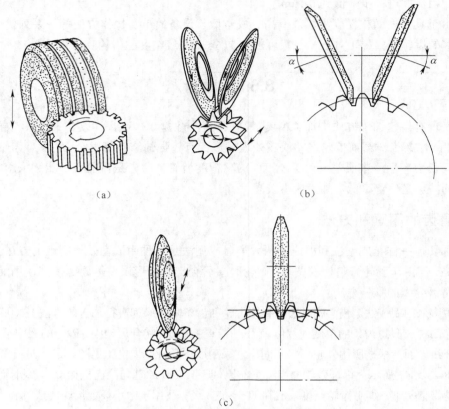

（a）　　　　　　　　　　　（b）

（c）

图 8-23　展成法磨齿工作原理

（2）磨齿余量。磨齿余量的大小直接影响磨齿效率和质量。磨齿余量的大小主要取决于齿轮尺寸、磨齿前加工精度和热处理变形，高频淬火变形小，磨齿余量可小；渗碳淬火变形大，磨齿余量应大些。对于中等尺寸的淬火齿轮，一般取 0.3mm 左右。

（3）磨齿时切削用量的选择。磨齿的切削用量包括磨削速度、磨削深度、纵向进给量和展成进给量等。磨削速度一般为 30m/s。磨削深度是指一次磨削中齿面法向切入的深度，粗磨时可大些，精磨时要小些，碟形和大平面砂轮磨齿时较小（一般粗磨为 0.02～0.05mm，精磨为 0.01～0.02mm）。纵向进给量是指砂轮沿工件轴向的进给量，碟形砂轮磨齿时粗进给为 3～8mm/双行程，精进给时为 1～2mm/双行程；蜗杆砂轮磨齿时为 0.5～2mm/r。

8.7 齿轮的测量

8.7.1　公法线长度的测量

测量公法线长度时采用普通游标卡尺或公法线百分尺作为测量工具，利用卡尺两个卡脚或百分尺的两个测量面的两个互相平行的平面与齿轮两个或两个以上不相对的轮齿齿面相切时,两平面之间的垂直距离的测得值即为公法线长度,如图 8-24 所示。

公法线长度测量是保证齿侧间隙的有效办法,其优点是测量简便、精确度高、W_k 值不受齿轮外径的影响,因而得到广泛的应用,既适用于单件小批生产,也适用于大批生产。

公法线长度 W_k(当压力角 α=20° 时)的计算式为

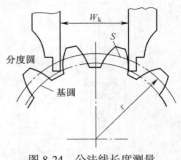

图 8-24　公法线长度测量

$$W_k=m[2.952\ 1(n-0.5)+0.014z] \tag{8-15}$$

式中　　z——被测齿轮齿数;

　　　　n——跨测齿数,$n=0.111z+0.5$(α=20° 时)。

通常在工作中,除可利用上式计算外,还可查阅有关资料获得。

8.7.2　齿厚的测量

测量齿厚有两种方法:一种是分度圆弦齿厚测量法,另一种是固定弦齿厚测量法。齿厚测量法是保证齿侧间隙的单齿测量法,在生产中应用方便。其缺点是测量齿轮有齿顶圆直径误差的影响,因此要根据齿轮实际齿顶圆直径尺寸来决定弦齿高。

1.　分度圆弦齿厚测量法

测量分度圆弦齿厚要在分度圆圆周上测量,量具使用齿厚游标卡尺,测量时将卡尺足尖落在分度圆上,如图 8-25 所示。由于卡尺是一种直线量具,这时测得的齿厚实际上是 a、b 两点间的弦长,该弦长称为弦齿厚 $\bar{s}$,而不是齿厚,但根据几何学关系,如量得弦齿厚准确,则齿厚也准确。同时要使卡尺足尖在分度圆上,还需要确定垂直标尺高度 $\bar{h}_a$ 的数值。在生产实践中,常用查表法求得弦齿厚和弦齿高的数值,测量时,根据查表所得弦齿高数值调整好垂直标尺,以齿顶圆上的游标为基准,使垂直主尺的量爪与齿顶圆接触,尔后调整水平主尺上的游标位置,量出其弦齿厚,当其两量爪分别和两侧齿面接触时,水平主尺上的读数即为分度圆弦齿厚,如水平游标上的读数等于查表所得的分度圆弦齿厚,则齿厚准确。

2.　固定弦齿厚测量法

固定弦齿厚 $\bar{s}_c$ 是指标准齿条齿形与齿轮齿形对称相切时两切点 A、B 间距离;而固定弦到齿顶的距离就是固定弦齿高 $\bar{h}_c$,如图 8-26 所示。

固定弦齿厚和弦齿高只与模数、压力角有关,而与齿数无关,也就是说,不论被测齿轮的齿数为多少,只要模数和压力角一定,它的齿厚尺寸就固定了,这一特点给计算和测量工作带来了很大的方便。固定弦齿厚的测量方法与分度圆弦齿厚测量方法相同,固定弦齿厚及弦齿高可按有关计算式及表格得出。

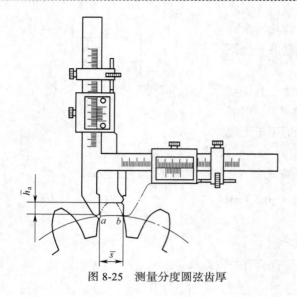

图 8-25　测量分度圆弦齿厚

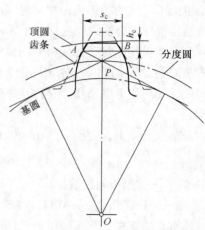

图 8-26　测量固定弦齿厚

思考题

1. 齿轮加工方法有哪几种？

2. 齿轮加工从原理上来说有几种方法？各有什么特点？

3. 滚切直齿圆柱齿轮时，分别按照哪几个步骤进行？

4. 滚齿时如何安装滚刀？如何对中？

5. 加工模数 m=2mm、齿数 z_1=21、z_2=25 的直齿圆柱齿轮，试选择盘形齿轮铣刀的刀号。在相同切削条件下，哪个齿轮的加工精度高?为什么?

6. 加工一个模数 m=5mm、齿数 z_1=40、分度圆柱螺旋角 β=15° 的斜齿圆柱齿轮，应选何种刀号的盘形齿轮铣刀?

7. 影响齿轮传动准确性的加工误差有哪些?

8. 影响齿轮工作平稳性的加工误差有哪些?

9. 在 Y3150E 滚齿机上加工（1）z=52、m=2mm 的直齿圆柱齿轮；（2）z=46、m_n=2mm、β=18° 24′ 的右旋斜齿圆柱齿轮，试分别配换各组挂轮，并说明加工前对机床应做好哪些调整准备工作。已知有关数据如下。

（1）切削用量：v=25m/min，f=0.87mm/r；

（2）滚刀参数：直径ϕ=70mm，ω=3° 6′，m_n=2mm，k=1，右旋。

10. 试比较剃齿、珩齿及磨齿的加工原理、工艺特点及适用场合。

11. 为什么剃齿的加工精度高于滚齿和插齿?

12. 磨齿之所以有很高的加工精度，除磨削加工固有的特点外，还有哪些原因?

13. 小批生产的直齿圆柱齿轮，齿轮精度为 6 级，材料为 40Cr，要求调质处理，齿面高频淬火，试制定其加工工艺路线。

第**9**章

先进制造技术

【教学重点】

电火花加工、激光加工、超声波加工、高速与超高速切削的原理、特点及应用。

【教学难点】

电火花加工、激光加工、超声波加工、高速与超高速切削的原理。

9.1 电火花成型加工技术

作为先进制造工艺技术的一个重要分支，电火花加工技术自20世纪40年代开创以来，历经半个多世纪的发展，已成为先进制造技术领域不可或缺的重要组成部分。尤其是进入20世纪90年代后，随着信息技术、网络技术、航空和航天技术、材料科学技术等高新技术的发展，电火花加工技术也朝着更深层次、更高水平的方向发展。虽然一些传统加工技术通过自身的不断更新发展以及与其他相关技术的融合，在一些难加工材料加工领域（尤其在模具加工领域）表现出了加工效率高等优势，但这些技术的应用没有也不可能完全取代电火花加工技术在难加工材料、复杂型面、模具等加工领域中的地位。相反，电火花加工技术通过借鉴其他加工技术的发展经验，正不断向微细化、高效化、精密化、自动化、智能化等方向发展。

按照工具电极的形式及其与工件之间相对运动的特征，可将电火花加工方式分为以下6类。

（1）利用成型工具电极，相对工件作简单进给运动的电火花成型加工。该方法适合加工各类型腔模及各类复杂的型腔零件，以及各种冲模、挤压模、粉末冶金模、鼻形孔及微孔等。

（2）利用轴向移动的金属丝作工具电极，工件按所需形状和尺寸作轨迹运动，以切割导电材料的电火花线切割加工。该方法适合切割各种冲模和具有直纹面的零件，以及下料、截割和窄缝加工等。

（3）利用细管冲注高压水基工作液，作简单轴向进给运动的小孔加工。该方法适合进行线切割穿丝预孔及长径比很大的小孔（如喷嘴等）。

（4）利用金属丝或成型导电磨轮作工具电极，进行小孔磨削或成型磨削的电火花磨削。该方法适合加工高精度、表面粗糙度小的小孔。

（5）用于加工螺纹环规、螺纹塞规、齿轮等的电火花共轭回转加工。该方法适合加工各种复杂型面的零件，如高精度的异形齿轮、精密螺纹环规等。

（6）刻印、表面合金化、表面强化等其他种类的加工。该方法适合对模具刃口、刀具刃口、量具刃口表面强化及电火花刻字、打印记等。

9.1.1　电火花成型加工的基本原理

电火花成型加工是利用浸在工作液中的工具电极和工件脉冲放电时产生的电蚀作用蚀除导电材料的特种加工方法，又称为放电加工（或电蚀加工）。

电火花成型加工与传统的切削加工完全不同，加工过程是在液体介质中进行的，机床的自动进给调节装置使工件和工具电极之间保持适当的放电间隙，当工具电极和工件之间施加很强的脉冲电压（达到间隙中介质的击穿电压）时，会击穿介质绝缘强度最低处。由于放电区域很小，放电时间极短，所以能量高度集中，使放电区的温度瞬时高达 10 000～12 000℃，工件表面和工具电极表面的金属局部熔化，甚至汽化蒸发。局部熔化和汽化的金属在爆炸力的作用下抛入工作液中，并被冷却为金属小颗粒，然后被工作液迅速冲离工作区，从而使工件表面形成一个微小的凹坑。一次放电后，介质的绝缘强度恢复等待下一次放电。如此反复使工件表面不断被蚀除，并在工件上复制出工具电极的形状，从而达到成型加工的目的。其加工原理如图 9-1 所示，该装置通常由 4 大部分组成。

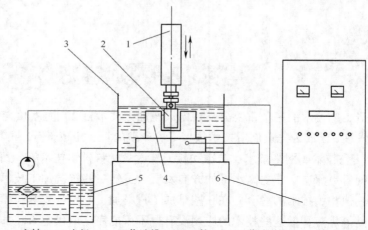

1—主轴；2—电极；3—工作油槽；4—工件；5—工作液装置；6—脉冲电源
图 9-1　电火花成型加工原理图

（1）脉冲电源。脉冲电源用来产生放电加工所需的间歇脉冲，它是电火花加工的能量供给装置。

（2）机床主体。机床主体用来实现电极与工件的装夹固定及调整二者的相对位置，并配合控制系统实现预定的加工要求。

（3）控制系统。为了满足放电间隙良好的保持要求及预定的形状加工要求，对电极与工件间的相对位置通过主轴的运动进行调整与控制。数控电火花成型机床已有了五轴联动的控制系统，但在生产线上使用的大多是单轴数控或双轴联动的控制系统。

（4）工作液装置。工作液装置主要由储液箱、泵、过滤器、管道阀门等组成，用于向放电区域不断提供干净的工作液，并将电蚀产物带出放电区域，经过滤器滤掉这些微粒。高精度电火花成型机床的工作液装置除过滤精度高（能滤掉3~5pm的微粒）外，大多配有工作液温控装置及冷却装置。

9.1.2 电火花成型加工的特点

1. 电火花成型加工的优点

（1）加工时，工具电极与工件材料不接触，二者之间宏观作用力极小。工具电极材料不需比工件材料硬，因此工具电极制造容易。

（2）由于电火花加工是靠脉冲放电的电热作用蚀除工件材料的，脉冲放电的能量密度高，便于加工用普通机械加工方法难以加工或无法加工的特殊材料和复杂形状的工件。不受材料硬度和热处理状况影响，与工件的力学性能关系不大。

（3）由于放电蚀除材料不会产生大的机械切削力，因此对于脆性材料如导电陶瓷或薄壁弱刚性的航空航天零件，以及普通切削刀具易发生干涉而难以进行加工的精密微细异形孔、深小孔、狭长缝隙、弯曲轴线的孔、型腔等，均适宜采用电火花成型加工工艺来解决。

（4）脉冲放电持续时间极短，放电时产生的热量传导扩散范围小，放电又是浸没在工作液中进行的，因此，对整个工件而言，在加工过程中几乎不受热的影响。

（5）可以改革工件结构，简化加工工艺，提高工件使用寿命，降低工人劳动强度。

2. 电火花成型加工的局限性

（1）它仅适于加工金属等导电材料，不像切削加工那样可以轻松地加工塑料、陶瓷等绝缘材料。

（2）在一般情况下，电火花加工的加工速度要低于切削加工。因此，合理的加工工艺路线应当是凡可用刀具加工的，尽量采用常规机械切削加工去除大部分加工余量，仅将刀具难以进行切削的局部留下，采用电火花加工工艺补充加工。

（3）由于电火花加工是靠电极间的火花放电去除金属，因此工件与工具电极都会有损耗，而且工具电极的损耗大多集中在尖角及底部棱边处，这直接影响了电火花成型加工的成型精度。

（4）最小圆角半径有限制，难以清角加工。

（5）加工后表面产生变质层，在某些应用中必须进一步去除。

（6）工作液的净化和加工中产生的烟雾污染处理比较麻烦。

由于电火花加工具有传统切削加工无法比拟的优点，其应用领域日益扩大，已成为先进制造技术中不可缺少的重要补充工艺手段之一，目前已广泛应用于各类精密模具制造、航天航空、电子电器、精密微细机械零件加工，以及汽车、仪器仪表、轻工等众多行业，主要解决难加工材料（如超硬、超软、脆性材料等）及复杂形状零件的加工难题。其加工范围小至几十微米的小轴、孔、缝，大至几米的超大型模具和零件。

9.2 | 激光加工技术

激光加工是20世纪60年代发展起来的新技术，它是利用光能经过透镜聚焦后达到很高的能量密度，依靠光热效应来加工各种材料。近年来，激光加工被越来越多地用于打孔、切割、焊接、表面处理等加工工艺。

9.2.1 激光的特性

激光也是一种光，具有一般光的共性（如光的反射、折射、绕射及干涉等），也有它的特性。激光是由处于激发状态的原子、离子或分子受激辐射而发出的得到加强的光，与普通光比较，激光具有以下几个基本特性。

（1）亮度强度高。红宝石脉冲激光器的亮度比高压脉冲氙灯高 370 亿倍，比太阳表面的亮度高 200 多亿倍。

（2）单色性好。激光是一种波长范围（谱线宽度）非常小的光。

（3）相干性好。激光源先后发出的两束光波，在空间产生干涉现象的时间或所经过的路程（相干长度）很长。某些单色性很好的激光器所发出的光，其相干长度可达几十公里。而单色性很好的氪灯所发出的光，相干长度仅为 78cm。

（4）方向性好。激光束的发射角小，几乎是一束平行光。

9.2.2 激光加工的工作原理

激光加工是工件在光热效应下产生的高温熔融和冲击波的综合作用过程。

如图 9-2 所示，激光加工的基本设备包括电源、激光器、光学系统及机械系统 4 部分。电源系统包括电压控制、储能电容组、时间控制及触发器等，它为激光器提供所需的能量。产生激光束的器件称为激光器，激光器是激光加工的主要设备，它把电能转变成光能，产生所需要的激光束。激光加工目前广泛采用的是二氧化碳气体激光器及红宝石、钕玻璃、YAG（掺钕钇铝石榴石）等固体激光器。光学系统将光束聚焦并观察和调整焦点位置，包括显微镜瞄准、激光束聚焦及加工位置在投影仪上显示等。机械系统主要包括床身、能在三坐标范围内移动的工作台及机电控制系统等。加工时，激光器产生激光束，

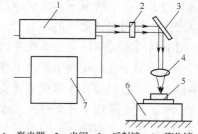

1—激光器；2—光阑；3—反射镜；4—聚焦镜；
5—工件；6—工作台；7—电源
图 9-2 激光加工的工作原理示意图

通过光学系统把激光束聚焦成一个极小的光斑（直径仅有几微米到几十微米），获得 $10^8 \sim 10^{10} \text{W/cm}^2$ 能量密度及 10 000℃以上的高温，从而能在千分之几秒甚至更短的时间内使材料熔化和汽化，以蚀除被加工表面，通过工作台与激光束间的相对运动来完成对工件的加工。

9.2.3 激光加工

1. 激光加工的特点

（1）激光加工是非接触加工，加工速度快，热影响区小，没有明显的机械力，可加工易变形的薄板及弹性零件等。

（2）由于激光的功率密度高，几乎能加工所有的材料，如各种金属材料，以及陶瓷、石英、

玻璃、金刚石和半导体等。如果是透明材料，需采取一些色化和打毛措施方可加工。

（3）由于激光光点的直径可达 $1\mu m$ 以下，能进行非常微细的加工，如加工深而小的微孔和窄缝（直径可小至几微米，深度与直径之比可达 $50\sim100$）。

（4）不需要加工工具，所以不存在工具损耗问题，适宜自动化生产系统。

（5）通用性好，同一台激光加工装置可作多种加工用，如打孔、切割、焊接等都可以在同一台机床上进行。

（6）激光加工是一种瞬时的局部熔化和汽化的热加工方法，其影响因素很多。因此，精密微细加工时，其精度和表面粗糙度要反复试验，寻找合理的加工参数才能达到所需要求。

2. 激光加工的应用

随着激光技术与电子计算机数控技术的密切结合，激光加工技术已广泛应用于一般加工方法难以实现其工艺要求的零件，现已广泛用于打孔、切割、焊接、表面处理等加工制造领域。

（1）激光打孔。利用激光几乎可在任何材料上打微型小孔，目前已应用于火箭发动机和柴油机的燃料喷嘴加工、化学纤维喷丝板打孔、钟表及仪表中的宝石轴承打孔、金刚石拉丝模加工等。激光打孔适合于自动化连续打孔，如加工钟表行业红宝石轴承上直径为 $0.12\sim0.18mm$、深度为 $0.6\sim1.2mm$ 的小孔，采用自动传送装置每分钟可以连续加工几十个宝石轴承。

（2）激光切割。激光可用于切割各种各样的材料，既可切割金属，也可切割非金属，如利用激光可用 $3m/min$ 以上的切削速度切割 $6mm$ 的钛板；既可切割无机物，也可切割皮革之类的有机物。它可以代替钢锯来切割木材，代替剪子切割布料、纸张，还能切割无法进行机械接触的工件，如利用激光可以从电子管外部切断内部的灯丝。

（3）激光焊接。激光焊接是以高功率聚焦的激光束为热源，熔化材料形成焊接接头的。它既是一种熔深大、速度快、单位时间熔合面积大的高效焊接方法，又是一种焊接深宽比大、比能小、热影响区小、变形小的高精度焊接方法。激光焊接一般无须焊料和焊剂，将工件的加工区域"热熔"在一起即可。

（4）激光表面处理。激光表面处理是近十年来激光加工领域中最为活跃的研究和开发方向，发展了相变硬化、快速熔凝、合金化、熔覆等一系列处理工艺。其中相变硬化和熔凝处理的工艺技术趋向成熟并产业化。合金化和熔覆工艺对基体材料的适用范围和性能改善的幅度均比前两种工艺广得多，发展前景广阔。

9.3
超声波加工技术

9.3.1 超声波加工的工作原理

超声波加工也称为超声加工。人耳能感受的声波频率是 $16\sim16\,000Hz$，而超声波是指频率 $f>16\,000Hz$ 的振动波。超声波和声波一样，可以在气体、液体和固体介质中传播，但由于超声波频率高、波长短、能量大，所以传播时反射、折射、共振及损耗现象更显著，可对传播方向上的障碍物施加很大的压力。

超声波加工是利用工具端面作超声频振动，通过磨料悬浮液加工，使工件成型的一种方法。
其工作原理如图 9-3 所示。加工时，在工具和工件
之间加入液体（水或煤油等）和磨料混合的悬浮液，
并使工具以很小的力 F 轻轻压在工件上。超声发生
器将工频交流电能转变为有一定功率输出的超声频
电振荡，通过换能器将超声频电振荡转变为超声机
械振动。其振幅很小，一般只有 0.005～0.01mm，
再通过上粗下细的变幅杆 4、5，使振幅增大到
0.01～0.15mm，固定在变幅杆上的工具即产生超声
振动（频率在 16 000～25 000Hz），迫使工作液中悬
浮的磨粒高速不断地撞击、抛磨被加工表面，把加
工区域的材料粉碎成很细的微粒，从材料上被打击

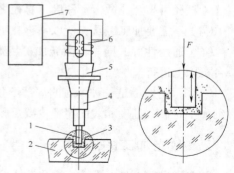

1—工具；2—工件；3—磨料悬浮液；
4、5—变幅杆；6—换能器；7—超声发生器

图 9-3　超声加工原理示意图

下来。虽然每次打击下来的材料很少，但由于每秒钟打击的次数多达 16 000 次，所以仍有一定
的加工速度。与此同时，工作液受工具端面超声振动作用而产生的高频、交变的液压正负冲击
波和"空化"作用，促使工作液钻入被加工材料的微裂缝处，加剧了机械破坏作用。加工中的
振荡还强迫磨料液在加工区工件和工具间的间隙中流动，使变钝了的磨粒能及时更新。随着工
具沿加工方向以一定速度移动，实现有控制的加工，逐渐将工具的形状"复制"在工件上，加
工出所要求的形状。

9.3.2　超声波加工

1．超声波加工的特点

（1）适合于加工各种脆硬材料，特别是不导电的非金属材料，例如玻璃、陶瓷（氧化铝和
氮化硅）、石英、锗、硅、石墨、玛瑙、宝石、金刚石等。对于导电的硬质金属材料，如淬火钢、
硬质合金等，也能进行加工，但加工生产率低。

（2）由于工具可用较软的材料，可以制成较复杂的形状，工具和工件之间的运动简单，因
而超声加工机床的结构比较简单，操作、维修方便。

（3）由于去加工材料是靠极小磨料瞬时局部的撞击作用，所以工件表面的宏观切削力很小，
切削应力、切削热很小，不会引起变形及烧伤，表面粗糙度可达 1～0.1μm，加工精度可达 0.01～
0.02mm，而且可以加工薄壁、窄缝、低刚度零件。

2．超声波加工的应用

（1）超声波加工目前在各部门中主要用于对脆硬材料加工圆孔、型孔、型腔、套料、微
细孔等。

（2）用普通机械加工切割脆硬的半导体材料十分困难，但超声切割则较为有效。

（3）用于一些淬火钢、硬质合金冲模、拉丝模、塑料模具型腔的最终抛磨光整加工。

（4）超声波加工还可以用于清洗、焊接和探伤等。

（5）在用超声波直接加工金属材料时，其自身加工效率较低，工具消耗大。超声加工可以和其他加工方法结合进行复合加工，如超声电火花加工、超声电解加工、超声调制激光打孔、超声振动切削加工等。这些复合加工方法，由于把两种或两种以上加工方法的工作原理结合在一起，起到取长补短的作用，使生产率、加工精度及工件表面质量都有显著提高，因而应用越来越广泛。例如超声与电火花复合加工，不附加超声波时电火花精加工的放电脉冲利用率仅为3%～5%，附加超声波后电火花精加工时的有效放电脉冲利用率可提高到50%以上，从而提高生产率2～20倍。越是小面积、小用量的加工，超声波复合加工相对生产率的提高倍数越大。而在金属切削加工中引入超声振动，可以大大降低切削力，改善加工表面粗糙度，延长刀具寿命，提高加工效率。

9.4 高速与超高速切削技术

9.4.1　高速切削的概念与高速切削技术

高速切削理论是1931年4月德国物理学家Carl.J.Salomon提出的，他指出，在常规切削速度范围内（见图9-4中A区），切削温度随着切削速度的提高而升高，但切削速度提高到一定值后，切削温度不但不升高反会降低，且该切削速度值v_ε与工件材料的种类有关。对每一种工件材料都存在一个速度范围，在该速度范围内（见图9-4中B区），由于切削温度过高，刀具材料无法承受，即切削加工不可能进行，称该区为"死谷"。虽然由于实验条件的限制，当时无法付诸实践，但这个思想给后人一个非常重要的启示，即如能越过这个"死谷"，在高速区（见图9-4中C区）工作，有可能用现有刀具材料进行高速切削，切削温度与常规切削基本相同，从而可大幅度提高生产效率。

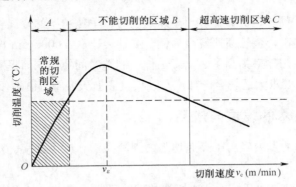

图9-4　超高速切削概念示意图

高速加工是一个相对的概念，由于不同加工方式、不同工件材料有不同的高速加工范围，因而很难就高速加工的速度给出一个确切的定义，一般认为应是常规切削速度的5～10倍。概括地说，高速加工技术是指采用超硬材料的刀具、磨具和能可靠地实现高速运动的自动化制造设备，极大地提高材料切除率，并保证加工精度和加工质量的现代制造加工技术。

高速切削技术是在机床结构及材料、机床设计、制造技术、高速主轴系统、快速进给系统、高性能CNC系统、高性能刀夹系统、高性能刀具材料及刀具设计制造技术、高效高精度测量测试技术、高速切削机理、高速切削工艺等诸多相关硬件和软件技术均得到充分发展的基础之上综合而成的。因此，高速切削技术是一个复杂的系统工程。

9.4.2　高速与超高速切削

1.　高速与超高速切削的特点

随着高速与超高速机床设备和刀具等关键技术领域的突破性进展，高速与超高速切削技术的工艺和速度范围也在不断扩展。如今在实际生产中超高速切削铝合金的速度范围为 1 500～5 500m/min，铸铁为 750～4 500m/min，普通钢为 600～800m/min，进给速度高达 20～40m/min，而且超高速切削技术还在不断地发展。在实验室里，切削铝合金的速度已达 6 000m/min。

高速与超高速切削的特点可归纳如下：

（1）可减少工序、提高生产效率。许多零件在常规加工时需要分粗加工、半精加工、精加工工序，有时机加工后还需进行费时、费力的手工研磨，而使用高速切削可使工件加工集中在一道工序中完成。这种粗、精加工同时完成的综合加工技术叫做"一次过"技术。"一次过"技术可使机动时间和辅助时间大幅度减少，而且机床结构也大大简化，其零件的数量减少了 25%，有利于设备的维护。

（2）切削力低、热变形小。加工速度提高，可使切削力减小 30% 以上，而且加工变形减小，切削热来不及传给工件，因而工件基本保持冷态，热变形小，有利于加工精度的提高，刀具耐用度也能提高 70%。如大型的框架件、薄板件、薄壁槽形件的高精度、高效率加工，超高速铣削则是目前唯一有效的加工方法。

（3）加工精度高。在保证生产效率的同时，可采用较小的进给量，从而减小了加工表面粗糙度；又由于切削力小且变化幅度小，机床的激振频率远大于工艺系统的固有频率，所以振动对表面质量的影响很小，加工过程平稳，振动小，可实现高精度、低粗糙度加工，非常适合于光学领域的加工。

（4）加工能耗低、节省制造资源。超高速切削时，单位功率的金属切除率显著增大。以洛克希德飞机制造公司的铝合金超高速铣削为例，主轴转速从 4 000r/min 提高到 20 000r/min，切削力减小了 30%，金属切除率提高了 3 倍，工件的制造时间短，从而提高了能源和设备的利用率，适用于材料切除率要求大的场合，如汽车、模具和航天航空等制造领域。

2.　高速加工技术的发展与应用

高速切削加工技术的发展经历了高速切削的理论探索、应用探索、初步应用、较成熟地应用 4 个发展阶段。

20 世纪 60 年代，美国就开始了高速切削的试验研究工作。1977 年就在有高频电主轴的铣削加工中心上进行了高速切削试验。当时，主轴转速达到 18 000r/min，最大进给速度达到 7.6m/min。1979 年美国确定了铝合金的最佳切削速度为 1 500～4 500m/min。

1984 年德国全面系统地开展了超高速切削机床、刀具、控制系统等相关工艺技术的研究，对多种工件材料（如钢、铸铁、铝合金、铝镁铸造合金、铜合金和纤维增强塑料）的高速切削性能进行了深入的研究和试验，并研制了立式高速铣削中心，其主轴转速达 60 000r/min，3 向进给速度达 60m/min，加速度为 2.5g，重复定位精度为 ±1μm。

日本于 20 世纪 60 年代开始了高速切削机理的研究。近些年来吸收了各国的研究成果，现在已后来居上，跃居世界领先地位。20 世纪 90 年代以来发展更为迅速，于 1996 年研制出了日本第 1 台卧式加工中心，主轴转速达到 30 000r/min，最大进给速度为 80m/min，加速度为 2g，重复定位精度为±1μm。日本厂商已成为世界上高速机床的主要提供者。

此外，法国、瑞士、英国、意大利、瑞典、加拿大和澳大利亚等国也在高速切削方面做了不少工作，相继开发出了各自的高速切削机床。如瑞士 MIKRON 公司的铣削中心的主轴转速可达 42 000r/min，进给速度达 20m/min。

我国于 20 世纪 90 年代初开始有关高速切削机床及工艺的研究工作，研究内容包括高速主轴系统、全陶瓷轴承和磁悬浮轴承、快速进给系统、有色金属及铸铁的高速切削机理与适应刀具等，并已开发成功主轴转速为 10 000～15 000r/min 的立式加工中心、主轴转速为 18 000r/min 的卧式加工中心及转速达 40 000r/min 的高速数字化仿形铣床，虽然各项技术取得了显著进展，但与发达国家相比尚有较大差距。

目前的高速切削机床均采用了高速的电主轴部件；进给系统多采用大导程多线滚珠丝杠或直线电动机，直线电动机最大加速度可达 2～10g；CNC 控制系统则采用 32 或 64 位多 CPU 系统，以满足高速切削加工对系统快速数据处理功能；采用强力高压的冷却系统，以解决极热切屑冷却问题；采用温控循环水来冷却主轴电动机、主轴轴承和直线电动机，有的甚至冷却主轴箱、横梁、床身等大构件；采用更完备的安全保障措施来保证机床操作者及现场人员的安全。

在高速加工的工艺参数选择方面，国际上还没有面向生产的实用数据库可供参考，但在工件材料切削参数的研究方面取得了进展，使一些难加工材料，如镍基合金、钛合金和纤维增强塑料等在高速条件下变得易于切削。

对高速切削机理的研究，包括高速切削过程中的切屑成型机理、切削力、切削热变化规律及其对加工精度、表面质量、加工效率的影响。目前对铝合金的研究已取得了较为成熟的结论，并用于铝合金的高速切削生产实践；但对于黑色金属及难加工材料的高速切削加工机理的研究尚处探索阶段。

高速切削加工目前主要用于汽车工业大批生产、难加工材料、超精密微细切削、复杂曲面加工等不同的领域。

航空工业是高速加工的主要应用行业，飞机制造业是最早采用高速铣削的行业。飞机制造通常需切削加工长铝合金零件、薄层腹板件等，直接采用毛坯高速切削加工，可不再采用铆接工艺，从而减轻了飞机质量。飞机中有多数零件是从原材料中切除 80%～90% 的多余材料制成的，即所谓"整体制造法"。采用高速加工这些构件，可使加工效率提高 7～10 倍，其尺寸精度和表面质量都能达到无须再光整加工的水平。铝合金的切削速度已达 1 500～5 500m/min，最高达 7 500m/min。

汽车工业是高速切削的又一应用领域。汽车发动机的箱体、汽缸盖多用组合机加工。国外汽车工业及国内上海大众、上海通用公司，凡技术变化较快的汽车零件，如汽缸盖的气门数目及参数经常变化，现一律用高速加工中心来加工。由柔性生产线代替了组合机床刚性生产线，高速的加工中心将柔性生产线的效率提高到组合机床生产线的水平。铸铁的切削速度可达 750～4 500m/min。

模具制造业也是高速加工应用的重要领域，是高速加工技术的主要受益者。模具型腔加工过去一直为电加工所垄断，但其加工效率低。而高速加工切削力小，可铣淬硬 60HRC 的模具钢，加工表面粗糙度值又很小，浅腔大曲率半径的模具完全可用高速铣削来代替电加工；对深腔小曲率的，可用高速铣削加工作为粗加工和半精加工，电加工只作为精加工。钢的切削速度可达 600～800m/min。高速加工技术在模具行业的应用，无论是在减少加工准备时间，缩短工艺流程，还是缩短切削加工时间方面都具有极大的优势。随着高速加工技术的成熟和发展，其应用领域将会进一步扩大。

9.4.3　高速切削加工的关键技术

近几年来，随着高速切削技术的迅速发展，各项关键技术也正在不断地跃上新水平，包括高速主轴、快速进给系统、高性能 CNC 控制系统、先进的机床结构、高速加工刀具等。

1.　高速主轴

高速主轴是高速加工机床最关键的部件。目前高速主轴的转速范围为 10 000～25 000r/min，加工进给速度在 10m/min 以上。在超高速运转的条件下，传统的齿轮变速和皮带传动方式已不能适应要求，为适应这种切削加工，高速主轴应具有先进的主轴结构、优良的主轴轴承、良好的润滑和散热等新技术。

当前，高速主轴在结构上几乎全都采用主轴电机与主轴合二为一的结构形式，简称电主轴，如图 9-5 所示。这种结构即采用无外壳电机，将其空心转子直接套装在机床主轴上，电动机定子安装在主轴单元的壳体中，采用自带水冷或油冷循环系统，使主轴在高速旋转时保持恒定的温度。这样的主轴结构具有精度高、振动小、噪声低、结构紧凑的特点。

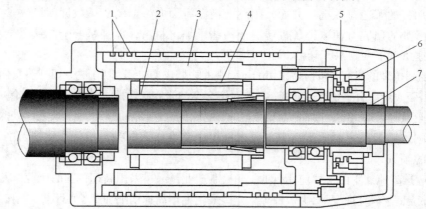

1、2—密封圈；3—定子；4—转子；5—旋转变压器转子；6—旋转变压器定子；7—螺母

图 9-5　电主轴结构

高速主轴采用的轴承有滚动轴承、气浮轴承、液体静压轴承和磁浮轴承几种形式。

目前，高速铣床上装备的主轴多采用滚动轴承。在滚动轴承中，陶瓷混合轴承越来越被人们所青睐，其内、外圈由轴承钢制成，轴承滚珠由氮化硅陶瓷制成。

滚动轴承各运动体之间是接触摩擦，其润滑方式也是影响主轴极限转速的一个重要因素。适合高速主轴轴承的润滑方式有油脂润滑、油雾润滑、油气润滑等。其中油气润滑的优点有油滴颗粒小，能够全部有效地进入润滑区域，容易附着在轴承接触表面；供油量较少，能够达到最小油量润滑；油、气分离，既润滑又冷却，而且对环境无污染。因此，油气润滑在超高速主轴单元中得到了广泛的应用。

气浮轴承主轴的优点在于具有高的回转精度、高转速和低温升，其缺点是承载能力较低，因而主要适合于工件形状精度和表面精度较高、所需承载能力不大的场合。

液体静压轴承主轴的最大特点是运动精度高，回转误差一般在 0.2μm 以下；动态刚度大，特别适合于像铣削的断续切削过程。但液体静压轴承最大的不足是高压液压油会引起油温升高，造成热变形，影响主轴精度。

磁浮轴承是用电磁力将主轴无机械接触地悬浮起来，其间隙一般在 0.1mm 左右，由于空气间隙的摩擦热量较小，因此磁浮轴承可以达到更高的转速，可达滚珠轴承主轴的 2 倍。高精度、高转速和高刚度是磁浮轴承的优点。但由于其机械结构复杂，需要一整套传感器系统和控制电路，因而其造价也在滚动轴承主轴的 2 倍以上。

2. 快速进给系统

实现高速切削加工不仅要求有很高的主轴转速和功率，同时要求机床工作台有很高的进给速度和运动加速度。超高速切削进给系统是超高速加工机床的重要组成部分，是评价超高速机床性能的重要指标之一。20 世纪 90 年代，工作台的快速进给多采用大导程滚珠丝杠和增加进给伺服电动机的转速来实现，其加速度可达 0.6g；在采用先进的液压丝杠轴承，优化系统的刚度与阻尼特性后，其进给速度可达到 40～60m/min。

由于工作台的惯性及受滚珠丝杠本身结构的限制，如要进一步提高进给速度，就非常困难。然而，更先进、更高速的直线电动机已经发展起来，它可以取代滚珠丝杠传动，提供更高的进给速度和更好的加、减速特性。目前，国内外机床专家和许多机床厂家普遍认为直线电机直接驱动是新一代机床的基本传动形式，图 9-6 所示为直线电机驱动系统原理图。

（1）直线电机直接驱动的优点如下。

① 控制特性好、增益大、滞动小，能在高速运动中保持较高位移精度。

② 高运动速度，因为是直接驱动，最大进给速度可高达 100～180m/min。

③ 高加速度，质量轻，可实现的最大加速度高达 2～10g。

④ 无限运动长度。

⑤ 定位精度和跟踪精度高，以光栅尺为定位测量元件，采用闭环反馈控制系统，工作台的定位精度高达 0.1～0.01μm。

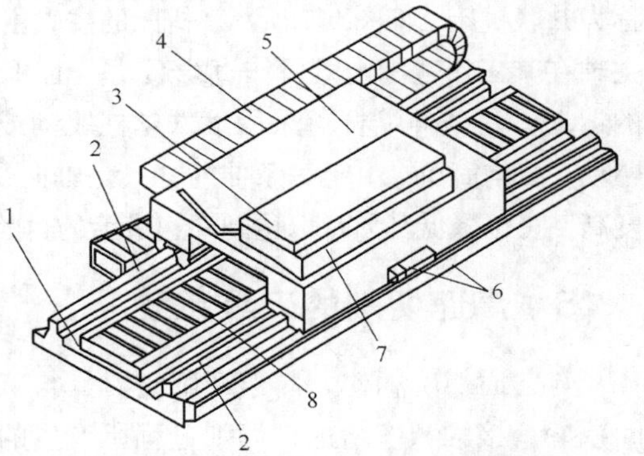

⑥ 启动推力大，可达 120N·m。

⑦ 由于无传动环节，因而无摩擦，无往返程空隙，且运动平稳。

⑧ 有较大的静、动态刚度。

（2）直线电机直接驱动的缺点如下。

① 由于电磁铁热效应对机床结构有较大的热影响，需附设冷却系统。

② 存在电磁场干扰，需设置挡切屑防护。

③ 有较大功率损失。

④ 缺少力转换环节，需增加工作台制动锁紧机构。

⑤ 由于磁性吸力作用，造成装配困难。

⑥ 系统价格较高。

1—定子冷却板；2—滚动导轨；3—动子冷却板；
4—输电线路；5—工作台；6—位置检测系统；
7—动子部分；8—定子部分

图 9-6　直线电机驱动系统原理图

3. 高性能的 CNC 控制系统

用于高速加工的 CNC 控制系统必须具有很高的运算速度和运算精度，以及快速响应的伺服控制，以满足高速及复杂型腔的加工要求。随着计算机技术的发展，许多高速切削机床的 CNC 控制系统采用多个 32 位甚至 64 位 CPU，同时配置功能强大的计算处理软件，使工件加工质量在高速切削时得到明显改善。相应的，伺服系统则发展为数字化、智能化和软件化，从而保证了高进给速度加工的要求。

4. 先进的机床结构

为了适应粗精加工、轻重切削负荷和快速移动的要求，同时保证高精度，高速切削机床床身必须具有足够的刚度、强度和高的阻尼特性及热稳定性。其措施有以下几点：一是改革床身结构，如 Gidding & Lewis 公司在其 RAM 高速加工中心上将立柱与底座合为一个整体，使机床整体刚性得以提高。二是使用高阻尼特性材料，如聚合物混凝土。日本牧野高速机床的主轴油温与机床床身的温度通过传感控制保持一致，协调了主轴与床身的热变形。机床厂商同时在切除、排屑、丝杠热变形等方面采用各种热稳定性措施，极大地保证了机床稳定性和精度。高速切削机床用防弹玻璃作观察窗；同时，采用主动在线监控系统对刀具和主轴的运转状况进行在线识别与控制，确保人身与设备的安全。

进入 20 世纪 90 年代以来，在高速切削领域出现了一种全新结构形式的机床——六杆机床，又称为并联机床，如图 9-7 所示。机床的主轴由 6 条伸缩杆支承，通过调整各伸缩杆的长度，使机床主轴在其工作范围内既可作直线运动，也可转动。与传统机床相比，六杆机床能够有 6 个自由度的运动，每条伸缩杆可采用滚珠丝杠驱动或直线电动机驱动，结构简单。由于每条伸缩杆只是轴向受力，结构刚度高，可以降低其质量以达到高速进给的目的。

5. 高速切削的刀具系统

与普通切削相比，高速切削时刀具与工件的接触时间减少，接触频率增加，切削过程所产生的热量更多地向刀具传递，刀具磨损机理与普通切削有很大区别。此外，由于高速切削时的离心力和振动的影响，刀具必须具有良好的平衡状态和安全性能，刀具的设计必须根据高速切削的要求，综合考虑磨损、强度、刚度和精度等多方面的因素。

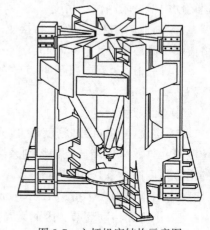

图 9-7　六杆机床结构示意图

目前，高速切削通常使用的刀具材料有以下几种。

（1）硬质合金涂层刀具。由于刀具基体有较高的韧性和抗弯强度，涂层材料高温耐磨性好，所以可采用高切削速度和高进给速度。

（2）陶瓷刀具。陶瓷刀具与金属材料的亲和力小，热扩散磨损小，其高温硬度优于硬质合金，可承受比硬质合金刀具更高的切削速度。但陶瓷刀具的韧性较差，常用的有氧化铝陶瓷、氮化硅陶瓷和金属陶瓷等。

（3）聚晶金刚石刀具。聚晶金刚石刀具的摩擦因数低，耐磨性极强，具有良好的导热性，特别适合于难加工材料及黏结性强的有色金属的高速切削，但价格较贵。

（4）立方氮化硼刀具。立方氮化硼刀具具有高硬度、良好的耐磨性和高温化学稳定性，寿命长，适合于高速切削淬火钢、冷硬铸铁、镍基合金等材料。

当主轴转速超过 15 000r/min 时，由于离心力的作用将使主轴锥孔扩张，普通刀柄与主轴的连接刚度将会明显降低，径向圆跳动精度会急剧下降，甚至会导致主轴与刀柄锥面脱离，出现颤振。为了满足高速旋转下不降低刀柄的接触精度，一种新型的双定位刀柄已在高速切削机床上得到应用，如图 9-8 所示的德国 HSK 刀柄就是采用的这种结构。这种刀柄以锥度 1∶10 代替传统的 7∶24，楔作用较强，其锥面和端面同时与主轴保持面接触，实现双定位，定位精度明显提高，轴向定位重复精度可达 0.001mm。这种刀柄结构在高速转动的离心力作用下，锥体向外扩张，增加压紧力，会更牢固地锁紧，在整个转速范围内保持较高的静态和动态刚性，刀柄为中空短柄，其工作原理是利用锁紧力及主轴内孔的弹性膨胀补偿端面间隙。由于中空刀柄自身重复精度好、连接锥面短，可以缩短换刀时间，适应于主轴高速运转。

 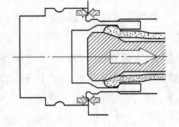

（a）外形图　　　　　　　　　　　　　（b）原理图

图 9-8　德国 HSK 刀柄系统

思考题

1. 说明电火花加工原理及其分类和用途。
2. 简述激光加工原理及适用范围。
3. 简述超声波加工原理、加工特点及适用范围。
4. 高速与超高速切削加工的特点是什么？
5. 高速与超高速切削的关键技术包括哪些方面？

参考文献

［1］王茂元. 机械制造技术. 北京：机械工业出版社，2001.

［2］王彩霞. 机械制造基础. 西安：西北大学出版社，2000.

［3］司乃钧. 机械加工工艺基础. 北京：高等教育出版社，2000.

［4］张世昌. 机械制造技术基础. 北京：高等教育出版社，2001.

［5］李华主. 机械制造技术. 北京：高等教育出版社，2000.

［6］乔世民. 机械制造基础. 北京：高等教育出版社，2003.

［7］于骏一. 机械制造技术基础. 北京：机械工业出版社，2004.

［8］陈宏钧. 实用机械加工工艺手册. 北京：机械工业出版社，2004.

［9］王泓. 机械制造基础. 北京：北京理工大学出版社，2006.

［10］铁维麟. 机床使用保养调整技术问答. 北京：冶金工业出版社，2000.

［11］陈宏钧. 车工实用手册. 北京：机械工业出版社，2004.

［12］机械工业职业教育研究中心组. 铣工技能实战训练. 北京：机械工业出版社，2004.

［13］机械工业职业教育研究中心组. 车工技能实战训练. 北京：机械工业出版社，2004.

［14］杜可可. 机械制造技术基础. 北京：人民邮电出版社，2007.

［15］薛源顺. 机床夹具设计. 北京：机械工业出版社，1996.